高职高专"十二五"规划教材

试验数据处理与试验设计方法

肖怀秋　刘洪波　主编
李玉珍　副主编

·北京·

本书在保证教学内容系统性的基础上，注重高职学生的学习规律和特点，深入浅出，以大量的实例详细介绍试验数据处理及试验设计的方法与应用，学生可以很容易地理解所学内容并能学以致用，章节后还附有大量练习题，学生课后可以自主练习或自测。本书主要包括误差理论及离群数据判定、统计假设、方差分析、回归分析、试验设计方法、产品质量控制理论与实践和试验数据的计算机处理技术等内容。

本书可作为化工、化学、生物、轻工、环保以及新材料等专业高职院校学生的教材和本科及研究生的参考书目，也可以作为从事科研工作中需进行数据处理和试验设计方法及相关研究的科研人员、工程技术人员以及管理技术人员的参考书。

图书在版编目（CIP）数据

试验数据处理与试验设计方法/肖怀秋，刘洪波主编．—北京：化学工业出版社，2012.11（2023.1重印）
高职高专"十二五"规划教材
ISBN 978-7-122-15560-3

Ⅰ.①试… Ⅱ.①肖…②刘… Ⅲ.①试验数据-数据处理-高等职业教育-教材②试验设计-高等职业教育-教材 Ⅳ.①N33②O212.6

中国版本图书馆CIP数据核字（2012）第241720号

责任编辑：旷英姿　　　　　　　　　　文字编辑：糜家铃
责任校对：宋　玮　　　　　　　　　　装帧设计：王晓宇

出版发行：化学工业出版社（北京市东城区青年湖南街13号　邮政编码100011）
印　　装：三河市延风印装有限公司
787mm×1092mm　1/16　印张11　字数266千字　2023年1月北京第1版第8次印刷

购书咨询：010-64518888　　　　　　售后服务：010-64518899
网　　址：http://www.cip.com.cn
凡购买本书，如有缺损质量问题，本社销售中心负责调换。

定　　价：35.00元　　　　　　　　　　　　　　　　　　版权所有　违者必究

前 言

在化工、化学、制药、轻工、生物、材料和环境等领域进行研究通常需进行科学试验并对试验结果进行观察，同时还需对试验结果进行统计分析，并从研究现象中分析得到一些变化规律，从而透过试验现象达到某种预期目的，如提高产品的产量、降低单位能耗、提高产品性能或质量、提高产品稳定性等。自然科学和工程技术所进行的大部分科学试验是有计划且经过科学安排的，能以较少的试验次数达到预期的试验目标。随着试验的开展会获得大量的试验数据，只有对试验数据进行合理分析和处理才能获得研究对象的变化规律，从而指导生产或指导下一步试验，因此，试验数据处理和试验设计方法的学习是非常重要的。

本书结合大量的实例，介绍了一些常见的试验数据处理方法和试验设计方法在科学研究和工业生产中的实践应用。全书共分为七章。第一章介绍了误差理论及离群数据判定，主要内容包括误差的分类及误差的定量表示方法、误差的传递规律以及离群数据判定的方法，同时还介绍了有效数字的修约方法及运算规则。第二章为统计假设，重点介绍了统计假设的基本原理与方法及其应用，如 u 检验法、t 检验法、χ^2 检验法和 F 检验法等。第三章为方差分析，主要介绍了方差分析的方法步骤、方差分析多重比较以及单因素方差分析与两因素方差分析。第四章为回归分析，重点介绍了一元线性回归拟合理论与方法，同时还介绍了多元线性回归以及非线性回归等内容。第五章为试验设计方法，分别对正交试验设计、均匀设计以及响应面优化技术进行了系统介绍并介绍大量的应用实例。第六章介绍了产品质量控制理论与实践，重点介绍了质量控制图的理论、绘制方法以及质量控制图使用等。第七章简单介绍了试验数据的计算机处理技术，主要介绍了 Excel 和 PASW Statistics 18.0（原 SPSS 统计软件）在试验数据处理中的应用，如在方差分析、回归分析、t 检验以及质量控制图等方面的应用。

本书注重实际方法的应用，深入浅出，符合职业教育够用为度的目标。书中所列举的大量实例都来源于化工、化学、食品、轻工、制药、生物、材料、环境和农林等领域，课后配有大量练习，学生可以自主练习或自测。

本书由肖怀秋、刘洪波主编，李玉珍副主编。绪论、第一章、第五章第三节、第七章由肖怀秋编写；第二章和第六章由李玉珍编写；第三章和第五章第一节由喻凤香编写；第四章和第五章第二节由刘洪波编写，肖怀秋对全书内容进行统稿。教材编写过程中，还结合学生完成毕业论文及相关科研工作的需要，对教材内容进行了合理选取，结合实际案例进行分析，本教材可为理工科类本科生、研究生及从事科研的教师和科研人员提供参考。

教材编写过程中参考了一些文献资料，鉴于篇幅未能全部列出，在此，向这些文献资料的作者表示最诚挚的谢意。

鉴于编者水平有限，经验不足，加之编写时间仓促，书中难免有疏漏之处，恳请读者批评指正。

编 者

2012 年 8 月

目 录

绪 论 ………………………………………………………… 1
  一、数据处理与试验设计的发展简况 ……………………………… 1
  二、数据处理与试验设计的意义 ……………………………………… 2

第一章　误差理论及离群数据判定 …………………………… 4
  第一节　误差产生理论 ………………………………………………… 4
    一、误差及误差表示方法 …………………………………………… 4
    二、误差的估计与传递 ……………………………………………… 10
  第二节　粗差数据（离群数据）的判断检验 ………………………… 13
    一、拉依达法（Paǔta）准则 ……………………………………… 13
    二、狄克逊（Dixon）检验法 ……………………………………… 14
    三、格鲁布斯（Grubbs）检验法 ………………………………… 14
  第三节　有效数字的修约及其运算 ………………………………… 16
    一、有效数字及其修约 ……………………………………………… 16
    二、有效数字的运算规则 …………………………………………… 17
  习题 …………………………………………………………………… 18

第二章　统计假设 ……………………………………………… 21
  第一节　总体的参数估计 ……………………………………………… 21
    一、点估计 ……………………………………………………………… 21
    二、区间估计 …………………………………………………………… 21
  第二节　统计假设检验的原理与基本思想 ………………………… 22
    一、分布理论基础知识 ……………………………………………… 22
    二、统计检验的原理和基本思想 …………………………………… 23
    三、统计假设的方法 ………………………………………………… 25
  习题 …………………………………………………………………… 30

第三章　方差分析 … 32

第一节　方差分析概述 … 32
第二节　方差分析的基本原理与步骤 … 32
　　一、方差分析的基本原理 … 32
　　二、总平方和与总自由度的分解 … 33
　　三、多重比较 … 36
　　四、方差分析的基本步骤 … 41
第三节　单因素的方差分析 … 41
　　一、各处理重复数相等的方差分析 … 42
　　二、各处理重复数不等的方差分析 … 43
第四节　双因素的方差分析 … 45
　　一、两因素无重复观测值试验的方差分析 … 45
　　二、两因素有重复观测值试验的方差分析 … 47
习题 … 55

第四章　回归分析 … 58

第一节　回归分析概述 … 58
第二节　一元线性回归分析 … 58
　　一、一元线性回归方程的拟合 … 58
　　二、一元线性回归方程的统计检验 … 60
第三节　多元线性回归分析 … 63
　　一、多元线性回归方程的建立 … 63
　　二、多元线性回归方程的统计检验 … 64
第四节　非线性回归分析 … 66
　　一、一元非线性回归分析 … 66
　　二、一元多项式回归分析 … 67
　　三、多元非线性回归分析 … 67
习题 … 68

第五章　试验设计方法 … 70

第一节　正交试验设计 … 70
　　一、正交试验设计概述 … 70
　　二、正交试验结果的直观分析 … 73
　　三、正交试验结果的方差分析 … 79
第二节　均匀设计 … 85

一、均匀设计概述 ································· 85
　二、均匀设计表 ··································· 85
　三、均匀设计基本步骤 ···························· 89
　四、《均匀设计》应用软件的使用方法 ············· 91
第三节　响应面优化设计 ····························· 93
　一、Plackett-Burman 设计 ························· 93
　二、Box-Behnken 设计 ···························· 95
习题 ··· 98

第六章　产品质量控制理论与实践 ················ 101

第一节　实验室内质量控制方法 ···················· 102
　一、全程序空白试验法 ···························· 102
　二、标准曲线法 ··································· 102
　三、平等双样法 ··································· 103
　四、加标回收控制法 ······························ 103
　五、标准物参考法 ································ 104
　六、方法对照 ····································· 104
第二节　质量控制图的绘制与应用 ·················· 104
　一、质量控制图的类型与意义 ···················· 104
　二、质量控制图的绘制 ···························· 104
　三、质量控制图的使用 ···························· 109
习题 ·· 111

第七章　试验数据的计算机处理技术 ·············· 113

第一节　EXCEL 在试验数据处理中的应用 ········ 113
　一、数据分析工具库介绍 ························· 113
　二、试验数据的表格与图表制作 ·················· 113
　三、EXCEL 在方差分析中的应用 ················ 117
　四、EXCEL 在回归分析中的应用 ················ 120
第二节　PASW Statistics 18.0 在试验数据处理中的应用 ·· 124
　一、PASW Statistics 18.0 软件简介 ·············· 124
　二、在平均值检验的应用 ························· 127
　三、在方差分析中的应用 ························· 131
　四、在回归分析中的应用 ························· 135
　五、在质量控制图绘制中的应用 ·················· 138
习题 ·· 139

附表

附表1 t 分布临界值表（双侧） 142
附表2 F 分布临界值表 143
附表3 标准正态分布表 147
附表4 χ^2 分布临界值表 148
附表5 多重比较 5%（上）和 1%（下）q 值表（双尾） 149
附表6 Duncan's 新复极差检验 5%（上）和 1%（下）SSR 值表（双尾） 150
附录7 γ 和 R 的 5%（上）和 1%（下）临界值 151
附表8 常用正交表 152
附表9 均匀设计表 159

参考文献 166

绪 论

试验数据是指由广义的试验所获得的实验结果，即通过开展试验因素相互独立的实物和非实物试验获取数据。所获得的这些数据通常是相互独立且包含试验误差，试验误差是指无系统误差和过失误差的随机误差，它是相互独立且服从某一正态分布的随机变量，这是进行数据处理的前提和基础。试验数据间存在着某些客观规律，其反映着试验因素与指标之间的某种关系。通过分析试验数据内在的规律和关系，获得预期的试验效果就是数据分析需要完成的目标之一。数据处理是运用各种处理技术或分析方法对试验数据进行计算分析以揭示其内在客观规律的过程。数据处理和分析方法有很多，不同试验问题有不同数据处理方法，同一试验方法也有多种数据处理方法，如在回归设计中试验数据处理常用的方法有方差分析法和回归分析法等，而在回归分析方法中，也有多种处理方法，如多元线性回归、非线性回归、零回归、部分最小二乘法等。

试验设计是对试验进行科学合理的安排，以期达到预期的试验效果。试验设计是试验实施的方案，也是试验数据处理的前提。一个科学而完善的试验方案不仅能合理地安排各种试验因素，还可以严格控制试验误差和有效地分析试验数据，以较少的人力、物力和精力，最大限度地获得大量且可靠的试验数据。如果试验设计存在明显缺陷，那么肯定得不到预期的试验结果，甚至得到错误的试验结论，因此，试验设计在科学研究和生产实践中具有非常重要的作用。

目前，试验设计已成为理工农医等各个专业领域各类试验的通用技术。由于试验设计内容的差异可为专业设计和统计设计。统计设计使试验数据具有良好的统计学性质。试验设计与统计分析是密不可分的。只有按科学的设计方法得到的试验结果才能进行科学的统计分析，才能得到有效可靠的试验结果。如果仅仅是一堆杂乱无章的数据是不可能反映客观事实的，而且也是毫无价值的。对于试验工作者，关键是运用科学的方法设计好试验，获得符合统计学原理的科学有效的数据，对于试验结果的统计分析，通常借助软件由试验人员自行完成。

一、数据处理与试验设计的发展简况

20世纪初，英国著名的生物统计学家R. A. Fisher首次提出了方差分析，并将方差分析应用于社会实践中，为农学、生物学、遗传学及工程学的发展起到了非常重要的推动作用，在试验设计和统计分析方面做出了巨大的贡献，并开创性地形成一门新兴的应用技术性学科，从此，试验设计便成了统计学的一个分支学科。20世纪50年代，日本统计学家田口玄一博士将试验设计中应用极其普遍的正交设计实施表格化，从而使正交设计的应用更为简便，为试验设计在工程学中的应用奠定了良好的基础，也为试验设计的发展做出了杰出的贡献。我国自20世纪50年代也开始了试验设计的研究工作并在正交设计理论、方法和创新方面做出了很多的工作，编制了一套非常适用的正交设计表格，简化了正交设计方案与正交试验结果的分析，形成了易学易用的正交设计方法。而且我国著名的数学家华罗庚教授在试验设计方法的实际应用方面大力推广"优选法"，从而使试验设计理念得到广泛的认同并得到普及。我国的数学家王元和方开泰在1978年首次提出均匀设计，由于该试验方法强调试验点的均匀分布，从而可以通过最少的试验次数获得最充分的试验数据信息，使试验次数在合理范围内尽量减少。随着计算机数据处理技术及相关数理统计软件的发展，试验数据的计算机处理已成为发展趋势，使人们从复杂烦琐的手工计算中解脱出来，也极大地促进了试验设计及数据处理技术的快速发展。

二、数据处理与试验设计的意义

在科学研究与工程实践中，经常会通过试验研究来寻找研究对象变化的规律，从而达到某种预定目标，如提高产品的产量、降低单位能耗、提升产品的品质或性能等，特别是在新产品研发中，由于对于试验效果（结果）具有不可预知性，为了优化工艺条件或配方，试验设计的应用和数据处理的使用则更为普遍。

在科学实验和实践生活中，对研究对象开展试验研究必须要基于科学的试验设计才能以最少的试验次数、最低的试验成本获得预期的试验效果，否则会浪费大量的人力、物力、财力和精力，而且还无法获得期望的研究结果。随着试验研究工作的开展，获得的试验数据会越来越多，只能对试验数据进行科学合理的数据处理，才有可能透过数据观察到数据背后暗藏的变化规律，获得研究对象的变化规律后才可能对生产和科研提供正确的指导。由此可见，试验设计与数据处理是相辅相成的，任何一个最优化方案的获得必须基于科学的试验设计和有效的数据处理。

在进行试验设计之前，试验者必须要对拟研究对象有一个深入的了解，如试验研究的目的、主要影响因素、各因素的变化范围等，可以通过查阅文献或进行预试验了解试验的影响因素及影响因素的变化范围，然后再根据研究实际或生产实际选择最佳的试验研究方案。通过科学的试验设计一方面可以减少试验设计的盲目性，还可以以最少的试验次数获得最充分的试验结果信息。

科学合理的试验设计只是试验成功的前提，完成试验设计后若不能进行合理的试验数据的分析计算，也无法透过繁杂的试验数据完成变化规律的认识，所以试验设计与数据处理是相互关联的，而且也是非常重要的。

试验数据在科学研究和生产实践的重要性主要体现在以下几个方面：

① 误差分析是数据处理的基础，通过误差分析，可以了解误差的来源，并采取合理有效的方法减少试验误差，从而提高试验结果的精准度。

② 找寻被考察因素对试验结果的影响重要性，分析主效因子，减少试验次数，并获得主效因素对试验结果的影响规律。

③ 系统分析主效因素与试验结果之间的近似函数关系式，如通过回归分析进行影响因素与试验结果的回归方程，通过显著性分析、残差分析等分析试验因素的影响，同时可以对试验结果进行预测和优化分析。

④ 对试验数据进行分析，透过数据寻找因素变化规律，为试验条件的控制提供

帮助。

⑤ 最优方案的最终确定。试验设计与数据处理的研究重点是如何通过合理安排试验，有效地获得试验数据并对试验数据进行科学合理分析，以期望获得最优的试验方案，因此，试验设计的核心就是试验条件的最优化设计，而试验数据的处理是为试验设计服务的。

第一章
误差理论及离群数据判定

第一节 误差产生理论

试验结果可以通过数字、符号、图片或文字进行记录,然而,应用最为广泛的是以数字形式进行记录,特别是定量分析过程中。为了对研究过程中取得的原始数据可靠性进行客观评价,需要对数据进行误差分析。由于试验过程中仪器精度的限制、试验方法的不完善、科研人员对试验现象的认识不足以及分析操作人员等多方面的原因,使得试验所获得的结果与真实值(理论值)不会完全一致,这就是由于试验误差存在所导致的。误差和准确度是两个相反的概念。误差存在于所有的科学实验中,可以减少,但不能完全消除。

一、误差及误差表示方法

1. 误差与真值

误差即测定结果与被测定对象的真实值之差。可表示为:$E = x_i - \mu$(E 为测定误差,x_i 为测定值,μ 为被测定对象的真实值)。真值是客观存在的,但由于任何测定过程均有误差存在,所以真值通常是未知的,很难获取真值。通常可能知道的真值有三类,即理论真值、约定真值以及相对真值。理论真值如平面三角形三内角之和为 180°,一个圆的圆心角为 360°。约定真值是指由国际计量大会定义的国际单位制,包括基本单位、辅助单位和导出单位。由国际单位制所定义的真值称为约定真值,如原子量和标准米等物理常数。相对真值如一些标准试样中有关成分的含量,以及由有经验的专业技术人员采用公认方法经多次测定得出的某组分含量的结果等。真值是指在无系统误差的情况下,观测次数无限多时所求得的平均值($\bar{x}$),但是,实际测定总是有限的,故用有限次限量测定所求的平均值代替真值视为近似真值。

2. 误差的表示方法

(1) 绝对误差(E_a)

绝对误差是指测定值与真实值之差。公式可表示为:

$$E_a = x_i - \mu \tag{1-1}$$

E_a 反映试验值偏离真值的大小,可正可负,通常所说的误差指的是绝对误差。如某食品中的蛋白质含量测定结果为 38.92%,已知真实含量为 40.00%,则 $E_a(\%) = 38.92 - 40.00 = -1.08$。

(2) 相对误差(E_r)

又称误差率,是指绝对误差与真值之比(常以百分数或千分数表示),有时也表示为绝对误差与测定均值之比,这表示两组不同准确度的表示方法,所以采用相对误差更能精确表示出测定值的准确度。

$$E_r = \frac{E_a}{\mu} \times 100\% = \frac{E_a}{x_i - E_a} \times 100\% = \frac{1}{x_i/E_a - 1} \times 100\% \tag{1-2}$$

当绝对误差很小时,$\frac{x_i}{E_a} \geqslant 1$,此时,$E_r \approx \frac{E_a}{x_i}$

在实际计算中,由于真值 μ 为未知数,所以常将绝对误差与试验值或平均值之比作为相对误差,即 $E_r = \frac{E_a}{\bar{x}} \times 100\%$。相对误差是无因次的,常表示为百分数或千分数。需要指出的是,在科学实验中,由于绝对误差和相对误差一般都无法知道,所以通常将最大绝对误差和最大相对误差看作是绝对误差和相对误差,在表示符号上也可以不加以区分。相对误差能反映误差在真实结果中所占的百分比,如果需要对不同结果进行准确度的比较,用相对误差比绝对误差更直观更方便。在分析测定中,为了避免与含量混淆,建议相对误差以千分率(‰)表示。

【例 1-1】 已知某样品质量的称量结果为 (10.5±0.08) g,试求其相对误差。

解 已知称量绝对误差为 0.08g,所以相对误差为:

$$E_r = \frac{x_i - \mu}{\bar{x}} \times 100\% = \frac{0.08}{10.5} \times 100\% = 7.6‰$$

【例 1-2】 已知水在 20℃ 条件下密度 $\rho = 997.9 \text{kg/m}^3$,测定相对误差为 0.02%,试求此条件下 ρ 的范围是多少?

解 已知相对误差为 0.02%,所以 $\Delta x = 997.9 \text{kg/m}^3 \times 0.02\% = 0.2 \text{kg/m}^3$。所以 ρ 所在的范围为:$997.7 \text{kg/m}^3 < \rho < 998.1 \text{kg/m}^3$

(3) 平均偏差

测定结果 x_i 与 $\bar{x}$ 之间的差为偏差 d_i,平均偏差定义为:

$$\bar{d} = \frac{\sum_{i=1}^{n} |x_i - \bar{x}|}{n} = \frac{\sum_{i=1}^{n} |d_i|}{n} \tag{1-3}$$

由于偏差可为正或负,甚至为 0,如果对单次测量结果的偏差求和,则结果等于 0,因此,不能将偏差之和来表示试验结果的精密度,需取绝对值。

【例 1-3】 对某火腿肠进行亚硝酸盐含量的测定,共测定 6 次,测定结果为 0.13mg/g、0.11mg/g、0.12mg/g、0.14mg/g、0.13mg/g 和 0.12mg/g,试求平均偏差?

解 $\bar{x}(\text{mg/g}) = \frac{1}{6}\sum_{i=1}^{6} x_i = \frac{1}{6}(0.13 + 0.11 + \cdots + 0.12) = 0.13$

$$\bar{d} = \sum_{i=1}^{n} |x_i - \bar{x}|/n = \frac{0.05 \text{mg/g}}{6} = 0.008 \text{mg/g}$$

(4) 标准偏差与相对标准偏差

标准偏差又称均方根偏差,简称为标准差。当试验次数 N 无穷大时,称为总体标准偏差 (σ),公式如式(1-4)所示:

$$\sigma = \sqrt{\frac{\sum_{i=1}^{N}(x_i - \mu)^2}{N}} = \sqrt{\frac{\sum_{i=1}^{N}x_i^2 - (\sum_{i=1}^{N}x_i)^2/N}{N}} \tag{1-4}$$

在实际测量中，观测次数 n 是有限的，真值只能通过最可信赖（最佳）值来代替，即样本标准偏差（S），按下式计算：

$$S = \sqrt{\frac{\sum_{i=1}^{n}(x_i - \overline{x})^2}{n-1}} = \sqrt{\frac{\sum_{i=1}^{n}x_i^2 - (\sum_{i=1}^{n}x_i)^2/n}{n-1}} \tag{1-5}$$

标准偏差与试验数据的每个数据有关，而且对一组测定值中的特大和特小误差极为敏感。所以在实际中常将标准偏差作为试验值精密度的表示方法。标准偏差数值越小，试验的精密度就越高。标准偏差是有量纲的，与测定数据的量纲一致，所以，当两组单位不同的数据进行精密度比较时，如一组数据测定的是身高，单位为"cm"，而另一组数据测定的是体重，单位是"kg"。此时不能通过直接比较标准偏差的数值大小进行误差大小的评判，而应采取相对标准偏差进行比较。

相对标准偏差是指样本标准偏差占样本平均值的百分比（%），又称样本相对标准偏差（RSD）或变异系数（CV），为无量纲的量，公式如式(1-6)所示：

$$RSD(CV) = \frac{S}{\overline{x}} \times 100\% \tag{1-6}$$

【例 1-4】 两位分析测试人员分别对样本 1 和样本 2 进行某物质的含量测定（$n = 6$），测定数据如下，试比较两组数据的精密度大小。

样本 1（mg/L）： 0.147　　0.151　　0.141　　0.152　　0.138　　0.150

样本 2（mg/kg）： 12.40　　12.80　　12.50　　12.30　　12.40　　12.70

解　样本 1 $\overline{x}_1 = 0.147 \text{mg/L}$　$S_1 = 0.006 \text{mg/L}$　$CV = \frac{0.006}{0.147} \times 100\% = 4.08\%$

　　样本 2 $\overline{x}_2 = 12.52 \text{mg/kg}$　$S_2 = 0.19 \text{mg/kg}$　$CV = \frac{0.19}{12.52} \times 100\% = 1.52\%$

由例 1-4 可以看出，样本 1 的标准偏差虽然比样本 2 的要小，但相对标准偏差却比样本 2 要大得多。所以，当比较两个单位不同的样本测试数据的精密度时，不能单纯比较标准偏差的数值大小，而应比较相对标准偏差（变异系数）的大小，因为相对标准偏差为无量纲的量，可直接进行比较。

3. 误差的分类

误差根据其性质和产生的原因不同，误差可以分为系统误差、偶然误差和过失误差三类。

（1）系统误差

系统误差，又称可测定误差或恒定误差，是指在一定的试验条件下，由某因素按某恒定变化规律造成的测定结果系统偏高或偏低的现象。当该因素的影响消失时，系统误差会自动消失。系统误差反映测定值的总体均值与真值的接近程度，具有重现性，是一个客观上的恒定值，不能通过增加试验测定次数发现，也不能通过多次测定取平均值来减少。系统误差有正误差和负误差两种。其正负大小是可以测定的，至少在理论上是可以准确测定的。系统误差的最显著的特点就是"单向性"。系统误差产生是多方面的，可以是方法、仪器、试剂、恒定的操作人员和恒定的环境等原因。

① 方法误差　这类系统误差的产生是由于试验方法本身所造成的。如在重量分析过程中由于沉淀的溶解、共沉淀现象、灼烧时沉淀的分解或挥发等原因使结果出现系统偏高或偏低；如在滴定分析过程中，由于干扰离子的影响、反应不完全、化学计量点和滴定终点不一致以及滴定过程的副反应等也会使系统性的测定结果偏高或偏低。

② 仪器误差　这类系统误差的产生是由于仪器精密度不够造成的。如砝码质量、容器刻度以及仪表刻度不准等。

③ 试剂误差　这类系统误差的产生主要是由于试剂纯度未能达到预定要求造成的。如试剂或蒸馏水（或溶剂）中含有被测定组分或干扰测定的组分，使分析结果系统偏高或偏低。

④ 操作误差　又称主观误差，是由于分析人员本身的一些主观原因影响操作而产生的系统误差。如分析人员对终点颜色的判断，有些人偏深，有些人偏浅；在刻度读取时，有些人偏大，有些人偏小；此外，某些分析人员在测定过程中，读取第二个测定值时，会主观上使两次测定结果尽量相符合，这些均可以称为主观误差。

(2) 偶然误差

偶然误差，又称为随机误差或不可测定误差，是由于测定过程中一些随机的、偶然的因素协同造成的。如分析测定时环境温度的变化、相对湿度或环境气压的微小变化以及分析人员对各试样处理的微小变化等均可能导致偶然误差的产生。偶然误差的产生具有"不确定性"，在分析操作中是无法避免的，而且通常很难找出确切的原因，似乎没有任何规律可循。而事实上，当样本容量比较大时，随机误差一般是符合正态分布的，即绝对值小的误差比绝对值大的误差出现概率大，而且绝对值相等的正负误差出现的概率是均等的。因此，通过增加试验次数，可以减少随机误差。

(3) 过失误差

过失误差是一类显然与事实不符的误差，无规律可循，是由于测定过程中犯了不应该犯的错误造成的，如读错数据、数据记录错误、操作失误以及加错试剂等。一经发现有过失误差时，必须及时改进，对出现的离群数据要及时进行剔除。在分析测定过程中，如果发现有大的误差数据出现时，应及时分析其产生原因，如确实是过失误差造成的，则应该将该数据舍去或重新获得试验数据。通常只要工作细心、态度认真，这一类误差是完全可以避免的。科学研究中绝对不允许有过失误差的存在，正确的试验结果是基于剔除离群值的前提下获得的。

在分析误差的过程中要特别注意：a. 试验数据的误差分析只进行系统误差和偶然误差的分析，过失误差不包括在内。b. 数据精密度是基于消除系统误差且偶然误差比较小的条件下得到的。精密度高的试验结果可能是正确的，也可能是错误的（当系统误差超出允许的限度时）。

4. 试验数据的精准度

误差的大小反映了试验结果的好坏。试验误差的产生有系统误差，也有偶然误差，甚至是两类误差的叠加，通过分析试验数据的精准度可以反映数据的好坏。

(1) 精密度

精密度的高低可反映随机误差的大小。在一定的试验条件下，多次重复测定所得到的试验值彼此接近的程度通常用随机不确定度来表示。精密度的概念与重复试验时单次试验值的变动性有关。如果试验数据分散程度很低,则说明该组试验数据的精密度高。例如,甲乙两人对同一样本的同一指标进行 5 次重复测定,得到两组试验数据:

甲: 8.67　　8.65　　8.66　　8.64　　8.66
乙: 8.24　　8.37　　8.26　　8.09　　8.48

很明显,甲乙两组数据的分散程度是不一致的,甲组数据的分散程度比乙组数据要差,也就是说,甲组数据彼此接近程度要好于乙组数据,即甲组数据的精密度优于乙组数据。

由于精密度反映了随机误差的大小,因此对于无系统误差的试验,可通过增加试验次数来达到提高数据精密度的目的,如果试验过程足够精密,则只需少数几次试验就可满足要求。

(2) 正确度

正确度反映的是测定结果中系统误差的大小,是测定过程系统误差的综合体现。由于随机误差和系统误差是两类不同性质的误差。精密度和正确度之间的关系是,精密度高是正确度高的前提,精密度高、正确度不一定高,两者之间的关系如图 1-1 所示。

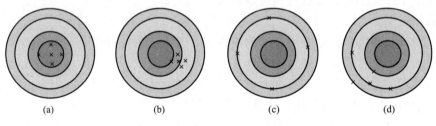

图 1-1　精密度与正确度的关系

由图 1-1 可以看出,(a) 图的正确度和精密度都较高,(b) 图精密度高,但正确度不高,(c) 图和 (d) 图正确度和精密度均不高。

(3) 准确度

准确度是系统误差和随机误差的综合结果,表示试验结果与真值一致的程度。从误差的角度来看,准确度是测定结果的各类误差的综合体现,如果系统误差已修正,那么准确度则由不确定度来表示。

5. 偶然误差的正态分布

偶然误差是由一些不确定因素造成的,表面上看,似乎没有规律可循,但如果借助统计方法可以发现,偶然误差的分布是符合正态分布的。为了弄清楚偶然误差的统计规律,我们借助频数分布图进行分析讨论。

【例 1-5】 用分光光度法测定某样品中某金属元素的含量,相同条件下重复测定 100 次,测定过程是相互独立的,属随机变量,试验数据如表 1-1 所示。

表 1-1　样本测定数据

1.41	1.37	1.40	1.32	1.42	1.47	1.39	1.36	1.49	1.43	1.40	1.38	1.35	1.42	1.43	1.42	1.47
1.34	1.42	1.42	1.45	1.34	1.42	1.39	1.41	1.36	1.40	1.37	1.36	1.46	1.37	1.27	1.47	1.37
1.42	1.42	1.30	1.34	1.42	1.37	1.36	1.44	1.42	1.39	1.42	1.41	1.44	1.48	1.55	1.46	
1.46	1.44	1.45	1.32	1.48	1.40	1.45	1.37	1.34	1.37	1.42	1.35	1.36	1.39	1.45	1.44	1.39
1.53	1.36	1.48	1.40	1.39	1.38	1.40	1.39	1.46	1.39	1.38	1.42	1.40	1.40	1.31	1.44	1.43
1.45	1.43	1.41	1.48	1.39	1.45	1.42	1.45	1.50	1.37	1.42	1.34	1.43	1.41	1.42		

粗看上述数据，发现数据的分布好像没有规律可循，若将数据进行排序可以发现，大部分的数据分布在 1.36～1.44 区间，这种集中趋势就是变化规律。为了更好地研究数据的分布规律，通过绘制数据的频数分布图，将数据人为地分为 10 组，每组测定值出现的次数称为频数，如表 1-2 所示。

表 1-2　频数分布表

分组	频数	相对频数	分组	频数	相对频数
1.265～1.295	1	0.01	1.415～1.445	24	0.24
1.295～1.325	4	0.04	1.445～1.457	15	0.15
1.325～1.355	7	0.07	1.457～1.505	6	0.06
1.355～1.385	17	0.17	1.505～1.535	1	0.01
1.385～1.415	24	0.24	1.535～1.565	1	0.01

为避免数据出现"骑墙"现象，组界数据精度可提高一位，得到数据的频数和相对频数分布表后，就可以清楚看出数据的变化规律了。为了更直观地反映数据的变化，根据组值范围及相应的相对频数绘制相对频数分布直方图（见图 1-2）。

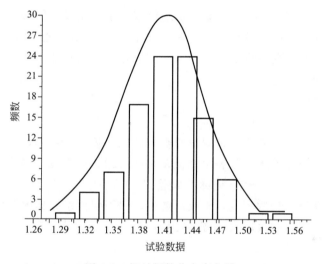

图 1-2　相对频数分布直方图

当样本容量非常大且分组特别细时，直方图形状将逐渐趋近一条曲线，这种曲线的分布就是正态分布。偶然误差通常都是按正态分布规律分布的，正态分布如图 1-3 所示。

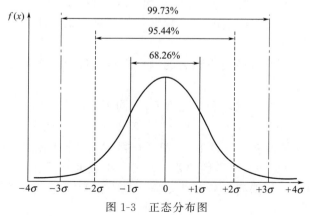

图 1-3　正态分布图

$$f(x) = \frac{1}{\sigma\sqrt{2\pi}} e^{-\frac{(x-\mu)^2}{2\sigma^2}} \tag{1-7}$$

式中，$f(x)$ 为概率密度；μ 为总体均值，是曲线最高点的横坐标，曲线对 μ 对称，在没有系统误差的情况下，μ 就是真值；σ 为总体标准偏差，反映了数据的离散程度。

测定值在某范围内（[a, b]）的概率就等于概率密度函数在此范围内的积分数值，即：

$$p = \int_a^b f(x)\mathrm{d}x = \int_a^b \frac{1}{\sigma\sqrt{2\pi}} e^{-\frac{(x-\mu)^2}{2\sigma^2}} \mathrm{d}x \tag{1-8}$$

由统计学知识可知，样本在下列区间的概率如表 1-3 所示。

表 1-3 正态分布总体的样本下列区间的概率

区间	落在此区间的概率/%	区间	落在此区间的概率/%	区间	落在此区间的概率/%
$\mu \pm 1.000\sigma$	68.26	$\mu \pm 1.960\sigma$	95.00	$\mu \pm 2.576\sigma$	99.00
$\mu \pm 1.645\sigma$	90.00	$\mu \pm 2.000\sigma$	95.44	$\mu \pm 3.000\sigma$	99.73297

由正态分布曲线可获得：a. 小误差出现的概率大于大误差，即误差的概率与误差大小有关；b. 正负误差出现概率的相等性，符号相反的正负误差数目近似于相等，故曲线是对称分布的；c. 出现大误差的概率很小；d. 算术平均值是可靠的数值。

二、误差的估计与传递

1. 试验数据误差的估计与检验

（1）随机误差的估计与检验

对随机误差进行估计，实质就是对试验数据的精密度进行判断。随机误差的大小估计可借助极差、标准偏差或方差等参数表示。极差是指一组试验数据中最大值与最小值之差，表示为 $R = x_{\max} - x_{\min}$。方差（S^2）是标准偏差（S）的平方。如果随机误差服从正态分布，则可以用标准偏差来反映分散程度，S 或 σ 越小，则表明该组数据的精密度越高。随机误差越小，试验数据正态分布曲线越尖，方差也可以反映数据的分散性。

（2）系统误差的估计和检验

系统误差可以用秩和检验法进行检验。这种方法可以检验两组数据之间是否存在显著性差异。所以，当其中一种数据无系统误差时，就可以利用该检验方法判断另一组数据有无系统误差。此外，利用秩和检验法还可以证明新方法是否可靠。

设有两组试验数据 $x_1^{(1)}$、$x_2^{(1)}$、…、$x_{n_1}^{(1)}$ 和 $x_1^{(2)}$、$x_2^{(2)}$、…、$x_{n_2}^{(2)}$，n_1、n_2 分别表示两组数据的试验数据个数。假设 $n_1 \leqslant n_2$，且数据是相互独立的，用秩和检验法进行系统误差的检验，具体步骤如下：

① 将两组试验数据混合并按由小到大的顺序进行排序，每个数据在序列中的次序叫作该值的秩。

② 将属于第 1 组的数据的秩求和，记为 R_1。同理，可求得第 2 组数据 R_2。

③ 如果两组数据之间无明显差异，那么 R_1 就不应该太大或太小。对于给定显著性水平 α 和 n_1、n_2，由秩和临界值表（见表 1-4）即可查得 R_1 的上下限 T_2 和 T_1。如果 $R_1 > T_2$ 或 $R_1 < T_1$，那么两组数据间有显著性的差异，另一组数据有系统误差或新方法不可靠；如果 $T_1 < R_1 < T_2$，则两组数据间无显著性差异，另一组数据也没有系统误差或新方法是可靠的。

表 1-4 秩和临界表

n_1	n_2	α=0.025		α=0.05		n_1	n_2	α=0.025		α=0.05	
		T_1	T_2	T_1	T_2			T_1	T_2	T_1	T_2
2	4	—	—	3	11	5	5	18	37	19	36
	5	—	—	3	13		6	19	41	20	40
	6	3	15	4	14		7	20	45	22	43
	7	3	17	4	16		8	21	49	23	47
	8	3	19	4	18		9	22	53	25	50
	9	3	21	4	20		10	24	56	26	54
	10	4	22	5	21	6	6	26	52	28	50
3	3	—	—	6	15		7	28	56	30	54
	4	6	18	7	17		8	29	61	32	58
	5	6	21	7	20		9	31	65	33	63
	6	7	23	8	22		10	33	69	35	67
	7	8	25	9	24	7	7	37	68	39	66
	8	8	28	9	27		8	39	73	41	71
	9	9	30	10	29		9	41	78	43	76
	10	9	33	11	31		10	43	83	46	80
4	4	11	25	12	24	8	8	49	87	52	84
	5	12	28	13	27		9	51	93	54	90
	6	12	32	14	30		10	54	98	57	95
	7	13	35	15	33	9	9	63	108	66	105
	8	14	38	16	36		10	66	114	69	111
	9	15	41	17	39	10	10	79	131	83	127
	10	16	44	18	42						

【例 1-6】 假设有甲、乙两组试验数据,其中甲组数据无系统误差,试用秩和检验法检验乙组数据是否存在系统误差（α=0.05)?

甲:8.5   10.0   10.2   8.7   9.2   9.2

乙:8.6   8.2   9.3   8.8   7.2   7.9   7.1   8.0   6.0

解 根据秩和检验操作步骤,首先将数据进行由小到大排序（见表1-5)。

表 1-5 甲乙两组试验数据

秩	1	2	3	4	5	6	7	8	9	10	11.5	11.5	13	14	15
甲							8.5		8.7		9.2	9.2		10.0	10.2
乙	6.0	7.1	7.2	7.9	8.0	8.2		8.6		8.8			9.3		

此时,$n_1=6$,$n_2=9$,$n=n_1+n_2=15$,$R_1=7+9+11.5+11.5+14+15=68$。当 α=0.05,查秩和临界值表（见表1-4)得 $T_1=33$,$T_2=63$,可知 $R_1>T_2$,故两组数据间具有显著性差异,即乙组数据存在系统误差。

特别要注意的是,在进行秩和检验时,如果出现几个数据相等的情况,则它们的秩等于相应几个秩的算术平均值,如甲组数据中出现的两个 9.2 的数值,其秩和均等于（11+12)/2=11.5。

(3) 离群数据的检验

离群数据的检验见本章第二节。

2.误差的传递

在分析测试中,有些物理量是可以直接测定的,而有些则需要通过间接的计算才可以得到。在每一次的分析测定过程中均有误差的存在,而这些误差最终会转嫁到结果中去,所以理解误差的传递对于数据的分析是有帮助的。

设结果 y 与各直接测定值 x_1、x_2、$\cdots$、x_n 之间的函数关系式为 $y=f(x_1,x_2,\cdots,x_n)$，设 $\mathrm{d}x_1$、$\mathrm{d}x_2$、$\cdots$、$\mathrm{d}x_n$ 分别为 x_1、x_2、$\cdots$、x_n 的误差，则 $\mathrm{d}y$ 为：

$$\mathrm{d}y=\frac{\partial y}{\partial x_1}\mathrm{d}x_1+\frac{\partial y}{\partial x_2}\mathrm{d}x_2+\cdots+\frac{\partial y}{\partial x_n}\mathrm{d}x_n \tag{1-9}$$

式(1-9)就是误差传递的一般公式。误差全微分之和等于各测定值的偏微分之和，或者说函数的变化等于各自变量的变化所引起的函数变化之和。式(1-9)的重要意义就是误差具有加和性。

(1) 不同运算规则的系统误差传递

① 加减法

$$y=f(x_1,x_2,\cdots,x_n)=x_1+x_2-x_3 \tag{1-10}$$

$$\mathrm{d}y=\frac{\partial y}{\partial x_1}\mathrm{d}x_1+\frac{\partial y}{\partial x_2}\mathrm{d}x_2-\frac{\partial y}{\partial x_3}\mathrm{d}x_3=\mathrm{d}x_1+\mathrm{d}x_2-\mathrm{d}x_3 \tag{1-11}$$

即在加减运算中，结果绝对误差等于各测量值绝对误差代数和。若 $y=f(x_1,x_2,\cdots,x_n)=x_1+mx_2-nx_3$，则 $\mathrm{d}y=\mathrm{d}x_1+m\mathrm{d}x_2-n\mathrm{d}x_3$。

② 乘除运算

$$y=f(x_1,x_2,\cdots,x_n)=\frac{x_1 x_2}{x_3} \tag{1-12}$$

$$\mathrm{d}y=\frac{\partial y}{\partial x_1}\mathrm{d}x_2+\frac{\partial y}{\partial x_2}\mathrm{d}x_2+\frac{\partial y}{\partial x_3}\mathrm{d}x_3=\frac{x_2}{x_3}\mathrm{d}x_1+\frac{x_1}{x_3}\mathrm{d}x_2+\frac{x_1 x_2}{x_3^2}\mathrm{d}x_3 \tag{1-13}$$

即 $\dfrac{\mathrm{d}y}{y}=\dfrac{\mathrm{d}x_1}{x_1}+\dfrac{\mathrm{d}x_2}{x_2}+\dfrac{\mathrm{d}x_3}{x_3}$。所以，在乘除运算中，结果相对误差等于测定值相对误差之和。

③ 对数运算

$$y=f(x_1,x_2,\cdots,x_n)=k+n\ln x_1 \tag{1-14}$$

$$\mathrm{d}y=\frac{\partial y}{\partial x_1}\mathrm{d}x_1=n\frac{\mathrm{d}x_1}{x_1} \tag{1-15}$$

$$\mathrm{d}y=n\frac{\mathrm{d}x_1}{x_1} \tag{1-16}$$

④ 指数运算

$$y=f(x_1,x_2,\cdots,x_n)=k+x_1^n \tag{1-17}$$

$$\mathrm{d}y=\frac{\partial y}{\partial x_1}\mathrm{d}x_1=nx_1^{n-1}\mathrm{d}x_1 \tag{1-18}$$

$$\mathrm{d}y=nx_1^{n-1}\mathrm{d}x_1 \tag{1-19}$$

(2) 偶然误差的传递

对于有限次测定，不同运算过程中的偶然误差的传递可由以下公式表示。

① 加减运算

若 $y = x_1 + x_2 - x_3$，则 $S_y^2 = S_{x_1}^2 + S_{x_2}^2 - S_{x_3}^2$（$S$ 为标准偏差）。

② 乘除运算

若 $y = \dfrac{x_1 x_2}{x_3}$，则 $\dfrac{S_y^2}{y^2} = \dfrac{S_{x_1}^2}{x_1^2} + \dfrac{S_{x_2}^2}{x_2^2} + \dfrac{S_{x_3}^2}{x_3^2}$，若式中有系数，公式不变。

③ 对数运算

若 $y = k + n\ln x_1$，则 $S_y^2 = \left(\dfrac{n}{x_1}\right)^2 S_{x_1}^2$。

④ 指数运算

若 $y = k + x_1^n$，则 $S_y^2 = (nx_1^{n-1})^2 S_{x_1}^2$。

第二节 粗差数据（离群数据）的判断检验

在试验数据的整理过程中，有时会发现在一组测定值中存在一两个数据明显偏大或偏小的可疑数据，这种数据称为离群数据。离群数据需要通过检验后才能确定是否应该舍弃。离群数据的检验其实质就是分析其产生原因到底是由随机误差产生的还是由系统误差产生的？当然，如果确切知道离群原因是过失误差，则应直接将离群的数据舍弃。

一、拉依达法（Pauta）准则

根据测定值概率分布可知，偏差大于 3σ 的测定值出现概率约 0.26%，即为小概率事件。小概率事件在有限次试验中通常为不可能发生事件，即偏差大于 3σ 的测定值在有限次试验中是不可能出现的，否则为离群值，为过失误差所致，应舍弃。该方法不需要查表，测定次数较多（$n \geqslant 10$）或精度要求不高时可以采用。值得特别注意的是，当 $n < 10$ 时，用 $3S$ 作判断准则，即使有异常数据，也无法剔除；若用 $2S$ 作为判断准则，5 次以内的试验次数无法舍去异常值，所以，该方法应在 $n \geqslant 10$ 次的条件下使用。

如果可疑数据 x_k 与平均值 $\bar{x}$ 的绝对偏差大于 $3S$（或 $2S$）时，应试将 x_k 舍弃。至于选择 $3S$ 还是 $2S$，取决于显著性水平。

通常情况下，$3S$ 相当于 $\alpha = 0.01$，而 $2S$ 相当于 $\alpha = 0.05$。

【例 1-7】 某样本重复测定 10 次，其测定数据为 0.115、0.110、0.113、0.112、0.112、0.111、0.115、0.112、0.111、0.128，试用拉依达法准则法检验可疑值 0.128 是否为离群值（$\alpha = 0.01$）？

解 （1）计算含可疑值在内的平均值 $\bar{x}$ 与标准偏差 S。

$$\bar{x} = \frac{1}{10}\sum_{i=1}^{10} x_i = 0.114$$

$$S = \sqrt{\frac{1}{n-1}\sum_{i=1}^{n}(x_i - \bar{x})^2} = 0.005$$

（2）计算可疑值与平均值的绝对偏差。

$$|d_k| = |x_k - \bar{x}| = |0.128 - 0.114| = 0.014$$

$$3S = 0.015$$

（3）离群判定。

由于 $|d_k|=0.014<3S=0.015$

所以，根据拉依达法准则，可疑值 0.128 应该保留。

二、狄克逊（Dixon）检验法

此方法适用于一组测定值的一致性检验和剔除离群值。值得特别注意的是，对最小可疑值和最大可疑值进行离群检验时，计算公式有变化。Dixon 检验法具体检验步骤如下。

① 将试验数据从小到大按升序进行排序，即 $x_1 \leqslant x_2 \leqslant \cdots \leqslant x_n$，$x_1$ 和 x_n 分别为最小可疑值和最大可疑值。

② 按表 1-6 进行 Q 值计算。

表 1-6 Dixon 检验法统计量计算公式

测定次数 n	最小可疑值	最大可疑值	测定次数 n	最小可疑值	最大可疑值
3~7	$Q=\dfrac{x_2-x_1}{x_n-x_1}$	$Q=\dfrac{x_n-x_{n-1}}{x_n-x_1}$	11~13	$Q=\dfrac{x_3-x_1}{x_{n-1}-x_1}$	$Q=\dfrac{x_n-x_{n-2}}{x_n-x_2}$
8~10	$Q=\dfrac{x_2-x_1}{x_{n-1}-x_1}$	$Q=\dfrac{x_n-x_{n-1}}{x_n-x_2}$	14~30	$Q=\dfrac{x_3-x_1}{x_{n-2}-x_1}$	$Q=\dfrac{x_n-x_{n-2}}{x_n-x_3}$

③ 根据给定的显著性水平（α）和样本容量（n），查临界值（Q_α）（见表 1-7）。

表 1-7 Dixon 检验临界值表

样本容量 n	显著性水平 α			样本容量 n	显著性水平 α			样本容量 n	显著性水平 α		
	0.10	0.05	0.01		0.10	0.05	0.01		0.10	0.05	0.01
3	0.886	0.941	0.988	13	0.467	0.521	0.615	23	0.374	0.421	0.505
4	0.679	0.765	0.889	14	0.492	0.548	0.641	24	0.367	0.413	0.497
5	0.557	0.642	0.780	15	0.472	0.525	0.616	25	0.360	0.406	0.489
6	0.482	0.560	0.698	16	0.454	0.507	0.595	26	0.354	0.399	0.486
7	0.434	0.507	0.637	17	0.438	0.490	0.577	27	0.348	0.393	0.475
8	0.479	0.554	0.683	18	0.424	0.475	0.561	28	0.342	0.387	0.469
9	0.441	0.512	0.635	19	0.412	0.462	0.547	29	0.337	0.381	0.463
10	0.409	0.477	0.597	20	0.401	0.450	0.535	30	0.332	0.378	0.457
11	0.517	0.576	0.670	21	0.391	0.440	0.524				
12	0.490	0.546	0.642	22	0.382	0.430	0.514				

④ 离群判定。

当 $Q \leqslant Q_{0.05}$ 时，则可疑值为正常值，应保留；

当 $Q_{0.05} < Q \leqslant Q_{0.01}$ 时，可疑值为偏离值；

当 $Q > Q_{0.01}$ 时，可疑值为离群值，应舍弃。

【例 1-8】 一组测定值按从小到大的顺序排列为 14.65、14.90、14.90、14.92、14.95、14.96、15.00、15.01 和 15.02，试用 Dixon 检验法检验最小值 14.65 是否为离群值（$\alpha=0.01$）？

解 当 $n=9$，可疑值为最小值时，$Q=\dfrac{x_2-x_1}{x_{n-1}-x_1}=\dfrac{14.90-14.65}{15.01-14.65}=0.694$

查表 1-7，当 $n=9$ 时，给定显著性水平 $\alpha=0.01$ 时，$Q_{0.01}=0.635$，$Q=0.694>Q_{0.01}=0.635$，故最小值 14.65 为离群值，应剔除。

三、格鲁布斯（Grubbs）检验法

该方法适用于多组测定值的一致性和剔除多组测定值中的离群均值；也可以用于一组测

定值的一致性检验和剔除一组测定值中的离群值。Grubbs 检验法的具体检验步骤如下：

① 将分析测试样品分派给 t 个质量控制良好的实验室，每个实验室对样品进行相同次数的重复测定并计算出各自的平均值，即 $\overline{x}_1$、$\overline{x}_2$、…、$\overline{x}_i$、…、$\overline{x}_t$，其中最大的均值记为 $\overline{x}_{\max}$，最小的均值记为 $\overline{x}_{\min}$。

② 由 t 个均值计算总均值（$\overline{\overline{x}}$）和标准偏差（$S_{\overline{x}}$）。

$$\overline{\overline{x}} = \frac{1}{t}\sum_{i=1}^{t}\overline{x}_i \tag{1-20}$$

$$S_{\overline{x}} = \sqrt{\frac{1}{t-1}\sum_{i=1}^{t}(x_i - \overline{\overline{x}})^2} \tag{1-21}$$

③ 可疑值检验可由式(1-22)计算。

$$T = \frac{|\overline{\overline{x}} - \overline{x}_{\max}(\overline{x}_{\min})|}{S_{\overline{x}}} \tag{1-22}$$

④ 根据给定的显著性水平 α 和测定数据的组数 t，根据表 1-8 查临界值。

表 1-8　Grubbs 检验临界值 $T_{(\alpha,t)}$ 表

t	α				t	α				t	α			
	0.05	0.025	0.01	0.005		0.05	0.025	0.01	0.005		0.05	0.025	0.01	0.005
3	1.153	1.155	1.155	1.155	13	2.331	2.462	2.607	2.699	23	2.624	2.781	2.963	3.087
4	1.463	1.481	1.492	1.496	14	2.371	2.507	2.659	2.755	24	2.644	2.802	2.987	3.112
5	1.672	1.715	1.749	1.764	15	2.409	2.549	2.705	2.806	25	2.663	2.822	3.009	3.135
6	1.832	1.887	1.944	1.973	16	2.443	2.585	2.747	2.852	26	2.681	2.841	3.029	3.157
7	1.938	2.020	2.097	2.139	17	2.475	2.620	2.785	2.894	27	2.698	2.859	3.049	3.178
8	2.032	2.126	2.221	2.274	18	2.504	2.651	2.821	2.932	28	2.714	2.876	3.068	3.199
9	2.110	2.215	2.323	2.387	19	2.532	2.681	2.854	2.968	29	2.730	2.893	3.085	3.218
10	2.176	2.290	2.410	2.482	20	2.557	2.709	2.884	3.001	30	2.745	2.908	3.103	3.236
11	2.234	2.355	2.485	2.564	21	2.580	2.733	2.912	3.031					
12	2.285	2.412	2.550	2.636	22	2.603	2.758	2.939	3.060					

⑤ 离群值判定。

若 $T > T_{0.01}$，则可疑值为离群均值，应剔除；

若 $T_{0.05} < T \leqslant T_{0.01}$，则可疑值为偏离均值；

如 $T \leqslant T_{0.05}$，则可疑值为正常均值。

【例 1-9】　将一分析样品分派给 10 个控制良好的实验室进行分析测定，各实验室 10 次重复测定的平均值为 1.41%、1.49%、1.50%、1.51%、1.44%、1.45%、1.41%、1.41%、1.39% 和 1.95%，检验最大值 1.95% 是否为离群均值？

解　根据题意，$n = 10$，$\overline{x}_{\max} = 1.95\%$

$$\overline{\overline{x}} = \frac{1}{10}\sum_{i=1}^{10}\overline{x}_i = 1.496\%$$

$$S_{\overline{x}} = \sqrt{\frac{1}{10-1}\sum_{i=1}^{10}(\overline{x}_i - \overline{\overline{x}})} = 0.17\%$$

又因

$$\overline{x}_{\max} = 1.95\%$$

则
$$T = \frac{|\overline{x} - \overline{x}_{\max}|}{S_{\overline{x}}} = \frac{|1.496 - 1.95|}{0.17} = 2.7$$

当 $t=10$、$\alpha=0.05$ 时，$T_{(0.05,10)}=2.176$，$T_{(0.01,10)}=2.410$
由于 $T=2.7 > T_{(0.01,10)}=2.410$，所以 1.95% 为离群值，应舍弃。

第三节 有效数字的修约及其运算

在分析化学中，分析结果不仅代表测试试样的指标（如含量、浓度等），还可反映测定过程的准确度。因此，分析结果的记录和结果的计算是非常重要的，在记录和计算过程中一定要规范。有效数字的保留是有一定规则的，不可随意，要根据分析测试所使用的仪器、分析方法等的准确度来进行确定。

一、有效数字及其修约

科学试验中任何物理量的测定其准确度都是有限的。通常将能够代表一定物理量的数字称为有效数字，或者可以简单地理解为能测定得到的数字。如用分析天平称量得到某样品质量为 1.0028g，共有 5 位有效数字，其中 1.002g 是所加砝码直接读取的，是准确数字，最后一位数字"8"是估计的，是可疑数字或欠准确数字。再如滴定读取数据如 12.72mL，其中前 3 位是准确的，而最后的数字"2"是估读的。有效数字的位数反映了试验的精密度，或表示所用仪器的精度，不可以随意增加或减少数位。值得特别注意的是，数据中的"0"，有时起定位作用，而有的时候是有效数字。数字"0"是否为有效数字要根据数字"0"在数据中的位置。通常处于非零数字以前的"0"都不是有效数字，而处于非"0"数字以后的数字"0"是有效数字。如 1.004 有效数字为 4 位，而 0.104 有效数字为 3 位。为了不影响有效数字的位数，对于较大或较小的数据最好采取科学计数法进行表示。对于人为规定的标准值，如原子量 ^{12}C，其有效数字可视计算需要进行选择。在计算有效数字数位时，如果第一位数字是 8 或 9 时，有效数字可多计一位，如 8.96，实际有效数字为 3 位，但可认为是 4 位有效数字。

在确定有效数字时，应注意以下几点：a. 诸如 pH、pK_a、pM、lgC、lgK 等对数值，其有效数字取决于小数部分的位数，整数部分仅代表 10 的方次，如 pH=6.12、pK_a=4.75 有效数字均为 2 位，其真数值的有效数字位数应与此一致，分别为 $[H^+]=7.6\times10^{-7}$ mol/L 和 $K_a=1.8\times10^{-5}$。b. 计算中所涉及的一些常数，如 π、$\sqrt{3}$、e（自然对数的底）以及一些自然数，如 $S_{\overline{x}}=S/\sqrt{n}$ 中的 n，可以认为有效数字位数很多或无限多位。

在数据处理时，参与计算的各测量值的有效数字位数可能不完全相同，因此，需要根据有关规则对有效数字进行修约，以确定各测定值的有效数字位数。各测定数值的有效数字位数确定后，则需要将多余的数字进行舍弃，规则为"四舍六入五成双"，具体如下：a. 在拟舍弃的数字中，若左边第一个数字小于 5（不包含等于 5），则舍弃，即拟保留的末位数字不变。b. 在拟舍弃的数字中，若左边第一个数字大于 5（不包含等于 5），则进一，即拟保留的末位数字加一。c. 在拟舍弃的数字中，若左边第一个数字等于 5，其右边数字非全部为 0 时，则进一，即拟保留的末位数加一。d. 在拟舍弃的数字中，若左边第一个数字等于 5，其右边数字全部为 0 时，所拟保留的末位数若为奇数则进一，若为偶数（包括 0）则不进。e. 在拟舍弃的数字中，若为两位数以上数字时，不得进行多次修约，应根据拟舍弃的数字左边第一个数字的大小，按上述规定一次修约出来。

根据上述规则，将下列数字修约为一位小数，结果应为：

原数据	修约后数据	原数据	修约后数据
14.2432	14.2	0.3500	0.4
26.4843	26.5	0.4500	0.4
1.0501	1.1		

二、有效数字的运算规则

1. 加减法

在进行加减法运算时，有效数字的保留应与小数点位数最少者相同。例如：

$$11.16+10.2+0.013=?$$

由于每个数据最后一位数均有±1的绝对误差，即 11.16 ± 0.01、10.2 ± 0.1、0.013 ± 0.001，其中 10.2 的绝对误差最大，所以结果受该数影响最大，因此，有效数字应根据该数进行修约，即 $11.2+10.2+0.01=21.5$。

2. 乘除法

在乘、除法运算中，乘积和商的有效数字位数应与几个数中相对误差最大的数相对应，通常根据有效数字位数最小者进行修约。例如：

$$0.0157\times12.14\times1.02412$$

这三个数的相对误差分别为：

$$\pm\frac{1}{157}\times100\%=\pm0.6\% \qquad \pm\frac{1}{1214}\times100\%=\pm0.08\% \qquad \pm\frac{1}{102412}\times100\%=\pm0.001\%$$

所以，0.0157 的相对误差最大，应以其为标准将其他数据修约为三位有效数字，然后再计算结果，即 $0.0157\times12.1\times1.02=0.194$。

在乘除法运算过程中，如果碰到第一位数为 8 或者 9 的数字时，最终结果的有效数字位数可以适当增加一位。使用计算器进行连续运算时，过程中不必对每一步计算结果进行修约，但应根据准确度要求，对最终结果保留准确的有效数字。

3. 乘方和开方

乘方和开方运算过程中，结果有效数字位数与其底数相同，如 $3.1^2=9.6$，$\sqrt{1.5}=1.2$。

4. 对数运算

对数有效数字位数应与其真数相同，如 $\ln2.47=0.904$，$\lg0.00123=-2.91$。

5. 其他

① 在计算 4 个或 4 个以上精密度接近的数据平均值时，结果有效数字位数可增加一位。

② 所有来源于手册上的数据，有效数字位数按实际需要取。如果原始数据有限制，则应服从原始数据。

③ 一些常数的有效数字位数，如 π、g、$\sqrt{2}$、$1/3$ 等有效位数可以认为是无限位的，可以根据需要取有效数字位数。

④ 一般工程计算中取 2～3 位有效数字就足够精确了，在少数情况下需取 4 位有效数字。

习　　题

一、计算题

1. 假设两样本测定结果如下，试计算两组测定数据的平均值、标准偏差及变异系数，并解释计算结果。

　　样本1：20　　21　　20　　20　　22　　20　　22　　21　　20　　20
　　样本2：15　　18　　24　　17　　26　　17　　19　　20　　21　　18

2. 测定某牛奶中的蛋白质含量为（30.24±0.27）g/L，试求其相对误差。

3. 用深层液态发酵法发酵生产柠檬酸，对产酸率（%）做了6次重复测定。样本测定值为3.48、3.37、3.47、3.38、3.40和3.41，试计算测定结果的平均值、标准偏差、相对标准偏差以及极差。

4. 用新旧两种方法对某样本的中的 Cu^{2+} 进行测定（mg/L），测定数据如下：

　　新方法：0.73　0.91　0.84　0.77　0.98　0.81　0.79　0.87　0.85
　　旧方法：0.76　0.92　0.86　0.74　0.96　0.83　0.78　0.80　0.78　0.79

假设旧方法无系统误差，试用秩和检验法检验新方法是否存在系统误差？

5. 将某合金样品分发给10个分析人员分别进行5次重复测定其中的铝含量（%），取平均值，数据分别为60.08、71.26、70.63、71.85、73.26、72.17、73.16、72.65、73.62和71.83，试用 Q 检验法和Grubbs法检测60.08是否为离群值？

二、选择题

1. 准确度和精密度两者之间的正确关系是（　　）。
   A. 准确度不高，精密度一定不会高　　　B. 准确度高，精密度一定高
   C. 精密度高，准确度一定高　　　　　　D. 两者没有关系

2. 精密度好准确度就高的前提条件是（　　）。
   A. 偶然误差小　　　　　　　　　　　　B. 系统误差小
   C. 操作误差不存在　　　　　　　　　　D. 相对偏差小

3. 以下描述正确的是（　　）。
   A. 精密度高，准确度也一定高　　　　　B. 准确度高，系统误差一定小
   C. 增加测定次数，不一定能提高精密度　D. 偶然误差大，精密度不一定差

4. 有关系统误差的描述，下列错误的是（　　）。
   A. 误差可以估计其大小　　　　　　　　B. 误差是可以测定的
   C. 在同一条件下重复测定中，正负误差出现的机会相等
   D. 它对分析结果的影响比较恒定

5. 准确度、精密度、系统误差、偶然误差之间的关系是（　　）。
   A. 准确度高，精密度一定高　　　　　　B. 精密度高，不一定能保证准确度高
   C. 系统误差小，准确度一般较高　　　　D. 偶然误差小，准确度一定高

6. 当测定结果精密度很好，说明（　　）。
   A. 系统误差小　　　　　　　　　　　　B. 偶然误差小
   C. 相对误差小　　　　　　　　　　　　D. 标准偏差小

7. 在滴定分析中，导致系统误差出现的是（　　）。
   A. 试样未经充分混匀　　　　　　　　　B. 滴定管的读数读错
   C. 滴定时有液滴溅出　　　　　　　　　D. 砝码未经校正

8. 下列描述中错误的是（　　）。
   A. 方法误差属于系统误差　　　　　　　B. 系统误差具有单向性
   C. 系统误差呈正态分布　　　　　　　　D. 系统误差又称可测误差

9. 下列属系统误差的是（　　）。
   A. 称量时未关天平门　　　　　　　B. 砝码有腐蚀
   C. 滴定管末端有气泡　　　　　　　D. 滴定管最后一位读数估计不准
10. 下列不属于系统误差的是（　　）。
    A. 移液管转移溶液后残留量稍有不同　　B. 称量时使用的砝码锈蚀
    C. 天平的两臂不等长　　　　　　　D. 试剂里含微量的被测组分
11. 下列属于偶然误差的是（　　）。
    A. 砝码未经校正　　　　　　　　　B. 读取滴定管读数时，最后一位数字估计不准
    C. 容量瓶和移液管不配套　　　　　D. 重量分析中，沉淀有少量溶解损失
12. 以下描述不正确的是（　　）。
    A. 偶然误差是无法避免的　　　　　B. 偶然误差具有随机性
    C. 偶然误差的出现符合正态分布　　D. 偶然误差小，精密度不一定高
13. 以下描述正确的是（　　）。
    A. 溶液 pH 为 11.32，读数有四位有效数字
    B. 0.0150g 试样的质量有 4 位有效数字
    C. 测量数据的最后一位数字不是准确值
    D. 从 50mL 滴定管中，可以准确放出 5.000mL 标准溶液
14. 分析天平的称样误差约为 0.0002g，若相对误差达到 0.1%，至少应该称（　　）。
    A. 0.1000g 以上　　B. 0.1000g 以下　　C. 0.2g 以上　　D. 0.2g 以下
15. 精密度的高低可用（　　）的大小表示。
    A. 误差　　　　B. 相对误差　　　C. 偏差　　　D. 准确度
16. 在分析实验中，由试剂不纯导致的误差为（　　）。
    A. 系统误差　　B. 过失误差　　　C. 偶然误差　　D. 方法误差
17. 某样本的分析测定数据为 55.51、55.50、55.46、55.4 和 55.51，其平均偏差为（　　）。
    A. 55.49　　　B. 0.016　　　　C. 0.028　　　D. 0.008
18. 托盘天平读数误差在 2g 以内，分析样品应称至（　　）才能保证称样相对误差为 1%。
    A. 100g　　　　B. 200g　　　　C. 150g　　　　D. 50g
19. 在滴定分析时，如果从锥形瓶中溅失少许分析试液使结果产生偏差，那么应属于（　　）。
    A. 系统误差　　B. 偶然误差　　　C. 过失误差　　D. 方法误差
20. 绝对偏差是指测定值与（　　）的差值。
    A. 真实值　　　B. 测定次数　　　C. 平均值　　　D. 绝对误差
21. 如滴定分析时要求控制相对误差为 0.2%，50mL 滴定管的读数误差约为 0.02mL，滴定时所用液体体积至少要（　　）。
    A. 15mL　　　　B. 10mL　　　　C. 5mL　　　　D. 20mL
22. 某样本的分析测定数据为 20.01、20.03、20.04 和 20.05，其 CV（RSD）为（　　）。
    A. 0.013%　　　B. 0.017%　　　C. 0.085%　　　D. 20.03%
23. 某样本测定数据为 20.01、20.03、20.04 和 20.05，其标准偏差为（　　）。
    A. 0.013　　　B. 0.065　　　　C. 0.017　　　　D. 0.085
24. pH=4.001 有（　　）位有效数字。
    A. 4　　　　　B. 3　　　　　　C. 2　　　　　　D. 1
25. 通过增加测定次数可以减少（　　）。
    A. 系统误差　　B. 过失误差　　　C. 操作误差　　D. 偶然误差
26. 11.05+1.3153+1.225+25.0678=x 结果应为（　　）。
    A. 38.6581　　B. 38.64　　　　C. 38.66　　　　D. 38.67

27. 醋酸的 pK_a＝4.00，则其有效数字位数为（　　）。
   A. 一位　　　　　B. 二位　　　　　C. 三位　　　　　D. 四位

三、填空题

1. 在定量分析中，_____误差影响测定结果的精密度；_____误差影响测定结果的准确度。
2. 偶然误差服从_____规律，可采取_____减少偶然误差。
3. 误差表示分析结果的_____；偏差表示分析结果的_____。
4. 用相同的方法对同一个试样实行多次平行测定，测定结果相互接近的程度，称为_____。测定值与真值之间接近的程度，称为_____。
5. 1.05081 和 4.701 需保留三位有效数字，分别为_____和_____。
6. 用一种新方法测定纯 $BaCl_2 \cdot 2H_2O$ 试剂（M_r＝244.27）中 Ba 的质量分数，三次结果分别为 56.20%、56.14% 和 56.17%，绝对误差为_____，相对误差为_____。[已知 Ar(Ba)＝137.33]
7. 以下两式计算结果有效数字分别为_____位和_____位。(不需计算，只需说出有效数字位数即可)

$$(1) x(\%) = \frac{0.1000 \times (25.00 - 24.50) \times 211.15}{1.000 \times 1000}$$

$$(2) x(\%) = \frac{0.1208 \times (25.00 - 1.08) \times 111.23}{1.000 \times 1000}$$

第二章

统 计 假 设

第一节 总体的参数估计

对于一个符合正态分布的总体，尽管其分布函数已知，但 μ、σ 两个基本参数却是未知的，所以，总体正态分布也是未知的。通常情况下，感兴趣的就是 μ 和 σ 这两个参数。由于不少分析测定过程是破坏性的，或由于人力、物力和时间不允许，不可能通过测定无限多次求得 μ 和 σ 这两个参数，而只能获得有限次的测定结果，即只能得到样本的统计结果。由于样本来自于总体，必然会带有总体的特征，因此，可以用样本统计量 $\bar{x}$、S^2 去估算总体的 μ 和 σ^2。在应用样本对总体进行估算时，可以采取点估计和区间估计两种方式。

一、点估计

虽然无法通过无限多次测定去获得总体 μ 和 σ^2，但可以借助样本统计量对总体进行估计，其中最大似然法就是应用较为广泛的一种方法。$\bar{x}$、S 是参数 μ 和 σ^2 的最大似然估计。而且通过证明，可知 $\mu = \bar{x}, \sigma^2 = S^2, \sigma = S$ 均为优良估计和无偏估计。

二、区间估计

因为 $\bar{x}$ 作为 μ 的估计值具有无偏性、有效性和充分性，为优良估计，所以常称 $\bar{x}$ 为 μ 的最佳值或最可信赖值。然而，由于点上的概率为零，即 $P(\bar{x}=\mu)=0$，所以随机变量 $\bar{x}$ 不可能恰好落在 μ 上，换句话说，$\bar{x}$ 不可能刚好等于 μ，所以，点估计有其不足之处。用一个随机区间——$\bar{x}$ 的一个邻域去包含 μ，同时可以计算出这个区间能够包含 μ 的概率，这就是区间估计。用来包含 μ 的概率称置信概率或置信度，用（$1-\alpha$）表示，α 称显著性水平。即：

$$x = \mu \pm u\sigma \tag{2-1}$$

$$\mu = x \pm u\sigma \tag{2-2}$$

从统计概率的角度理解，式(2-1) 表示 x 落在 $\mu \pm u\sigma$ 内的概率，例如，x 落在区间 $\mu \pm 1.96\sigma$ 的概率为 95.0%。式(2-2) 表示区间 $x \pm u\sigma$ 能够包含 μ 的概率，例如 $x \pm 1.96\sigma$ 能够包含 μ 的概率是 95.0%。$x \pm u\sigma$ 就是用单次测定结果对 μ 进行区间估计的置信区间的一般公式。如果用平均值 $\bar{x}$ 进行区间估计，则有：

$$\mu = \bar{x} \pm \frac{u\sigma}{\sqrt{n}} \tag{2-3}$$

式(2-3) 即为用平均值进行区间估计时置信区间的一般式，显然，如果置信度相同，平均值的置信区间较小，反之，若置信区间相同，则平均值的估计置信度要高，所以用平均值的区间估计要优于单次测定结果的区间估计。

第二节 统计假设检验的原理与基本思想

一、分布理论基础知识

数理统计中将研究对象的全体集合称为总体。组成总体的每个单元称为样本（子样）。统计假设是基于样本统计量能反映总体的前提下进行的。通过有限样本观测值来计算总体最可信赖的平均值及方差，通过样本计算出来的特征量常称为统计量。统计量是随机变量，当样本容量足够大 ($n>30$) 时，完全可由样本的参数估算总体参数，称点估计。样本 $\bar{x}$ 可代表总体 μ。子样方差 S 可代表总体 σ，这统称为总体参数的无偏估计。在数据处理中只提出总体参数无偏估计显然不够，需附以某种偏差范围及在此区间内包含参数真值的置信度才有统计意义。值得特别注意的是，当样本容量足够大且随机误差符合正态分布时，样本与总体才会非常接近。然而，实际测定中的样本容量一般比较小，n 常为 3～5，这种情况下，不能用 S 来代表 σ，因为 S 是一个随机变量，不同样本有不同的 S，样本越小，值越不可靠，其统计变量不再符合正态分布，而符合类似于正态分布的 t 分布。

1. t 分布

当样本容量较小时，由于试验数据有限性，总体标准偏差 σ 是不可知的。在 σ 不可知的情况下，欲根据样本平均值 $\bar{x}$ 估计总体 μ，必须引入一个统计量 t，该统计量只决定于样本容量 n，与其总体标准偏差 σ 无关。统计变量 t 有其独特的分布规律——t 分布或学生分布（见图 2-1），定义为：

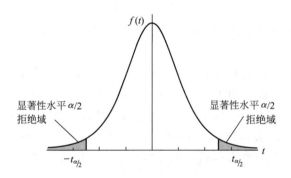

图 2-1 t 分布示意图

$$t = \frac{\bar{x}-\mu}{S/\sqrt{n}} = \frac{\bar{x}-\mu}{S_{\bar{x}}} \tag{2-4}$$

当样本容量为 n 时，在 n 个重复观察的数据之间，它们受到样本均值 $\bar{x}$ 的约束，所以 n 个数据中有一个不是独立的，其余 $n-1$ 个可以独立变化，因此，自由度可定义为样本容量减去 1，即 $f=n-1$。

当 f 确定后，t 分布曲线就确定下来，t 一定，区间也随之确定，通过积分即可求出对应的概率 P。当自由度 f 很小时，t 分布的中心值较小，分散度大，如果用正态分布对小样本进行估算时，测定结果有可能会犯存伪错误。一般的表格列出一定的 f 和 P 值下的 t，称为 t 分布临界值表（见附表 1）。由于 t 值取决于 α 和 f，记为 $t_{(\alpha,f)}$。其中 $\alpha=1-P$，称为显著性水平。当给定一个自由度 f 和显著性水平 α，通过查附表 1 可求出 t 分布的置信区间

半长 $t_{\alpha/2}$,如 $t_{(0.01/2, 4)}=4.604$,$t_{(0.05/2, 4)}=2.776$,$t_{(0.10/2, 4)}=2.132$。

$\overline{x} \pm t_{(\alpha, f)} S$ 和 $\overline{x} \pm \dfrac{t_{(\alpha, f)} S}{\sqrt{n}}$ 分别为有限次测定试验中用单次测定结果和用均值对 μ 进行区间估计时置信区间的一般表示形式。

【例 2-1】 钢中铬的 5 次测定结果为：1.12%、1.15%、1.11%、1.16% 和 1.12%,根据这些数据估计此钢中铬含量的范围 ($\alpha=0.05$)?

解 $\overline{x}=\dfrac{1}{5}\sum\limits_{i=1}^{5} x_i = 1.13\%$ $S=\sqrt{\dfrac{1}{5}\sum\limits_{i=1}^{5}(x_i-\overline{x})^2}=0.022\%$

当 $\alpha=0.05$,$f=5-1=4$ 时,$t_{[0.05,(2,4)]}=2.776$

$$\mu = \overline{x} \pm \dfrac{t_{(\alpha,f)} S}{\sqrt{n}} = 1.13\% \pm \dfrac{2.776 \times 0.022\%}{\sqrt{5}} = 1.13\% \pm 0.03\%$$

2. F 分布

若 $x_1^{(1)}$、$x_2^{(1)}$、$\cdots$、$x_{n_1}^{(1)}$ 与 $x_1^{(2)}$、$x_2^{(2)}$、$\cdots$、$x_{n_2}^{(2)}$ 分别遵从正态分布 $N(\mu_1, \sigma_1^2)$ 与 $N(\mu_2, \sigma_2^2)$,且两样本相互独立,方差分别为 S_1^2 和 S_2^2,则统计量:

$$F = \dfrac{S_1^2}{S_2^2} \quad (S_1 > S_2) \tag{2-5}$$

且服从 $f_1=n_1-1$ 与 $f_2=n_2-1$ 的 F 分布,对应分布函数为 Fisher 分布函数。F 分布表如附表 2。F 分布函数的取值仅取决于方差 S_1^2 和 S_2^2 以及 f_1 和 f_2。如 $F_{[0.05,(6,10)]}=3.22$、$F_{[0.01,(24,14)]}=3.43$、$F_{[0.10,(14,24)]}=1.94$。

假设两样本 n_1,$\overline{x}_1$,$S_1 \to N(\mu_1, \sigma_1^2)$ 和 n_2,$\overline{x}_2$,$S_2 \to N(\mu_2, \sigma_2^2)$ 来自同一总体,即 $\mu_1=\mu_2$,$\sigma_1^2=\sigma_2^2$,由于 $S_1^2=\sigma_1^2$,$S_2^2=\sigma_2^2$,所以 $S_1^2 \approx S_2^2$。随着测定次数的增加,F 值应该会趋近于 1,在有限次数据测定中,虽然不可能等于 1,但也应与 1 接近,而且应该在有限范围内波动。

【例 2-2】 如分别用原子吸收法和分光光度法测定某样品中的金属元素铜,分别进行了 10 次测定,其中原子吸收法 $S_1^2=1.2 \times 10^{-4}$ (mg/L)^2,分光光度法 $S_2^2=1.0 \times 10^{-4}$ (mg/L)^2。试问这两种方法之间是否存在显著性的精密度差异($\alpha=0.05$)?

解 $F=\dfrac{S_1^2}{S_2^2}=\dfrac{1.2 \times 10^{-4}}{1.0 \times 10^{-4}}=1.2$

由于 $F_{[0.025,(9,9)]}=4.03$,

所以 $F=1.2 < F_{[0.025,(9,9)]}=4.03$

因此,这两种方法不存在显著性的精密度差异。

二、统计检验的原理和基本思想

1. 统计检验的基本步骤

所有的统计检验包含的基本步骤如下：a.建立假设；b.求抽样分布；c.选择显著性水平和否定域；d.计算检验统计量；e.统计结论的判定。

2. 统计原理和基本思想

运用样本的统计量去估算总体的参数特征属于统计推断的范围,包括参数估计和统计检验两部分。由于试验工作需要常对总体某一统计特征进行假设，然后再利用样本数据根据统计理论用参数估计的方法进行假设的判断，这就是统计假设或统计检验。生产和试验中误差来源不外乎随机（偶然）误差引起的波动或差异和生产或试验条件发生变化而引起的差异，即条件误差。两种误差通常无法完全区分且同时存在，需借助统计手段才能进行辨别。下面举例说明统计检验的原理和基本思想。

【例 2-3】 某公司生产一种超薄金属板材，其抗压强度服从 $N(20, 1^2)$ 的总体正态分布。为了进一步提高产品的抗压性能，对工艺进行了改进，随机抽样（$n=100$）进行抗压强度测试，得 $\overline{x}_0 = 19.78 \text{MPa}$，试判断 $\overline{x}_0$ 与 x_0 之间是否有显著性差异？如果存在差异，那么差异是由什么原因导致的？

解 首先，假设工艺的改进对产品抗压力没有影响，即 $\overline{x}_0$ 与 x_0 之间不存在条件差异，只存在随机误差，即样本仍符合总体，所以 $\overline{x}_0$ 也应遵循该总体正态分布，若 $\overline{x}_0 = 19.78 \text{MPa}$ 落在区间 $(x_0 - k\sigma_0/\sqrt{n} < \overline{x}_0 < x_0 + k\sigma_0/\sqrt{n}) = 1-\alpha$，即：

$$P(x_0 - k\sigma_0/\sqrt{n} < \overline{x}_0 < x_0 + k\sigma_0/\sqrt{n}) = 1-\alpha$$

如果取 $\alpha = 0.05$，则 $k = 1.96$（查正态分布表，见附表3），同样取 $\alpha = 0.01$，则 $k = 2.58$，如表 2-1 所示。

表 2-1 参数数据

假设	$\overline{x}_0$ 与 x_0 之间不存在条件误差（即不存在系统误差，只存在偶然误差）	
显著性水平	$\alpha = 0.05$	$\alpha = 0.01$
参数置信区间	$(x_0 - 1.96\sigma_0/\sqrt{n}, x_0 + 1.96\sigma_0/\sqrt{n})$ $(20 - 1.96/10, 20 + 1.96/10)$ $(19.804, 20.196)$	$(x_0 - 2.58\sigma_0/\sqrt{n}, x_0 + 2.58\sigma_0/\sqrt{n})$ $(20 - 2.58/10, 10 + 2.58/10)$ $(19.742, 20.258)$
$\overline{x}_0$ 是否在区间内	在区间外，$\overline{x}_0$ 与 x_0 之间有显著性差异	在区间内，$\overline{x}_0$ 与 x_0 之间无显著性差异
结论	否定假设	肯定假设

基于上述分析和计算，可得到以下启示。

① 当显著性水平设置为 $\alpha = 0.05$ 时，样本平均值 $\overline{x}_0$ 与总体均值 x_0 有显著性差异，即工艺改进引起了产品抗压强度的显著变化，存在条件差异。因为 $\alpha = 0.05$ 是一个小概率事件，在统计分析中，通常认为小概率事件是不可能发生事件，但事实却发生了，所以有理由相信样本来自同一总体的假设（工艺改进对产品抗压强度没有影响）无法成立，从而否定原假设，接受备择假设，即认为工艺的改进降低了产品的抗压强度，这就是统计的基本思想。

② 当显著性水平设置为 $\alpha = 0.01$ 时，样本平均值 $\overline{x}_0$ 与总体均值 x_0 无显著性差异，即工艺改进没有引起产品抗压强度的显著变化，则肯定原假设。

由此可见，当给定不同的显著性水平时，可能得到两种截然相反的结论，然而这并不矛盾，因为这两个结论是在不同显著水平 α 下得到的。所以说，统计假设中设置合适的 α 非常重要。在样本容量一定的情况下，α 如果太大，置信区间就太小，很可能将本来无显著性差异的事件（即来自同一总体）判断为有显著性差异，从而犯了"弃真"的错误，即第一类错误。如果 α 选择太小，那么置信区间可能会很大，极有可能将原本有显著性差异的事件判断为无显著性差异，从而犯"存伪"错误，即第二类错误。为了避免犯这两类错误，可通过增加重复观测次数 n，即增加样本容量来尽量避免。

三、统计假设的方法

1. u 检验法

u 检验法适用于大样本总体均值检验,即服从 $N(\mu_0, \sigma_0^2)$ 正态分布的随机变量的检验。在总体 σ_0 稳定且已知的情况下对于样本均值进行检验,可判断总体均值是否发生了改变以及两个总体均值是否一致?

(1) 总体均值一致性检验

① 双侧检验 假设总体遵循正态分布 $N(\mu_0, \sigma_0^2)$,现随机抽取样本数据 $x_i(i=1,2,\cdots,n)$。假设样本均值 $\mu=\mu_0$,计算样本 $\overline{x}$ 和 $u=|\overline{x}-\mu_0|\sqrt{n}/\sigma_0$,如果总体 μ_0 没有改变,则样本均值应等于总体均值 μ_0,这样 $\overline{x}$ 应遵循正态分布 $N(\mu_0,(\sigma_0/\sqrt{n})^2)$ 或 u 遵循 $N(0,1)$。当显著性水平为 α 时,由标准正态分布表(见附表 3)查得 $u_{\alpha/2}$,当 $|u|>u_{\alpha/2}$ 时,否定假设。

在实际操作中,人们可能更多地关心工艺或方法等的改进对结果是正影响还是负影响,需进行单侧检验,单侧检验分右侧检验和左侧检验两类。

② 右侧检验 检验新的总体均值 μ 是否比原来总体均值 μ_0 大? 检验假设为 $H_0: \mu \geqslant \mu_0$。当 $u>u_\alpha$ 时,接受原假设,反之否定原假设。当 $u>u_\alpha$ 时,认为总体均值 μ 比原总体均值 μ_0 显著性增大了,α 表示犯弃真错误的概率,即当原假设 $H_0: \mu \geqslant \mu_0$ 为真,接受原假设。

③ 左侧检验 检验新的总体均值 μ 是否比原来总体均值 μ_0 小? 检验原假设为 $H_0: \mu \leqslant \mu_0$,当 $u<-u_\alpha$ 时,接受原假设,反之否定原假设。

【例 2-4】 假设某水泥厂生产的普通硅酸盐水泥在水化后 10 天的抗压强度(MPa)正常的情况下符合正态分布 $N(46.57, 1.28^2)$。取 6 个样品进行测定,其数值为 46.81、47.10、46.96、46.46、47.02 和 46.78,结果精密度保持一致,试问总体均值是否有显著性的变化?

解 采用 u 检验法,进行双侧检验。由样本测定数据,可知 $\overline{x}=46.86$,则:

$$u = \frac{|\overline{x}-\mu_0|}{\sigma_0}\sqrt{n} = \frac{|46.86-46.57|}{1.28}\sqrt{6} = 0.56$$

假设总体均值无变化,即 $\mu=\mu_0$,那么样本 $\overline{x}$ 也应符合 $N(46.57, 1.28^2)$,u 应符合 $N(0,1)$。当 $\alpha=0.05$,查标准正态分布表(见附表 3),得 $u_{\alpha/2}=1.96$,$u=0.56<u_{\alpha/2}=1.96$,所以肯定假设,即水泥的抗压强度未发生显著性变化。

(2) 两个总体均值的一致性检验

假设两总体均值遵循正态分布,但标准偏差不相等,可用 u 检验法判断两总体均值是否有显著性差异,即检验假设 $H: \mu_1=\mu_2$。两总体分别符合 $N_1(\mu_1, \sigma_1^2)$ 和 $N_2(\mu_2, \sigma_2^2)$ 正态分布,由总体 1 和 2 中分别抽取样本容量为 n_1 和 n_2 的两个样本,样本均值分别为 $\overline{x}_1$ 和 $\overline{x}_2$,计算统计量 u:

$$u = |\overline{x}_1 - \overline{x}_2| / \sqrt{\frac{\sigma_1^2}{n_1} + \frac{\sigma_2^2}{n_2}} \tag{2-6}$$

当显著性水平为 α 时,若 $u>u_{\alpha/2}$ 时,否定原假设,则认为两总体均值存在显著性的差异。当然,也可以进行单侧检验。右侧 u 检验:原假设 $\mu_1 \leqslant \mu_2$,当 $u>u_\alpha$ 时否定假设。左侧 u 检验:原假设 $\mu_1 \geqslant \mu_2$,当 $u<-u_\alpha$ 时否定假设。需要特别说明的是,当样本容量较大

($n \geq 30$)时,样本均值近似符合正态分布,可以使用 u 检验法。

【例 2-5】 假设对已生产的两批产品进行例行检验,其中第一批产品随机抽取 9 个样本,第二批产品随机抽取 18 个样本,分析检验后数据如下。

第一批产品:$n_1=9, \bar{x}_1=168, \sigma_1=16$;第二批产品:$n_2=18, \bar{x}_2=182, \sigma_2=12$

假设抽取的两批样品均符合正态分布,试分析这两批产品是否相同($\alpha=0.05$)?

解 假设抽取的这两批产品是相同的,即 $\mu_1=\mu_2$,计算统计量:

$$u = |\bar{x}_1 - \bar{x}_2| / \sqrt{\frac{\sigma_1^2}{n_1} + \frac{\sigma_2^2}{n_2}} = |168-182| / \sqrt{\frac{16^2}{9} + \frac{12^2}{18}} = 2.32$$

当 $\alpha=0.05$ 时,$u_{\alpha/2}=1.96$,比较得 $|u|=2.32 > u_{\alpha/2}=1.96$,所以否定原假设,即两批产品有显著性差异,是不相同的。

2. t 检验法

t 检验法用于小样本总体均值检验。在实际工作中,由于总体 σ 常常是不可知的,t 检验法通常按 t 分布规律确定拒绝域临界点,而 u 检验法是按正态分布规律确定 u。此外,u 检验法标准偏差 σ_0 已知,统计量 $u=|\bar{x}-\mu_0|\sqrt{n}/\sigma_0$,而 t 检验法总体均值不可知,统计量 $u=|\bar{x}-\mu_0|\sqrt{n}/S$。

(1) t 检验具体方法

检验假设为 $H:\mu=\mu_0$,计算样本均值 $\bar{x}$、S 和 t。当显著性水平为 α 时,根据 f 及 α 查 t 分布表(见附表 1),确定拒绝域临界点 $t_{(\alpha/2,f)}$,当 $|t| > t_{(\alpha/2,f)}$ 时,则否定原假设,单侧检验同 u 检验法。t 检验法的计算公式如式(2-7)所示。

$$t = \frac{|\bar{x}-\mu_0|}{S}\sqrt{n} \tag{2-7}$$

【例 2-6】 某玻璃厂生产一种新型玻璃,要求厚度为 2.40mm,对某批产品进行随机抽样 5 次,实测数据(mm)为:2.37、2.41、2.39、2.39 和 2.41,问这批产品是否合格($\alpha=0.05$)?

解 已知 $\mu_0=2.40$,$n=5$,此为小样本测定,故用 t 检验法。原假设 $H:\mu=\mu_0$,由于:

$$\bar{x} = \frac{1}{n}\sum_{i=1}^{n} x_i = 2.39$$

$$S = \sqrt{\sum_{i=1}^{n}(x_i-\bar{x})^2/n-1} = 0.02$$

$$t = \frac{|\bar{x}-\mu_0|}{S}\sqrt{n} = \frac{|2.39-2.40|}{0.02} \times \sqrt{5} = 1.12$$

当 $\alpha=0.05$,$f=4$,临界值 $t_{(0.05/2,4)}=2.776$,由于 $t=1.12 < t_{(0.05/2,4)}=2.776$,所以这批产品的厚度与总体厚度没有显著性差异,即这批产品的厚度是符合要求的,平均厚度仍是 2.40mm。

(2) 两个总体均值一致性的检验

检验假设 $H:\mu_1=\mu_2$,设有总体 1 和 2,样本容量分别为 n_1 和 n_2,计算统计量 $\bar{x}_1$、$\bar{x}_2$、S_1、S_2,然后用加权平均法求出一个共同的平均标准偏差 S:

$$S = \sqrt{\frac{(n_1-1)S_1^2 + (n_2-1)S_2^2}{n_1+n_2-2}} \qquad (2-8)$$

再计算统计量 t：

$$t = \frac{|\overline{x}_1 - \overline{x}_2|}{\sqrt{\left(\frac{S}{\sqrt{n_1}}\right)^2 + \left(\frac{S}{\sqrt{n_2}}\right)^2}} = \frac{|\overline{x}_1 - \overline{x}_2|}{S\sqrt{\frac{1}{n_1}+\frac{1}{n_2}}} \qquad (2-9)$$

当显著性水平为 α，$f = n_1 + n_1 - 2$，根据 t 分布表确定拒绝临界点 $t_{(\alpha/2, f)}$。当 $|t| > t_{(\alpha/2, f)}$ 时，否定假设。单侧检验同 u 检验法。

当样本容量 n_1 和 n_2 都比较大时，可用下式近似计算统计量 t：

$$t = |\overline{x}_1 - \overline{x}_2| \Big/ \sqrt{\frac{S_1^2}{n_2} + \frac{S_2^2}{n_1}} \qquad (2-10)$$

n_1 和 n_2 可以不相等，但不要相差太大，在显著性水平 α 下，当 $|t| > t_{(\alpha/2, f)}$ 时，否定假设。

【例 2-7】 用同一方法对两个公司产品进行抽样检验，结果如表 2-2 所示。

表 2-2 试验数据

次数	1	2	3	4	5	6
A 公司	1.16	1.15	1.12	1.20	1.18	
B 公司	1.39	1.36	1.30	1.32	1.31	1.42

试问这两组数据是否有显著性差异（$\alpha = 0.05$）？

解 由于样本容量比较小，而且总体标准偏差未知，所以此例为小样本的两总体均值比较，用 t 检验法。原假设 $H：\mu_1 = \mu_2$，分别计算两样本平均值 $\overline{x}$ 及统计量 t，结果如表 2-3 所示。

表 2-3 试验结果统计表

参数	样本容量	平均值	标准偏差
A 公司	5	1.16	0.03
B 公司	6	1.35	0.05

求共同的标准偏差 S：

$$S = \sqrt{\frac{(n_1-1)S_1^2 + (n_2-1)S_2^2}{n_1+n_2-2}} = \sqrt{\frac{4 \times 0.03^2 + 5 \times 0.05^2}{9}} = 0.042$$

$$t = |\overline{x}_1 - \overline{x}_2| \Big/ S\sqrt{\frac{1}{n_1}+\frac{1}{n_2}} = |1.16 - 1.35| \Big/ 0.042\sqrt{\frac{1}{5}+\frac{1}{6}} = 2.74$$

当 $\alpha = 0.05$，$f = 9$，临界值 $t_{(0.05/2, 9)} = 2.262$。由于 $t = 2.74 > t_{(0.05/2, 9)} = 2.262$，所以否定原假设，即 A 公司产品与 B 公司产品抽样检测结果有显著性差异。

【例 2-8】 两实验室同时分析某钢样中含碳量（%），同一批产品每次都交给两个实验室同时进行测定，分析结果如表 2-4 所示。试问这两个实验室间是否存在显著性差异（$\alpha = 0.05$）？

表 2-4　试验结果

实验室	1	2	3	4	5	6	7	8	9	10	11	12	13
1	0.18	0.13	0.11	0.09	0.09	0.12	0.16	0.36	0.29	0.20	0.31	0.16	0.41
2	0.17	0.09	0.08	0.07	0.11	0.10	0.14	0.32	0.32	0.24	0.26	0.12	0.36
结果绝对差 x_i	0.01	0.04	0.03	0.02	0.02	0.02	0.02	0.04	0.03	0.04	0.05	0.04	0.05

解　如果两实验室不存在系统误差，则存在随机误差，而且当测定样本容量足够大时，测定值绝对差平均值应为 0，即 $x_0=0$。由于 $\bar{x}=0.032$，$S=0.013$，$S_{\bar{x}}=S/\sqrt{n}=0.0036$。

$$t = \frac{|\bar{x} - x_0|}{S_{\bar{x}}} = \frac{|0.032 - 0|}{0.0036} = 8.9$$

查 t 分布得，$t_{(0.05/2, 12)} = 2.179 < t = 8.9$，即在 $\alpha=0.05$ 条件下，两实验室间存在显著性差异。此例属于配对 t 检验。

3. χ^2 检验法

前面已介绍了 u 检验法和 t 检验法，它们主要用于总体均数的统计检验，然而，在某些情况下，我们需对总体另一个重要参数——方差进行统计检验。如建立一个新方法时，需检验该方法精密度是否能满足要求，其实质就是判定该方法方差是否与一已知值存在显著性差异的问题。χ^2 检验就是用于检验总体方差是否与某一确定值有差异的重要方法，分为总体均值已知和总体均值未知两种情况。

(1) 总体均值已知的方差检验

总体均值已知时，可用 χ^2 检验法来检验总体方差 σ^2 是否等于、小于或大于某一已知常数。用 μ_0 表示总体均值，用 σ^2 表示总体方差，σ_0^2 表示已知常数，x_1、x_2、…、x_n 表示来自样本的 n 个测定值，自由度为 n。检验步骤如表 2-5 所示。

表 2-5　χ^2 检验法统计检验步骤（总体均值已知）

统计检验步骤	双侧检验	单侧检验	
建立统计假设	$H_0: \sigma^2 = \sigma_0^2$ $H_1: \sigma^2 \neq \sigma_0^2$	$H_0: \sigma^2 \geq \sigma_0^2$ $H_1: \sigma^2 < \sigma_0^2$	$H_0: \sigma^2 \leq \sigma_0^2$ $H_1: \sigma^2 > \sigma_0^2$
选择显著性水平 α	0.05 或 0.01	0.05 或 0.01	
计算统计量 χ^2	$\chi^2 = \dfrac{1}{\sigma_0^2}\sum_{i=1}^{n}(x_i - \mu_0)^2$		
计算自由度 f	n		
确定临界值 χ_α^2	查临界值 $\chi_{\frac{\alpha}{2}}^2$ 和 $\chi_{1-\frac{\alpha}{2}}^2$	查临界值 $\chi_{1-\alpha}^2$	查临界值 χ_α^2
统计判别	若 $\chi_{\frac{\alpha}{2}}^2 \geq \chi^2 \geq \chi_{1-\frac{\alpha}{2}}^2$，接受 H_0 若 $\chi^2 \geq \chi_{\frac{\alpha}{2}}^2$ 或 $\chi^2 \leq \chi_{1-\frac{\alpha}{2}}^2$，接受 H_1	若 $\chi^2 \geq \chi_{1-\alpha}^2$，接受 H_0 若 $\chi^2 < \chi_{1-\alpha}^2$，接受 H_1	若 $\chi^2 \leq \chi_\alpha^2$，接受 H_0 若 $\chi^2 > \chi_\alpha^2$，接受 H_1

在实际应用中，总体均值已知的情况并不多，更多的是总体均值未知的情况。当总体均值未知时，可按下述方法进行方差检验。

(2) 总体均值未知的方差检验

总体均值未知时，用样本均值代替总体均值同样可用 χ^2 检验法来检验总体方差是否等于、小于或大于某一已知常数。用 σ^2 表示总体方差，σ_0^2 表示已知常数，x_1、x_2、…、x_n 表示来自样本的 n 个测定值，$\bar{x}$ 表示样本均值，总体方差的检验可按表 2-6 进行，χ^2 分布表见附表 4。

表 2-6 χ^2 检验法统计检验步骤（总体均值未知）

统计检验步骤	双侧检验	单侧检验	
建立统计假设	$H_0: \sigma^2 = \sigma_0^2$ $H_1: \sigma^2 \neq \sigma_0^2$	$H_0: \sigma^2 \geqslant \sigma_0^2$ $H_1: \sigma^2 < \sigma_0^2$	$H_0: \sigma^2 \leqslant \sigma_0^2$ $H_1: \sigma^2 > \sigma_0^2$
选择显著性水平 α	0.05 或 0.01	0.05 或 0.01	
计算统计量 χ^2	$\chi^2 = \dfrac{1}{\sigma_0^2}\sum_{i=1}^{n}(x_i - \overline{x})^2$		
计算自由度 f	$n-1$		
确定临界值 χ_α^2	查临界值 $\chi_{\frac{\alpha}{2}}^2$ 和 $\chi_{1-\frac{\alpha}{2}}^2$	查临界值 $\chi_{1-\alpha}^2$	查临界值 χ_α^2
统计判别	若 $\chi_{\frac{\alpha}{2}}^2 \geqslant \chi^2 \geqslant \chi_{1-\frac{\alpha}{2}}^2$，接受 H_0 若 $\chi^2 \geqslant \chi_{\frac{\alpha}{2}}^2$ 或 $\chi^2 \leqslant \chi_{1-\frac{\alpha}{2}}^2$，接受 H_1	若 $\chi^2 \geqslant \chi_{1-\alpha}^2$，接受 H_0 若 $\chi^2 < \chi_{1-\alpha}^2$，接受 H_1	若 $\chi^2 \leqslant \chi_\alpha^2$，接受 H_0 若 $\chi^2 > \chi_\alpha^2$，接受 H_1

【例 2-9】 环境评价中有一项非常重要的指标就是交通噪声，噪声的变化可以通过标准偏差进行表示，假设某路段在上下班行车高峰期时，噪声的声级涨落标准偏差为 3.50dB（A），为了监测该路段噪声的变化，对该路段进行噪声监测，试验数据为：70.2 72.1 71.1 69.1 68.0 67.1 72.2 74.1 75.3 73.1 70.6 70.8 70.2 69.2 68.0 66.8 67.3 68.4

试检验该路段噪声声级涨落的标准偏差有无显著性的变化（$\alpha = 0.05$）。

解 假设 $H_0: \sigma = 3.50$，假设 $H_1: \sigma \neq 3.50$。根据监测数据可得 $\overline{x} = 70.2$、$n = 18$、$f = 17$。

$\chi^2 = \dfrac{1}{\sigma_0^2}\sum_{i=1}^{n}(x_i - \overline{x})^2 = \dfrac{1}{3.5}\sum_{i=1}^{18}(x_i - 70.2)^2 = 8.431$。当 $\alpha = 0.05$，$\chi_{0.05}^2 = 27.587$，$\chi_{1-0.05}^2 = \chi_{0.95}^2 = 8.672$。由此可以看出，$\chi^2 = 8.431 < \chi_{1-0.05}^2 = \chi_{0.95}^2 = 8.672$，否定假设 H_0，即交通噪声标准偏差发生了变化，交通噪声较前平稳。

4. F 检验法

总体均值与标准偏差有密切关系，而标准偏差正好反映数据精密度，是产品质量稳定性的重要指标。F 检验法正是用服从 F 分布的统计量 F 在显著性水平 α 下检验两个正态总体标准偏差是否一致的检验方法，具体操作步骤如下。

① 检验假设 $H_0: S_1 = S_2$，$H_1: S_1 \neq S_2$；

② 分别计算两总体方差 S_1^2 和 S_2^2（其中 $S_1 > S_2$）；

③ 计算统计量 $F = S_1^2/S_2^2$，并根据 F 分布表进行统计判断。当 F 大于 $F_{[\alpha,(f_1,f_2)]}$ 时，否定原假设，否则肯定原假设。在 F 检验中同样可进行单侧检验。对于假设 $H: S_1 \leqslant S_2$，用统计量 $F = S_1^2/S_2^2$，对于假设 $H: S_1 \geqslant S_2$，则采用统计量 $F = S_2^2/S_1^2$，单侧检验当 $F > F_\alpha$ 时，否定原假设。

F 检验用于比较两个样本精密度是否有显著差异，精密度仅取决于随机误差，与系统误差无关，所以 F 检验之前不需进行 t 检验，t 检验的目的主要是用于比较样本均值的准确度，准确度受精密度和系统误差的影响。因此，只有在精密度一致的情况下才能进行系统误差的检验。

【例 2-10】 某人在不同温度条件下用同一方法分析试样中的 Mg 含量（mg/L），试验结果如下。

20℃：$n_1 = 7$ $\overline{x}_1 = 92.08$ $S_1 = 0.806$

$30℃$：$n_2=9$ $\overline{x}_2=93.08$ $S_2=0.797$

试进行分析：(1) 测定结果精密度之间是否有显著性差异？

(2) 是否存在系统误差？

解 (1) 先假设测定结果间无显著性差异。

$$F=\frac{S_1^2}{S_2^2}=\frac{0.806^2}{0.797^2}=1.023$$

查附表 2，$f_1=7-1=6$，$f_2=9-1=8$，$F_{[0.05,(6,8)]}=3.58>1.023$

所以，测定结果精密度之间没有显著性差异。

(2) 在精密度没有显著性差异的情况下，对不同温度条件下的测定结果进行均值比较，检验是否存在系统误差。假设不存在系统误差，用 t 检验法检验 $\overline{x}_1-\overline{x}_2$ 是否为零？

$$S=\sqrt{\frac{(n_1-1)S_1^2+(n_2-1)S_2^2}{(n_1-1)+(n_2-1)}}=\sqrt{\frac{6\times 0.65+8\times 0.64}{6+8}}=0.80$$

$$t=\frac{|\overline{x}_1-\overline{x}_2|}{S}\sqrt{\frac{n_1 n_2}{n_1+n_2}}=\frac{|92.08-93.08|}{0.80}\sqrt{\frac{7\times 9}{7+9}}=2.48$$

自由度 $f=n_1+n_2-2=7+9-2=14$，查表 $t_{(0.05,14)}=2.145<|-2.48|$，所以假设被否定，这两组数据有显著性差异，不属于同一个总体，有系统误差存在。

习　题

1. 某切割机在正常工作时切割每段金属棒的平均长度为 $10.5cm$，标准偏差是 $0.15cm$，今从一批产品中随机地抽取 15 段进行测量，其结果如下：10.4、10.6、10.1、10.4、10.5、10.3、10.3、10.2、10.9、10.6、10.8、10.5、10.7、10.2 和 10.7。假定切割的长度服从正态分布，且标准偏差没有变化，试问该机工作是否正常？

2. 某工厂生产的固体燃料推进器的燃烧率（cm/s）服从正态分布 $N(40, 2^2)$，现用新方法生产了一批推进器，从中随机取 $n=25$ 只，测得燃烧率的样本均值为 $\overline{x}=41.25 cm/s$。假设新方法标准偏差不变，问这批推进器的燃烧率是否较以往生产的推进器的燃烧率有显著的提高（$\alpha=0.05$）？

3. 如果习题 1 中只假定切割的长度服从正态分布，但具体正态分布未知，试问该机切割的金属棒的平均长度有无显著性变化？

4. 某种电子元件的寿命 X[以小时（h）计]服从正态分布，但正态分布为未知。现测得 16 只元件的寿命如下：159、280、101、212、224、379、179、264、222、362、168、250、149、260、485 和 170，试问该电子元件平均寿命是否会大于 $225h$？

5. 某厂生产的某种型号的电池，其寿命长期以来服从方差 $\sigma_0^2=5000 h^2$ 的正态分布，现有一批这种电池，从它的生产情况来看，寿命的波动性有所变化。现随机地选取 26 只电池，测出其寿命的样本方差 $\sigma^2=9200 h^2$。问根据这一数据能否推断这批电池的寿命的波动性较以往的有显著的变化？

6. 一自动车床加工零件的长度服从正态分布，原来加工精度 $\sigma_0^2=0.18$，经过一段时间生产后，抽取该车床所加工的 31 个零件，测得数据如下所示：

长度 x_i	10.1	10.3	10.6	11.2	11.5	11.8	12.0
频数 n_i	1	3	7	10	6	3	1

问这一车床是否保持原来的加工精度？

7. 某工厂实验室经过常年例行分析，得知一种原料中含铁量符合正态分布 $N(4.55, 0.11^2)$。一天，某实验员对原料进行了 5 次测定，结果为 4.38、4.50、4.52、4.45、4.49，试问此测定结果是否存在有系统误差？

8. 用一种新方法测定标准试样中的 SiO_2 含量（%），得到以下 8 个数据：34.30、34.32、34.26、34.35、34.38、34.28、34.29、34.23。标准值为 34.33%，问这种新方法是否可靠 $(P=95\%)$？

9. 某药厂生产复合维生素丸，要求每 50g 维生素中含铁量应为 2400mg，现从一批产品中随机抽样检验，5 次测定结果分别为 2372mg、2409mg、2395mg、2399mg 和 2441mg，试问该产品含铁量是否符合要求 $(P=95\%)$？

10. 某分析人员提出一种新的分析方法，分析一个标准样品并测定 6 次，得到如下数据：6 次测定结果的平均值为 18.98%、标准偏差为 0.086%、样品真值为 18.40%，试问置信度为 99% 时，所得结果与标准方法测定结果是否有差异性？

11. 某人在不同月份用同一方法分析某合金中样的铜，所得结果如下：

 一月份：$n_1=7$ $\overline{x}_1=92.08$ $S_1=0.806$

 七月份：$n_2=9$ $\overline{x}_2=93.08$ $S_2=0.797$

 问两批结果：（1）精密度之间有无显著性差异？（2）平均值之间有无显著性差异？

12. 某人在不同月份用同一方法测定污水中镉的含量，所测定结果如下：

 一月份：0.022%、0.028%、0.023%、0.018% 和 0.036%（$n=5$）

 七月份：0.364%、0.318%、0.253%、0.286%、0.347%、0.219%、0.345%（$n=7$）

 试比较该两组数据精密度是否有显著性差异？

第三章
方差分析

第一节 方差分析概述

方差分析，又称"变量分析"或"F检验"，可用于两个及两个以上样本均数差异的显著性检验。与t检验相比，应用更加广泛。第二章介绍的t检验法适用于样本平均数与总体平均数及两样本平均数间的差异显著性检验。然而，在生产实践中，经常会碰到多个样本均数差异比较的问题，此时，用t检验法就不适宜了。这是因为：a.检验过程非常烦琐。如试验中包含5个处理，用t检验法需$C_5^2=10$次两两平均数的差异显著性检验；若有k个处理，则要做$k(k-1)/2$次检验，倘若处理数$k=10$时，则需进行$k(k-1)/2=10\times 9/2=45$次t检验。b.无统一的试验误差，误差估计的精确性和检验的灵敏性低。对同一试验的多个处理进行比较时，应该有一个统一的试验误差的估计值。设有k个处理，每个处理有n个观察值（n个重复），若用t检验法做两两比较，由于每次比较需计算一个均数差异标准偏差$S_{\bar{x}_1-\bar{x}_2}$，而不能由$k(n-1)$个自由度来估计，故使得各次比较误差的估计不统一，同时没有充分利用样本资料所提供的信息而使误差估计的精确性降低，从而降低检验的灵敏性。在用t检验法进行检验时，由于估计误差的精确性低，误差自由度小，使检验的灵敏性降低，容易掩盖差异的显著性，这种信息量的损失随着处理数k的增大而增大。c.推断可靠性低，检验的Ⅰ型错误率大。即使利用样本资料所提供的全部信息估计了试验误差，若用t检验法进行多个处理平均数间的差异显著性检验，由于没有考虑相互比较的两个平均数的秩次问题，因而会增大犯Ⅰ型错误的概率，降低推断的可靠性。

鉴于上述原因，对于多个平均数之间的差异显著性检验不宜用t检验，而需采用方差分析法。方差分析是将k个处理的观测值作为一个整体看待，把观测值总变异的平方和及自由度分解为不同变异来源的平方和及自由度，从而获得不同变异来源的总体方差估计值。通过比较方差就能检验各样本所属总体平均数是否相等。方差分析能将引起变异的多个因素的作用分别剖析出来并进行估计，从而可以区分影响因素的主次。另外，还可将试验中随机误差无偏地估计出来，提高了试验结果分析的精确性。

第二节 方差分析的基本原理与步骤

方差分析有很多类型，无论简单与否，其分析基本原理与步骤是相同的。

一、方差分析的基本原理

k个处理中每个处理有n个观测值的数据模式如表3-1所示。

表 3-1 k 个处理中每个处理有 n 个观测值的数据模式

处理	观测值						合计 $x_i.$	平均 $\overline{x}_i.$
A_1	x_{11}	x_{12}	...	x_{1j}	...	x_{1n}	$x_1.$	$\overline{x}_1.$
A_2	x_{21}	x_{22}	...	x_{2j}	...	x_{2n}	$x_2.$	$\overline{x}_2.$
...	...	...	...	...	...	...	...	...
A_i	x_{i1}	x_{i2}	...	x_{ij}	...	x_{in}	$x_i.$	$\overline{x}_i.$
...	...	...	...	...	...	...	...	...
A_k	x_{k1}	x_{k2}	...	x_{kj}	...	x_{kn}	$x_k.$	$\overline{x}_k.$
合计							$x..$	$\overline{x}..$

表中 x_{ij} 表示第 i 个处理的第 j 个观测值（$i=1, 2, \cdots, k$；$j=1, 2, \cdots, n$）；$x_i. = \sum_{j=1}^{n} x_{ij}$ 表示第 i 个处理 n 个观测值的和；$x.. = \sum_{i=1}^{k}\sum_{j=1}^{n} x_{ij} = \sum_{i=1}^{k} x_i.$ 表示全部观测值的总和；$\overline{x}_i. = \sum_{j=1}^{n} x_{ij}/n = x_i./n$ 表示第 i 个处理的平均数；$\overline{x}.. = \sum_{i=1}^{k}\sum_{j=1}^{n} x_{ij}/kn = x../kn$ 表示全部观测值的总平均数；x_{ij} 可以分解为：

$$x_{ij} = \mu_i + \varepsilon_{ij} \tag{3-1}$$

μ_i 表示第 i 个处理观测值总体的平均数。为了看出各处理的影响大小，将 μ_i 再进行分解，令：

$$\mu = \frac{1}{k}\sum_{i=1}^{k}\mu_i \tag{3-2}$$

$$\alpha_i = \mu_i - \mu \tag{3-3}$$

则

$$x_{ij} = \mu + \alpha_i + \varepsilon_{ij} \tag{3-4}$$

其中 μ 表示全试验观测值总体的平均数，α_i 是第 i 个处理的效应，表示处理 i 对试验结果产生的影响。显然有：

$$\sum_{i=1}^{k}\alpha_i = 0 \tag{3-5}$$

ε_{ij} 是试验误差，相互独立，且服从正态分布 $N(0, \sigma^2)$。

二、总平方和与总自由度的分解

方差分析是基于总平方和与总自由度可分解而实现的。在方差分析中通常将各种样本的方差称为均方。下面根据单因素试验资料的模式说明平方和与自由度的分解，设一个试验共有 k 个处理，每个处理 n 个重复（见表3-1）。

1. 总平方和的分解

表3-1中反映全部观测值总变异的总平方和是各观测值 x_{ij} 与总平均数 $\overline{x}..$ 的离均差平方和为 SS_T。

$$SS_T = \sum_{i=1}^{k}\sum_{j=1}^{n}(x_{ij} - \overline{x}..)^2 \tag{3-6}$$

因为：

$$\sum_{i=1}^{k}\sum_{j=1}^{n}(x_{ij}-\overline{x}_{..})^2 = \sum_{i=1}^{k}\sum_{j=1}^{n}[(\overline{x}_{i.}-\overline{x}_{..})+(x_{ij}-\overline{x}_{i.})]^2$$

$$= \sum_{i=1}^{k}\sum_{j=1}^{n}[(\overline{x}_{i.}-\overline{x}_{..})^2+2(\overline{x}_{i.}-\overline{x}_{..})(x_{ij}-\overline{x}_{i.})+(x_{ij}-\overline{x}_{i.})^2]$$

$$= n\sum_{i=1}^{k}(\overline{x}_{i.}-\overline{x}_{..})^2+2\sum_{i=1}^{k}[(\overline{x}_{i.}-\overline{x}_{..})\sum_{j=1}^{n}(x_{ij}-\overline{x}_{i.})]+\sum_{i=1}^{k}\sum_{j=1}^{n}(x_{ij}-\overline{x}_{i.})^2$$

其中

$$\sum_{j=1}^{n}(x_{ij}-\overline{x}_{i.})=0$$

所以

$$\sum_{i=1}^{k}\sum_{j=1}^{n}(x_{ij}-\overline{x}_{..})^2 = n\sum_{i=1}^{k}(\overline{x}_{i.}-\overline{x}_{..})^2+\sum_{i=1}^{k}\sum_{j=1}^{n}(x_{ij}-\overline{x}_{i.})^2 \tag{3-7}$$

式(3-7)中，$n\sum_{i=1}^{k}(\overline{x}_{i.}-\overline{x}_{..})^2$ 为各处理平均数 $\overline{x}_{i.}$ 与总平均数 $\overline{x}_{..}$ 的离均差平方和与重复数 n 的乘积，反映了重复 n 次的处理间变异，称为处理间平方和，记为 SS_t，即：

$$SS_t = n\sum_{i=1}^{k}(\overline{x}_{i.}-\overline{x}_{..})^2 \tag{3-8}$$

而 $\sum_{i=1}^{k}\sum_{j=1}^{n}(x_{ij}-\overline{x}_{i.})^2$ 为各处理内离均差平方和之和，反映了各处理内的变异即误差。SS_e 称为处理内平方和或误差平方和：

$$SS_e = \sum_{i=1}^{k}\sum_{j=1}^{n}(x_{ij}-\overline{x}_{i.})^2 \tag{3-9}$$

所以 $SS_T = SS_t + SS_e$。

式(3-7)～式(3-9)分别为单因素试验结果总平方和、处理间平方和、处理内平方和的关系表达式。这个关系式中三种平方和的简便计算公式如下：

$$SS_T = \sum_{i=1}^{k}\sum_{j=1}^{n}x_{ij}^2 - C; \quad SS_t = \frac{1}{n}\sum_{i=1}^{k}x_{i.}^2 - C; \quad SS_e = SS_T - SS_t \tag{3-10}$$

其中，C 称为矫正数。

$$C = \Big(\sum_{i=1}^{k}\sum_{j=1}^{n}x_{ij}\Big)^2 / nk = x_{..}^2 / nk \tag{3-11}$$

2. 总自由度的分解

在计算总平方和时，样本资料中的各个观测值要受 $\sum_{i=1}^{k}\sum_{j=1}^{n}(x_{ij}-\overline{x}_{..})=0$ 这一条件的约束，故总自由度等于资料中观测值的总个数减1，即 $kn-1$。总自由度记为 df_T，即 $df_T = kn-1$。

在计算处理间平方和时，各处理均数 $\overline{x}_{i.}$ 要受 $\sum_{i=1}^{k}(\overline{x}_{i.}-\overline{x}_{..})=0$ 这一条件的约束，故处理间自由度为处理数减 1，即 $k-1$。处理间自由度记为 df_t，即 $df_t=k-1$。

处理内平方和在计算时要受 k 个条件的约束，即 $\sum_{j=1}^{n}(x_{ij}-\overline{x}_{i.})=0$，$i=1,2,\cdots,k$。故处理内自由度是资料中观测值的总个数减 k，即 $kn-k$。处理内自由度记为 df_e，即 $df_e = kn-k = k(n-1)$，这实际上是各处理内的自由度之和。

因为
$$nk-1=(k-1)+(nk-k)=(k-1)+k(n-1) \tag{3-12}$$
$$df_T=df_t+df_e \tag{3-13}$$
所以 $\quad df_T=kn-1; df_t=k-1; df_e=df_T-df_t \tag{3-14}$

各部分平方和除以各自的自由度便得到总均方、处理间均方和处理内均方，分别记为 MS_T（或 S_T^2）、MS_t（或 S_t^2）和 MS_e（或 S_e^2）。即：
$$MS_T=S_T^2=SS_T/df_T; MS_t=S_t^2=SS_t/df_t; MS_e=S_e^2=SS_e/df_e \tag{3-15}$$

MS_e 实际是各处理内变异的合并均方。式(3-12)从均方角度反映了总变异、处理间变异和处理内变异（误差）。

【例 3-1】 为了比较 4 种不同蛋白质的功效比值（PER），选择生理条件基本相同的 B6 大鼠共 20 只。为了保证试验结果的可靠性，将 20 只大鼠随机分成 4 个小组并饲喂不同的蛋白质饲料，1 个月后测定大鼠的增重，试验结果如表 3-2 所示。

表 3-2　给喂不同饲料的大鼠的增重　　　　　　　　　　单位：g

饲料	增重(x_{ij})					合计 $x_{i.}$	平均 $\overline{x}_{i.}$
A_1	63.8	55.8	63.6	56.8	71.8	311.8	62.36
A_2	49.6	51.4	53.6	55.8	52.4	262.8	52.56
A_3	44.2	47.2	54.6	49.8	51.6	247.4	49.48
A_4	54.0	61.6	58.0	49.0	57.0	279.6	55.92
合计						$x_{..}=1101.6$	

这是一个单因素试验，处理数 $k=4$，重复数 $n=5$。各项平方和及自由度计算如下：

矫正数　　　$C=x_{..}^2/nk=1101.6^2/(5\times 4)=60676.128$

总平方和　　$SS_T=\sum\sum x_{ijl}^2-C=63.8^2+55.8^2+\cdots+57.0^2-C=798.672$

处理间平方和　$SS_t=\frac{1}{n}\sum x_{i.}^2-C=\frac{1}{5}(311.8^2+262.8^2+247.4^2+279.6^2)-C=457.072$

处理内平方和　$SS_e=SS_T-SS_t=798.672-457.072=341.6$

总自由度　　　$df_T=nk-1=5\times 4-1=19$

处理间自由度　$df_t=k-1=4-1=3$

处理内自由度　$df_e=df_T-df_t=19-3=16$

用 SS_t、SS_e 分别除以 df_t 和 df_e 便得到处理间均方 MS_t 及处理内均方 MS_e。

$$MS_t=SS_t/df_t=457.072/3=152.357$$

$$MS_e = SS_e/df_e = 341.6/16 = 21.35$$

由于方差分析中不涉及总均方的数值,所以可以不需对其进行计算。

【例 3-2】 分别选择石油醚、乙醚、正己烷、异辛烷和乙醇作为浸提溶剂,考察其对米糠中油脂提取的影响。各溶剂平行试验 4 次,试验结果如表 3-3 所示。试分析不同的浸提溶剂对油脂的提取是否有显著性影响?

表 3-3　不同试剂提取的油脂量　　　　　　　　　　　单位:g

提取试剂(A_i)	油脂量(x_{ij})				合计($x_i.$)	平均 $\bar{x}_i.$
A_1	51.2	48.8	50.0	51.8	201.8	50.45
A_2	57.6	54.0	54.0	56.0	221.6	55.40
A_3	54.0	55.4	55.0	51.8	216.2	54.05
A_4	58.0	54.6	55.0	59.8	227.4	56.85
A_5	41.2	42.4	44.0	42.4	170.0	42.50
					$\sum x = 1037$	

这是一个单因素试验,处理数 $k=5$。重复数 $n=4$。现先将各项平方和及自由度分解如下:

矫正数　　　$C = x^2../nk = 1037^2/(4 \times 5) = 53768.45$

总平方和　　$SS_T = \sum_{i=1}^{k} \sum_{j=1}^{n} x_{ij}^2 - C$

$\qquad\qquad\quad = (51.2^2 + 48.8^2 + \cdots + 42.4^2) - 53768.45 = 52.79$

处理间平方和　$SS_t = \frac{1}{n} \sum x_i.^2 - C = \frac{1}{4}(201.8^2 + \cdots + 170.0^2) - 53768.45 = 527.30$

处理内平方和　$SS_e = SS_T - SS_t = 552.79 - 527.30 = 25.49$

总自由度　　　$df_T = nk - 1 = 4 \times 5 - 1 = 19$

处理间自由度　$df_t = k - 1 = 5 - 1 = 4$

处理内自由度　$df_e = df_T - df_t = 19 - 4 = 15$

用 SS_t、SS_e 分别除以 df_t 和 df_e 便得到处理间均方 MS_t

$$MS_t = SS_t/df_t = 527.30/4 = 131.83$$

$$MS_e = SS_e/df_e = 25.49/15 = 1.70$$

以上处理内的均方 $MS_e = 1.70$ 是五种溶剂抽提方法随机变异的合并均方值,它是表 3-3 试验资料的试验误差估计;处理间的均方 $MS_t = 131.83$,则是不同提取试剂效果的变异。

三、多重比较

方差分析将所估计的处理间均方与误差均方做 F 检验,推断处理间是否有显著性差异?当 F 检验显著或极显著时否定 H_0,即试验总变异主要来源于处理间所产生的变异。值得特别注意的是,当各处理平均数间存在显著或极显著差异时,并不意味着每两个处理平均数间的差异都显著或极显著,也不能具体说明哪些处理平均数间有显著或极显著差异,哪些差异不显著。如果试验目的是想了解哪些处理间存在显著性差异,需要进行平均数间的比较。统计上把多个平均数两两间进行相互比较的方法称为多重比较。常用多重比较的方法有最小显著差数法和最小显著极差法。

1. 最小显著差数法

最小显著差数法(LSD)检验步骤为:在处理间 F 检验显著的前提下,计算出显著水

平为 α 的最小显著差数 LSD_α,然后将任意两个处理平均数的差数的绝对值 $|\bar{x}_{i.}-\bar{x}_{j.}|$ 与其比较。若 $|\bar{x}_{i.}-\bar{x}_{j.}|>LSD_\alpha$ 时,则 $\bar{x}_{i.}$ 与 $\bar{x}_{j.}$ 在 α 水平上差异显著;反之,则在 α 水平上差异不显著。最小显著差数由式(3-16)进行计算。

$$LSD_\alpha = t_{(\alpha, df_e)} S_{\bar{x}_{i.}-\bar{x}_{j.}} \tag{3-16}$$

式(3-16)中的 $t_{(\alpha, df_e)}$ 为在 F 检验中误差自由度下显著水平为 α 的临界 t 值,$S_{\bar{x}_{i.}-\bar{x}_{j.}}$ 为均数差异标准误差,由式(3-17)算得:

$$S_{\bar{x}_{i.}-\bar{x}_{j.}} = \sqrt{2MS_e/n} \tag{3-17}$$

式中,MS_e 为 F 检验中的误差均方;n 为各处理的重复数。

当显著水平 $\alpha=0.05$ 和 0.01 时,从 t 值表(见附表1)中查出 $t_{(0.05, df_e)}$ 和 $t_{(0.01, df_e)}$,代入式(3-16),可得到:

$$LSD_{0.05} = t_{(0.05, df_e)} S_{\bar{x}_{i.}-\bar{x}_{j.}} \quad LSD_{0.01} = t_{(0.01, df_e)} S_{\bar{x}_{i.}-\bar{x}_{j.}} \tag{3-18}$$

利用 LSD 法进行多重比较时,可按下述步骤进行检验:

① 列出平均数多重比较表,比较表中各处理按其平均数由大至小、自上而下进行排列;
② 计算最小显著差数 $LSD_{0.05}$ 和 $LSD_{0.01}$;
③ 将平均数多重比较表中两两平均数的差数与 $LSD_{0.05}$ 和 $LSD_{0.01}$ 进行比较,根据比较结果进行统计结论的推断。

对于例3-1,各处理的多重比较如表3-4所示。

表 3-4 四种蛋白质平均增重的多重比较表(LSD 法)

处理	平均数 $\bar{x}_{i.}$	$\bar{x}_{i.}-49.48$	$\bar{x}_{i.}-52.56$	$\bar{x}_{i.}-55.92$
A_1	62.36	12.88**	9.8**	6.44*
A_4	55.92	6.44*	3.36ns	
A_2	52.56	3.08ns		
A_3	49.48			

注:上角"*"为显著,"**"为极显著,"ns"为不显著,下表同。

因为,$S_{\bar{x}_{i.}-\bar{x}_{j.}} = \sqrt{2MS_e/n} = \sqrt{2\times 21.35/5} = 2.922$;查 t 值表(见附表1)得:

$$t_{(0.05, f_e)} = t_{(0.05, 16)} = 2.120, t_{(0.01, f_e)} = t_{(0.01, 16)} = 2.921$$

所以,显著性水平为 0.05 与 0.01 的最小显著差数为:

$$LSD_{0.05} = t_{(0.05, f_e)} S_{\bar{x}_{i.}-\bar{x}_{j.}} = 2.120 \times 2.922 = 6.195$$
$$LSD_{0.01} = t_{(0.01, f_e)} S_{\bar{x}_{i.}-\bar{x}_{j.}} = 2.921 \times 2.922 = 8.535$$

将表3-4中的6个差数与 $LSD_{0.05}$ 和 $LSD_{0.01}$ 进行比较:

① 小于 $LSD_{0.05}=6.195$ 为不显著,在差数的右上方标记"ns",或不标记符号;
② 介于 $LSD_{0.05}=6.195$ 与 $LSD_{0.01}=8.535$ 之间为显著,在差数的右上方标记"*";
③ 大于 $LSD_{0.01}=8.535$ 为极显著,在差数的右上方标记"**"。

经检验,除差数 3.08 和 3.36 不显著(ns)外,差数 6.44 为显著(*),而差数 12.88 和 9.8 则为极显著(**)。

表明 A_1 蛋白质对 B6 大鼠的增重效果极显著高于 A_2 和 A_3,显著高于 A_4;A_4 对大鼠的增重效果显著高于 A_2 和 A_3；A_1 饲料对大鼠的增重效果显著高于 A_4 饲料；A_2 与 A_3 的增重效果差异不显著，A_1 蛋白质对大鼠的增重效果最佳。

而对于例3-2，各处理的多重比较结果如表3-5所示。

表3-5 五种溶剂浸提效果的多重比较表（LSD法）

浸提方法	平均数 $\bar{x}_{i.}$	$\bar{x}_{i.}-42.50$	$\bar{x}_{i.}-50.45$	$\bar{x}_{i.}-54.05$	$\bar{x}_{i.}-55.40$
A_4	56.85	14.35**	6.40**	2.80**	1.45ns
A_2	55.40	12.90**	4.95**	1.35ns	
A_3	54.05	11.55**	3.60**		
A_1	50.45	7.95**			
A_5	42.50				

由于 $MS_e=1.70$，$S_{\bar{x}_i.-\bar{x}_j.}=\sqrt{2MS_e/n}=\sqrt{2\times1.70/4}=0.922$，$t_{(0.05,df_e)}=t_{(0.015,15)}=2.131$。

$t_{(0.01,df_e)}=t_{(0.01,15)}=2.947$，$LSD_{0.05}=t_{(0.05,df_e)}S_{\bar{x}_i.-\bar{x}_j.}=2.131\times0.922=1.965$
$LSD_{0.01}=t_{(0.01,df_e)}S_{\bar{x}_i.-\bar{x}_j.}=2.947\times0.922=2.717$

在利用LSD法进行平均数的比较时，需注意以下几个方面：

① LSD法检验的实质是 t 检验法，是基于两样本平均数差数抽样分布提出的，是将 $|t=(\bar{x}_i.-\bar{x}_j.)/S_{\bar{x}_i.-\bar{x}_j.}|$ 与临界 t_α 值的比较转化为 $|\bar{x}_i.-\bar{x}_j.|$ 与 $t_{(\alpha,f_e)}S_{\bar{x}_i.-\bar{x}_j.}$ 的比较。LSD法是利用F检验中的误差自由度 df_e 查 $t_{(\alpha,f)}$ 值，利用 MS_e 计算 $S_{\bar{x}_i.-\bar{x}_j.}$，所以，LSD检验法与 t 检验法又有区别，LSD检验法仍未能解决犯Ⅰ型错误的概率变大和可靠性降低的问题。

② LSD检验法适用于各处理组与对照组比较，而处理组间不进行比较的比较形式。实际上关于这种形式的比较更适用的方法有顿纳特（Dunnett）检验法。

③ LSD检验法最适宜的比较形式是：在进行试验设计时就确定各处理只是固定的两两对比，且每个处理平均数在比较中只比较一次，与其他的处理间不进行比较。因为LSD检验法比较形式实际上不涉及多个均数的极差问题，因此，不会增加犯Ⅰ型错误的概率。

LSD检验法简便且克服了一般 t 检验法的某些缺点。然而，由于没有考虑相互比较的处理平均数依数值大小排列上的秩次，故存在可靠性低、犯Ⅰ型错误概率增大等问题。为此，统计学家提出了另外一种统计方法，即最小显著极差法。

2. 最小显著极差法

最小显著极差法（LSR）的特点是将平均数的差数当成是平均数极差。根据极差范围内所包含的处理数（称为秩次距）k 的不同而采用不同的检验尺度，它可以克服LSD法的不足。这种在显著水平 α 上依秩次距 k 的不同而采用的不同的检验尺度的方法叫最小显著极差法。

例如有8个 $\bar{x}$ 要相互比较，先将8个 $\bar{x}$ 按数值大小依次排列，两极端平均数的差数（极差）是否显著由该极差是否大于秩次距 $k=8$ 时的最小显著极差来决定（⩾为显著，<为不显著）；然后秩次距 $k=7$ 的平均数极差显著性则由极差是否大于 $k=7$ 时的最小显著极差决定；以此类推，直至任何两个相邻平均数的差数的显著性由这些差数是否大于秩次距 $k=2$ 时的最小显著极差决定为止。所以，若有 k 个平均数相互比较，就有 $k-1$ 种秩次距（k、$k-1$、$k-2$、$\cdots$、2），因而需求出 $k-1$ 个最小显著极差 $[LSR_{(\alpha,k)}]$ 分别作为判断具有相应秩次距的平均数极差是否显著的标准。LSR法是一种极差检验法，当一个平均数大集合的极差不显著时，其中所包含的各个较小集合极差也应一概作不显著处理。该方法克服了LSD法不

足，统计工作量增加。常用的 LSR 法有 q 检验法和新复极差法两种。

(1) q 检验法

此法是以统计量 q 的概率分布为基础的。q 值由下式求得：

$$q = R/S_{\bar{x}} \tag{3-19}$$

式中，R 为极差；$S_{\bar{x}} = \sqrt{MS_e/n}$ 为标准误差；q 分布依赖于误差自由度 f_e 及秩次距 k。

利用 q 检验法进行多重比较时，为了简便起见，不是将由式(3-19)算出的 q 值与临界 q 值 $q_{\alpha(f_e,k)}$ 比较，而是将极差 R 与 $q_{\alpha(f_e,k)} S_{\bar{x}}$ 比较，从而做出统计推断。$q_{\alpha(f_e,k)} S_{\bar{x}}$ 即为 α 水平上的最小显著极差。

$$LSR_\alpha = q_{\alpha(f_e,k)} S_{\bar{x}} \tag{3-20}$$

当显著水平 $\alpha = 0.05$ 和 0.01 时，从附表5（q 值表）中根据自由度 f_e 及秩次距 k 查出 $q_{0.05(f_e,k)}$ 和 $q_{0.01(f_e,k)}$，代入式(3-20)得：

$$LSR_{0.05,k} = q_{0.05(f_e,k)} S_{\bar{x}}; LSR_{0.01,k} = q_{0.01(f_e,k)} S_{\bar{x}} \tag{3-21}$$

实际利用 q 检验法进行多重比较时，可按如下步骤进行：

① 列出平均数多重比较表；
② 由自由度 df_e、秩次距 k 查临界 q 值，计算最小显著极差 $LSR_{(0.05,k)}$，$LSR_{(0.01,k)}$；
③ 将多重比较表中各极差与相应最小显著极差 $LSR_{(0.05,k)}$、$LSR_{(0.01,k)}$ 比较，做出统计推断。

对于例3-1，各处理平均数多重比较表同表3-5。在表3-4中，极差3.08、3.36、6.44的秩次距为2；极差6.44、9.80的秩次距为3；极差12.88的秩次距为4。

因为，$MS_e = 21.35$，故标准误差 $S_{\bar{x}}$ 为：

$$S_{\bar{x}} = \sqrt{MS_e/n} = \sqrt{21.35/5} = 2.066$$

根据 $df_e = 16$、$k = 2、3、4$，由附表5（q 值表）查出 $\alpha = 0.05$、0.01 水平下临界 q 值，乘以标准误差 $S_{\bar{x}}$ 求得各最小显著极差，所得结果列于表3-6。

表 3-6 q 值及 LSR 值

df_e	秩次距 k	$q_{0.05}$	$q_{0.01}$	$LSR_{0.05}$	$LSR_{0.01}$
	2	3.00	4.13	6.198	8.533
16	3	3.65	4.79	7.541	9.896
	4	4.05	5.19	8.367	10.723

将表3-4中的极差3.08、3.36、6.44与表3-6中的最小显著极差6.198、8.533比较；将极差6.44、9.80与7.541、9.896比较；将极差12.88与8.367、10.723比较。

(2) 新复极差法

此法是由邓肯（Duncan）于1955年提出，故又称 Duncan 法。新复极差法与 q 检验法的检验步骤相同，唯一不同的是计算最小显著极差时需查 SSR 表而不是查 q 值表。最小显著极差计算公式为：

$$LSR_{\alpha,k} = SSR_{\alpha(df_e,k)} S_{\bar{x}} \tag{3-22}$$

其中 $SSR_{\alpha(df_e,k)}$ 是根据显著水平 α、误差自由度 df_e、秩次距 k，由 SSR 表查得的临界 SSR 值，$S_{\bar{x}} = \sqrt{MS_e/n}$。$\alpha = 0.05$ 和 $\alpha = 0.01$ 水平下的最小显著极差为：

$$LSR_{(0.05,k)} = SSR_{0.05(df_e,k)} S_{\bar{x}}; LSR_{(0.01,k)} = SSR_{0.01(df_e,k)} S_{\bar{x}} \tag{3-23}$$

对于例 3-1，各处理均数多重比较表同表 3-5。

已算出 $S_{\bar{x}}=2.066$，依 $df_e=16$、$k=2、3、4$，由附表 6（新复极差检验的 SSR 表）查临界 $SSR_{0.05(16,k)}$ 和 $SSR_{0.01(16,k)}$ 值，乘以 $S_{\bar{x}}=2.066$，求得各最小显著极差，所得结果列于表 3-7。

表 3-7　SSR 值与 LSR 值

df_e	秩次距 k	$SSR_{0.05}$	$SSR_{0.01}$	$LSR_{0.05}$	$LSR_{0.01}$
	2	3.00	4.13	6.198	8.533
16	3	3.15	4.34	6.508	8.966
	4	3.23	4.45	6.673	9.194

将表 3-4 平均数差数（极差）与表 3-7 中最小显著极差比较，检验结果与 q 检验法相同。

当各处理重复数不等时，为简便起见，不论 LSD 法还是 LSR 法，可用式（3-24）计算出一个各处理平均的重复数 n_0，以代替计算 $S_{\bar{x}_i.-\bar{x}_j.}$ 或 $S_{\bar{x}}$ 所需的 n。

$$n_0=\frac{1}{k-1}\left[\sum n_i-\frac{\sum n_i^2}{\sum n_i}\right] \quad (3-24)$$

式中，k 为试验的处理数，n_i（$i=1,2,\cdots,k$）为第 i 处理的重复数。

以上介绍的三种多重比较方法，其检验尺度有如下关系：

$$LSD\text{ 法}\leqslant\text{新复极差法}\leqslant q\text{ 检验法}$$

当秩次距 $k=2$ 时，取等号；秩次距 $k\geqslant 3$ 时，取小于号。多重比较中 LSD 法尺度最小，q 检验法尺度最大，新复极差法尺度居中。用上述排列顺序前面方法检验显著的差数，用后面方法检验未必显著；用后面方法检验显著的差数，用前面方法检验必然显著。具体多重比较方法的选择主要根据否定一个正确的 H_0 和接受一个不正确的 H_0 的相对重要性来决定。如否定正确的 H_0 是事关重大或后果严重的，或对试验要求严格时，用 q 检验法较妥当；如接受一个不正确的 H_0 是事关重大或后果严重的，则宜用新复极差法。生物试验中，由于试验误差较大，常采用新复极差法；F 检验显著后为了简便，也可采用 LSD 法。

（3）多重比较结果的表示法

平均数经多重比较后，结果可表现为多种形式，常用表示方法有以下两种。

① 三角形法　将全部均数由大至小、自上而下的顺序进行排列，然后计算出各个平均数间的差数，如表 3-5 所示。由于多重比较表中各均数差构成一个三角形阵列，故称为三角形法。三角形法的优点是简便且直观，缺点是占用篇幅较大，特别当平均数较多时占用篇幅更大，因此，在科技论文中应用比较少。

② 标记字母法　此法是先将各处理平均数由大至小、自上而下排列，然后在最大平均数后标记字母 a，并将该平均数与以下各平均数依次进行比较，如差异不显著，就标记同一字母 a，直到某一个与其差异显著的平均数标记字母 b。再以标有字母 b 的平均数为标准，与上方比它大的各个平均数比较，如果差异不显著则一律标记为 b，直至显著为止。再以标记有字母 b 的最大平均数为标准，与下面各未标记字母的平均数相比，若差异不显著，继续标记字母 b，直至某一个与其差异显著的平均数标记 c，……如此重复，直至最小一个平均数被标记后，则表明比较完毕。这样，各平均数间凡有一个相同字母的即为差异不显著，凡无相同字母的即为差异显著。用小写字母表示 $\alpha=0.05$，用大写字母表示 $\alpha=0.01$。字母标记法表示多重比较结果时，常在三角形法基础上进行。标记字母法占用篇幅小，在科技文献

应用最为常见。

对于例 3-1，现根据表 3-4 所表示的多重比较结果用字母标记，如表 3-8 所示。

表 3-8 表 3-4 多重比较结果的字母标记（SSR 法）

处理	平均数 $\bar{x}_{i.}$	$\alpha=0.05$	$\alpha=0.01$
A_1	62.36	a	A
A_4	55.92	b	A
A_2	52.56	c	A
A_3	49.48	c	A

在表 3-8 中，先将各处理平均数由大至小、自上而下排列。当显著水平 $\alpha=0.05$ 时，先在平均数 62.36 行上标记字母 a；由于 62.36 与 55.92 之差为 6.44，在 $\alpha=0.05$ 水平上显著，所以在平均数 55.92 行上标记字母 b；然后以标记字母 b 的平均数 55.92 与其下方的平均数 52.56 比较，差数为 3.36，在 $\alpha=0.05$ 水平上显著，所以在平均数 52.56 行上标记字母 c；再将平均数 52.56 与平均数 49.48 比较，差数为 3.08，在 $\alpha=0.05$ 水平上不显著，所以在平均数 49.48 行上标记字母 c。类似地，可以在 $\alpha=0.01$ 将各处理平均数标记上字母，结果见表 3-8。q 检验结果与 SSR 法检验结果相同。结果显示四种蛋白质其中以 A_1 对大鼠的增重效果最好。需特别说明的是，无论采取何种方法进行多重比较，都应注明采用的方法。

对于例 3-2，多重比较结果用字母标记法如表 3-9 所示。

表 3-9 表 3-5 多重比较结果的字母标记（SSR 法）

处理	平均数 $\bar{x}_{i.}$	$\alpha=0.05$	$\alpha=0.01$
A_4	56.85	a	A
A_2	55.40	a	A
A_3	54.05	a	A
A_1	50.45	b	A
A_5	42.50	c	B

四、方差分析的基本步骤

方差分析法是一种非常重要的分析方法，在数据分析中应用极为常见。其基本步骤简述如下：

① 计算各项平方和与自由度。

② 列出方差分析表并进行 F 检验。计算各项均方及有关均方比，做出 F 检验，分析各因素的重要程度。

③ 若 F 检验显著，则对各平均数进行多重比较。多重比较的方法有 LSD 法和 LSR 法（包括 q 检验法和新复极差法）。

第三节 单因素的方差分析

根据方差分析中试验因素的多少，可以将方差分析分为单因素方差分析、两因素方差分析和多因素方差分析三大类。单因素方差分析是最简单的一种，主要用于正确判断该试验因素各水平的优劣和研究一个控制变量的不同水平是否对观测变量产生显著影响。单因素方差分析步骤通常分为三步。

首先，明确观测变量和控制变量。其次，分析观测变量的方差。方差分析是分析观测变量值的变动，是控制变量和随机变量综合作用的结果。因此，单因素方差分析总离差平方和可分解为组间离差平方和组内离差平方和，即 $SS_T = SS_t + SS_e$。最后，通过比较观测变量总离差平方和各部分所占比例，推断因素影响是否显著？如果在观测变量总离差平方和时，组间离差平方和所占比例较大，则说明观测变量的变动主要是由于控制变量所引起的，控制变量给观测变量带来了显著性的影响。如果组间离差平方和所占比例小，则说明观测变量无法由控制变量解释，观测变量的变化是由随机变量的变化所引起。

单因素方差分析根据试验数据的各处理内重复数是否相等，可分为重复数相等的方差分析和重复数不等的方差分析两种情况。

一、各处理重复数相等的方差分析

对各处理重复数相等的试验数据进行方差分析时，其任一观察值的线性模型皆可由表 3-10 表示。

表 3-10　组内观察值数目相等的单向分组资料的方差分析

变异来源	自由度 DF	平方和 SS	均方 MS	F	期望均方 EMS	
					固定模型	随机模型
处理间	$k-1$	$n\sum(\bar{y_i}-\bar{y})^2$	MS_t	MS_t/MS_e	$\sigma^2+n\kappa_\tau^2$	$\sigma^2+n\sigma_\tau^2$
误差	$k(n-1)$	$\sum\sum(y_{ij}-\bar{y_i})^2$	MS_e		σ^2	σ^2
总变异	$nk-1$	$\sum\sum(y_{ij}-\bar{y})^2$				

【例 3-3】 假设随机抽检来源于不同种植区域的五个水稻品种的稻谷中的铅含量，试分析对比不同区域种植的水稻其铅含量是否有显著性差异？试验数据如表 3-11 所示。

表 3-11　五个不同品种稻谷铅含量

品种号	测定值 x_{ij}/(mg/kg)					$x_i.$	$\bar{x_i}.$
1	0.8	1.3	1.2	0.9	0.9	5.1	1.02
2	0.7	0.8	1.0	0.9	0.7	4.1	0.82
3	1.3	1.4	1.0	1.1	1.2	6.0	1.20
4	1.3	0.9	0.8	0.8	1.0	4.8	0.96
5	1.2	1.1	1.5	1.4	1.3	6.5	1.30
合计						$x..=26.5$	

解　这是一个单因素试验，$k=5$，$n=5$。现对此试验结果进行方差分析如下：

（1）计算各项平方和与自由度。

$$C = x^2../kn = 26.5^2/(5\times 5) = 28.09$$

$$SS_T = \sum\sum x_{ij}^2 - C = (0.8^2 + 1.3^2 + \cdots + 1.4^2 + 1.3^2) - 28.09 = 1.36$$

$$SS_t = \frac{1}{n}\sum x_i^2. - C = \frac{1}{5}(5.1^2 + 4.1^2 + 6.0^2 + 4.8^2 + 6.5^2) - 28.09 = 0.732$$

$$SS_e = SS_T - SS_t = 1.36 - 0.732 = 0.628$$

$$df_T = kn - 1 = 5\times 5 - 1 = 24, df_t = k - 1 = 5 - 1 = 4, df_e = df_T - df_t = 24 - 4 = 20$$

（2）列出方差分析表，进行 F 检验。

不同品种稻谷铅含量方差分析表如表 3-12 所示。

表 3-12 不同品种稻谷铅含量方差分析表

变异来源	平方和	自由度	均方	F 值
品种间	0.732	4	0.183	5.83**
误差	0.628	20	0.0314	
总变异	1.36	24		

根据 $df_1=df_t=4$，$df_2=df_e=20$，查临界 F 值得 $F_{[0.05,(4,20)]}=2.87$，$F_{[0.01,(4,20)]}=4.43$，因为 $F=5.83>F_{[0.01,(4,20)]}=4.43$，即 $p<0.01$，表明不同品种水稻稻谷中的铅含量达到了 1% 的显著水平（$p<0.01$）。

（3）多重比较。

采用新复极差法，各处理平均数多重比较表见表 3-13。

表 3-13 不同品种稻谷铅含量多重比较表（SSR 法）

品种	平均数 $\bar{x}_{i.}$	$\bar{x}_{i.}-0.82$	$\bar{x}_{i.}-0.96$	$\bar{x}_{i.}-1.02$	$\bar{x}_{i.}-1.20$
5	1.30	0.48**	0.34*	0.28*	0.1^{ns}
3	1.20	0.38**	0.24^{ns}	0.18^{ns}	
1	1.02	0.20^{ns}	0.06^{ns}		
4	0.96	0.14^{ns}			
2	0.82				

因为 $MS_e=0.0314$，$n=5$，所以 $S_{\bar{x}}$ 为：

$$S_{\bar{x}}=\sqrt{MS_e/n}=\sqrt{0.0314/5}=0.0792$$

根据 $df_e=20$，秩次距 $k=2、3、4、5$，由附表 6 查出 $\alpha=0.05$ 和 $\alpha=0.01$ 的各临界 SSR 值，乘以 $S_{\bar{x}}=0.0792$，即得各最小显著极差，所得结果列于表 3-14。

表 3-14 SSR 值及 LSR 值

df_e	秩次距 k	$SSR_{0.05}$	$SSR_{0.01}$	$LSR_{0.05}$	$LSR_{0.01}$
20	2	2.95	4.02	0.234	0.318
	3	3.10	4.22	0.246	0.334
	4	3.18	4.33	0.252	0.343
	5	3.25	4.40	0.257	0.348

将表 3-13 中的差数与表 3-14 中相应的最小显著极差比较并标记检验结果。检验结果表明各地区稻谷品种无显著性差异。

二、各处理重复数不等的方差分析

各处理重复数不等的试验数据方差分析步骤与各处理重复数相等的情况基本相同，只是有关计算过程略有差异。

设处理数为 k，各处理重复数为 $n_1、n_2、\cdots、n_k$，试验观测值总数为 $N=\sum n_i$，则：

$$C=x_{..}^2/N$$
$$SS_T=\sum\sum x_{ij}^2-C,\ SS_t=\sum x_{i.}^2/n_i-C,\ SS_e=SS_T-SS_t \tag{3-25}$$
$$df_T=N-1,\ df_t=k-1,\ df_e=df_T-df_t$$

【例 3-4】 在食品质量抽检中，对来自五家企业的不同品牌火腿肠的亚硝酸盐含量进行了随机抽样检测，试分析该五个品牌的火腿肠中亚硝酸盐含量是否达到显著性差异？检测结果如表 3-15 所示。

表 3-15　五个品种火腿肠中亚硝酸盐的测定结果

品种	含量/(mg/kg)						n_i	$x_i.$	$\bar{x}_i.$
B_1	2.15	1.95	2.00	2.20	1.80	2.00	6	12.1	2.02
B_2	1.60	1.85	1.70	1.55	2.00	1.60	6	10.3	1.72
B_3	1.90	1.75	2.00	1.80	1.70		5	9.15	1.83
B_4	2.10	1.85	1.90	2.00			4	7.85	1.96
B_5	1.55	1.80	1.70	1.60			4	6.65	1.66
合计							25	46.05	

解　本例 $k=5$，各处理重复数不等。现对此试验结果进行方差分析如下。

(1) 计算各项平方和与自由度，利用公式(3-25)进行下列计算：

$$C = x_{..}^2 / N = 46.05^2 / 25 = 84.8241$$

$$SS_T = \sum\sum x_{ij}^2 - C = (2.15^2 + 1.95^2 + \cdots + 1.70^2 + 1.60^2) - 84.8241 = 0.8534$$

$$SS_t = \sum x_i^2. / n_i - C = (1.21^2/6 + 1.03^2/6 + 9.05^2/5 + 7.88^2/4 + 6.65^2/4) - 84.8241 = 0.4650$$

$$SS_e = SS_T - SS_t = 0.8534 - 0.4650 = 0.3884; \quad df_T = N - 1 = 25 - 1 = 24$$

$$df_t = k - 1 = 5 - 1 = 4; \quad df_e = df_T - df_t = 24 - 4 = 20$$

(2) 列出方差分析表，进行 F 检验。

临界 F 值为：$F_{[0.05,(4,20)]} = 2.87$，$F_{[0.01,(4,20)]} = 4.43$，因为品种间的 F 值为 5.99，大于 $F_{[0.01,(4,20)]} = 4.43(p<0.01)$，因此，不同品种间的火腿肠中亚硝酸盐含量是有极显著差异的（见表 3-16）。

表 3-16　五个品种亚硝酸盐的测定结果方差分析表

变异来源	平方和	自由度	均方	F 值
品种间	0.4650	4	0.1163	5.99**
品种内（误差）	0.3884	20	0.0194	
总变异	0.8534	24		

(3) 多重比较。

采用新复极差法，各处理平均数多重比较表见表 3-17。因为各处理重复数不等，应先由公式(3-24)计算出平均重复次数 n_0 来代替标准误差 $S_{\bar{x}} = \sqrt{MS_e/n}$ 中的 n，此例：

$$n_0 = \frac{1}{k-1}\left[\sum n_i - \frac{\sum n_i^2}{\sum n_i}\right] = \frac{1}{5-1}\left[25 - \frac{6^2+6^2+5^2+4^2+4^2}{25}\right] = 4.96$$

于是，标准误差 $S_{\bar{x}}$ 为：$S_{\bar{x}} = \sqrt{MS_e/n_0} = \sqrt{0.0194/4.96} = 0.0625$

表 3-17　五个品种亚硝酸盐测定结果多重比较表（SSR 法）

品种	平均数 $\bar{x}_i.$	$\bar{x}_i. - 1.66$	$\bar{x}_i. - 1.72$	$\bar{x}_i. - 1.83$	$\bar{x}_i. - 1.96$
B_1	2.02	0.36**	0.30**	0.19ns	0.06ns
B_4	1.96	0.30**	0.24*	0.13ns	
B_3	1.83	0.17ns	0.11ns		
B_2	1.72	0.06ns			
B_5	1.66				

根据 $df_e = 20$，秩次距 $k = 2、3、4、5$，从附表 6（SSR 值表）中查出 $\alpha = 0.05$ 与 $\alpha =$

0.01 的临界 SSR 值,乘以 $S_{\bar{x}} = 0.0625$,即得各最小显著极差值,所得结果列于表 3-18。

表 3-18 SSR 值及 LSR 值表

f_e	秩次距(k)	$SSR_{0.05}$	$SSR_{0.01}$	$LSR_{0.05}$	$LSR_{0.01}$
20	2	2.95	4.02	0.1844	0.2513
	3	3.10	4.22	0.1938	0.2638
	4	3.18	4.33	0.1988	0.2706
	5	3.25	4.40	0.2031	0.2750

将表 3-17 中的各个差数与表 3-18 中相应的最小显著极差值进行比较,即可对试验结果进行统计推断,检验各品牌的亚硝酸盐含量无显著性差异。

第四节 双因素的方差分析

单因素方差分析每次仅能解决一个因素的各水平之间的优劣比较问题。而在实际工作中,常需要考虑两个或多个因素同时对试验效应的影响。两因素方差分析是指对试验指标同时受到两个因素影响的试验资料进行的方差分析。两因素方差分析是基于采样随机性、样本独立性、偶然误差分布正态性以及残差方差一致性的基础上进行的。下面介绍两因素试验资料的方差分析法。

一、两因素无重复观测值试验的方差分析

A、B 两个试验因素共有 ab 个水平组合,每水平组合仅测定一次,因此,全试验共有 ab 个观测值,其数据模式如表 3-19 所示。

表 3-19 两因素单独观测值试验数据模式

A 因素	B 因素						合计 $x_i.$	平均 $\bar{x}_i.$
	B_1	B_2	...	B_j	...	B_b		
A_1	x_{11}	x_{12}	...	x_{1j}	...	x_{1b}	$x_1.$	$\bar{x}_1.$
A_2	x_{21}	x_{22}	...	x_{2j}	...	x_{2b}	$x_2.$	$\bar{x}_2.$
...	...	...	...	...	...	...	...	...
A_i	x_{i1}	x_{i2}	...	x_{ij}	...	x_{ib}	$x_i.$	$\bar{x}_i.$
...	...	...	...	...	...	...	...	...
A_a	x_{a1}	x_{a2}	...	x_{aj}	...	x_{ab}	$x_a.$	$\bar{x}_a.$
合计 $x._j$	$x._1$	$x._2$	...	$x._j$	...	$x._b$	$x..$	$\bar{x}..$
平均 $\bar{x}._j$	$\bar{x}._1$	$\bar{x}._2$	...	$\bar{x}._j$	...	$\bar{x}._b$		

$$x_i. = \sum_{j=1}^{b} x_{ij}, \bar{x}_i. = \frac{1}{b}\sum_{j=1}^{b} x_{ij}, x._j = \sum_{i=1}^{n} x_{ij}, \bar{x}._j = \frac{1}{a}\sum_{i=1}^{a} x_{ij},$$

$$x.. = \sum_{i=1}^{a}\sum_{j=1}^{b} x_{ij}, \bar{x}.. = \sum_{i=1}^{a}\sum_{j=1}^{b} x_{ij}/ab \tag{3-26}$$

两因素单独观测值试验的数学模型为:

$$x_{ij} = \mu + \alpha_i + \beta_j + \varepsilon_{ij} \quad (i=1,2,\cdots,a; j=1,2,\cdots,b) \tag{3-27}$$

式中,μ 为总平均数;α_i、β_j 分别为 A_i、B_j 的效应,$\alpha_i = \mu_i - \mu$,$\beta_j = \mu_j - \mu$,μ_i、μ_j 分别为 A_i、B_j 观测值总体平均数,且 $\Sigma\alpha_i = 0$,$\Sigma\beta_j = 0$;ε_{ij} 为随机误差,相互独立,且服从 $N(0, \sigma^2)$。

式(3-27)的意义在于，全部 ab 个观测值的总变异可以剖分为 A 因素水平间变异、B 因素水平间变异及试验误差三部分。自由度也可以相应划分。平方和与自由度公式如下：

$$SS_T = SS_A + SS_B + SS_e \quad f_T = f_A + f_B + f_e \qquad (3-28)$$

各项平方和与自由度的计算公式如下。

矫正数： $\quad C = x^2_{..}/ab$

总平方和： $\quad SS_T = \sum\limits_{i=1}^{a}\sum\limits_{j=1}^{b}(x_{ij} - \overline{x}_{..})^2 = \sum\limits_{i=1}^{a}\sum\limits_{j=1}^{b}x_{ij}^2 - C$

A 因素平方和： $\quad SS_A = b\sum\limits_{i=1}^{a}(\overline{x}_{i.} - \overline{x}_{..})^2 = \dfrac{1}{b}\sum\limits_{i=1}^{a}x_{i.}^2 - C \qquad (3-29)$

B 因素平方和： $\quad SS_B = a\sum\limits_{j=1}^{b}(\overline{x}_{.j} - \overline{x}_{..})^2 = \dfrac{1}{a}\sum\limits_{j=1}^{b}x_{.j}^2 - C$

误差平方和： $\quad SS_e = SS_T - SS_A - SS_B$； 总自由度： $\quad df_T = ab - 1$

A 因素自由度： $\quad f_A = a - 1$； $\qquad\qquad$ B 因素自由度： $\quad f_B = b - 1$

误差自由度： $\quad df_e = df_T - df_A - df_B = (a-1)(b-1)$

相应均方为： $\quad MS_A = SS_A/df_A, MS_B = SS_B/df_B, MS_e = SS_e/df_e$

【例 3-5】 某乳品企业的四位分析操作人员连续 3 天对牛奶进行酸度（T）[100mL 牛奶消耗 0.1mol/L NaOH 的体积（mL）数]的抽查，试验结果如表 3-20 所示。试用方差分析分析操作人员的分析技术和每天牛乳的酸度是否有显著性差异？

表 3-20 四名化验员对牛奶酸度的检测结果（T）

化验员	日期			合计 $x_{i.}$	平均 $\overline{x}_{i.}$
	B_1	B_2	B_3		
A_1	10.6	11.6	14.5	36.7	12.23
A_2	4.2	6.8	11.5	22.5	7.5
A_3	7.0	11.1	13.3	31.4	10.47
A_4	4.2	6.3	8.7	19.2	6.4
合计 $x_{.j}$	26.0	35.8	48.0	109.8	
平均 $\overline{x}_{.j}$	6.5	8.95	12.0		

解 这是一个两因素单独观测值试验结果。A 因素（分析操作人员）有 4 个水平，即 $a = 4$；B 因素检测日期有 3 个水平，即 $b = 3$，共有 $a \times b = 4 \times 3 = 12$ 个观测值。方差分析步骤如下。

（1）计算各项平方和与自由度。根据公式（3-29）有：

$$C = x^2_{..}/ab = 109.8^2/(4\times3) = 1004.67$$

$$SS_T = \sum\sum x_{ij}^2 - C = (10.6^2 + 11.6^2 + \cdots + 6.3^2 + 8.7^2) - 1004.67 = 130.75$$

$$SS_A = \frac{1}{b}\sum x_{i.}^2 - C = \frac{1}{3}(36.7^2 + 22.5^2 + 31.4^2 + 19.2^2) - 1004.67 = 64.58$$

$$SS_B = \frac{1}{a}\sum x_{.j}^2 - C = \frac{1}{4}(26.0^2 + 35.8^2 + 48.0^2) - 1004.67 = 60.74$$

$$SS_e = SS_T - SS_A - SS_B = 130.75 - 64.58 - 60.74 = 5.43$$

$$df_T = ab - 1 = 4 \times 3 - 1 = 11, df_A = a - 1 = 4 - 1 = 3$$

$$df_B = b - 1 = 3 - 1 = 2, df_e = df_T - df_A - df_B = 11 - 3 - 2 = 6$$

(2) 列出方差分析表，进行 F 检验，如表 3-21 所示。

表 3-21　方差分析表

变异来源	平方和	自由度	均方	F 值
A 因素（分析操作人员）	64.58	3	21.53	23.79**
B 因素（测试时间）	60.74	2	30.37	33.56**
误差	5.43	6	0.905	
总变异	130.75	11		

根据 $df_1 = df_A = 3$、$df_2 = df_e = 6$ 查临界 F 值，$F_{[0.01,(3,6)]} = 9.78$；根据 $df_1 = df_B = 2$、$df_2 = df_e = 6$，查临界 F 值，$F_{[0.01,(2,6)]} = 10.92$。

由于 $F_A = 23.79 > F_{[0.01,(3,6)]} = 9.78$，$P < 0.01$，差异极显著；$F_B = 33.56 > F_{[0.01,(2,6)]} = 10.92$，$P < 0.01$，差异极显著。说明不同分析操作人员和不同检测日期对测定结果都有极显著的影响，有必要进一步对 A、B 两因素不同水平的平均测定结果进行多重比较。

(3) 多重比较。

各分析操作人员的测定结果平均数多重比较表如表 3-22 所示。

表 3-22　各化验员检验结果的多重比较（q 法）

品系	平均数 $\bar{x}_{i.}$	$\bar{x}_{i.} - 6.40$	$\bar{x}_{i.} - 7.50$	$\bar{x}_{i.} - 10.47$
A_1	12.23	5.83**	4.73**	1.76^{ns}
A_3	10.47	4.07**	2.97*	
A_2	7.5	1.1^{ns}		
A_4	6.4			

由于 A 因素（分析操作人员）每一水平的重复数恰为 B 因素的水平数 b，故 A 因素的标准误差 $S_{\bar{x}_{i.}} = \sqrt{MS_e/b}$。因为 $b = 3$，$MS_e = 0.905$，故：

$$S_{\bar{x}_{i.}} = \sqrt{MS_e/b} = \sqrt{0.905/3} = 0.549$$

根据 $df_e = 6$，秩次距 $k = 2, 3, 4$，从附表 5 中查出 $\alpha = 0.05$ 和 $\alpha = 0.01$ 的临界 q 值，与标准误差 $S_{\bar{x}_{i.}} = 0.549$ 相乘，计算出最小显著极差 LSR，结果见表 3-23。

表 3-23　q 值及 LSR 值

df_e	秩次距 k	$q_{0.05}$	$q_{0.01}$	$LSR_{0.05}$	$LSR_{0.01}$
6	2	3.46	5.24	1.901	2.877
	3	4.34	6.33	2.384	3.475
	4	4.90	7.03	2.690	3.859

将表 3-22 中各差数与表 3-23 中相应最小显著极差比较，做出统计推断。检验结果表明，A_1 与 A_3、A_2 与 A_4 分析操作人员的检测技术无显著性差异（$p > 0.05$），A_1 与 A_2 有极显著性差异（$p < 0.01$），A_2 与 A_3 有显著性异差（$p < 0.05$），A_1、A_3 与 A_4 有极显著性差异（$p < 0.01$）。

二、两因素有重复观测值试验的方差分析

对有重复观测值的两因素和多因素试验结果进行分析，能研究因素的简单效应、主效应和因素间的交互（互作）效应。

1. 效应分析

(1) 简单效应

将某因素固定在某一具体水平考察另一因素的不同水平对试验指标的影响即为简单效

应。下面通过一个实例介绍简单效应。

【例 3-6】 为研究米糠油中的亚油酸及谷维素对小鼠血清胆固醇的影响，对小鼠进行亚油酸及谷维素的饲喂试验，试验结果如表 3-24 所示。试分析亚油酸和谷维素对小鼠血清胆固醇的简单效应。

表 3-24 添加亚油酸和谷维素对小鼠胆固醇含量的影响 单位：mmol/L

项目	A_1(不加谷维素)	A_2(加谷维素)	$A_2 - A_1$	平均
B_1(加亚油酸)	4.70	4.72	0.02	4.71
B_2(不加亚油酸)	4.80	5.12	0.32	4.96
$B_2 - B_1$	0.10	0.40		0.25
平均	4.75	4.92	0.17	

解 从试验数据可知，在 A_1（不加谷维素）上，$B_2 - B_1 = 4.80 - 4.70 = 0.1$，在 A_2（加谷维素）上，$B_2 - B_1 = 5.12 - 4.72 = 0.40$；在 B_1（不加亚油酸）上，$A_2 - A_1 = 4.72 - 4.70 = 0.02$；在 B_2（加亚油酸）上，$A_2 - A_1 = 5.12 - 4.80 = 0.32$ 等就是简单效应。简单效应实际上是特殊水平组合间的差数。

（2）主效应

由于因素水平的改变引起的平均数的改变称为主效应。如在表 3-24 中，当 A 因素由 A_1 水平变到 A_2 水平时，A 因素的主效应为 A_2 水平的平均数减去 A_1 水平的平均数，即：A 因素的主效应 $= 4.92 - 4.75 = 0.17$。同理，B 因素的主效应 $= 4.96 - 4.71 = 0.25$。主效应也就是简单效应的平均，如 $(0.32 + 0.02) \div 2 = 0.17$，$(0.40 + 0.10) \div 2 = 0.25$。

（3）交互效应

在多因素试验中，一个因素的作用要受到另一个因素的影响，表现为某一因素在另一因素的不同水平上所产生的效应不同，这种现象称为该两因素存在交互作用。如在表 3-24 中：

A 在 B_1 水平上的效应 $= 4.72 - 4.70 = 0.02$；A 在 B_2 水平上的效应 $= 5.12 - 4.80 = 0.32$

B 在 A_1 水平上的效应 $= 4.80 - 4.70 = 0.10$；B 在 A_2 水平上的效应 $= 5.12 - 4.72 = 0.40$

由此可见，A 效应随着 B 因素水平的不同而有所不同，B 效应也随着 A 因素水平的不同而有所变化。当 A、B 两因素间存在交互作用时通常记为 $A \times B$。交互效应可以理解为某一因素的简单效应随着另一因素水平的变化而变化。交互效应可由 $(A_1B_1 + A_2B_2 - A_1B_2 - A_2B_1)/2$ 来估计。表 3-24 中的交互效应为：$(4.70 + 5.12 - 4.80 - 4.72)/2 = 0.15$。

所谓交互效应实际指的就是由于两个或两个以上试验因素的相互作用而产生的效应。如在表 3-24 中，$A_2B_1 - A_1B_1 = 4.72 - 4.70 = 0.02$，这是添加亚油酸单独作用的效应；$A_1B_2 - A_1B_1 = 4.80 - 4.70 = 0.10$，这是添加谷维素单独作用的效应，两者单独作用的效应总和是 $0.02 + 0.10 = 0.12$；但是，$A_2B_2 - A_1B_1 = 5.12 - 4.70 = 0.42$，而不是 0.12；这就是说，同时添加亚油酸、谷维素产生的效应不是单独添加一种氨基酸所产生效应的和，而另外多增加了 0.30，此为两种营养物质共同作用的结果。若将其平均分给每种营养素，则各为 0.15，即估计的交互效应。

根据交互作用的影响，可以将交互作用分为正的影响和负的影响。交互效应为零时称无交互作用。当没有交互作用时，各因素是相互独立的，此时不论在某一因素哪个水平上，另一因素的简单效应是相等的。关于无互作和负互作的直观理解，可将表 3-24 中 A_2B_2 位置上的数值改为 4.82 和任一小于 4.82 的数后具体计算一下即可。

2. 有重复观察值数据的方差分析

下面介绍两因素有重复观测值试验结果的方差分析方法。设 A 与 B 两因素分别具有 a 与 b 个水平，共有 ab 个水平组合，每个水平组合有 n 次重复，则全试验共有 abn 个观测值。这类试验结果方差分析的数据模式如表 3-25 所示。

表 3-25　两因素有重复观测值试验数据模式

A 因素		B 因素				A_i 合计 $x_{i..}$	A_i 平均 $\bar{x}_{i..}$
		B_1	B_2	$\cdots$	B_b		
A_1	x_{1jl}	x_{111} x_{112} $\cdots$ x_{11n}	x_{121} x_{122} $\cdots$ x_{12n}	$\cdots$ $\cdots$ $\cdots$ $\cdots$	x_{1b1} x_{1b2} $\cdots$ x_{1bn}	$x_{1..}$	$\bar{x}_{1..}$
	$x_{1j.}$ $\bar{x}_{1j.}$	$x_{11.}$ $\bar{x}_{11.}$	$x_{12.}$ $\bar{x}_{12.}$	$\cdots$ $\cdots$	$x_{1b.}$ $\bar{x}_{1b.}$		
A_2	x_{2jl}	x_{211} x_{212} $\cdots$ x_{21n}	x_{221} x_{222} $\cdots$ x_{22n}	$\cdots$ $\cdots$ $\cdots$ $\cdots$	x_{2b1} x_{2b2} $\cdots$ x_{2bn}	$x_{2..}$	$\bar{x}_{2..}$
	$x_{2j.}$ $\bar{x}_{2j.}$	$x_{21.}$ $\bar{x}_{21.}$	$x_{22.}$ $\bar{x}_{22.}$	$\cdots$ $\cdots$	$x_{2b.}$ $\bar{x}_{2b.}$		
$\cdots$	$\cdots$	$\cdots$	$\cdots$	$\cdots$	$\cdots$	$\cdots$	$\cdots$
A_a	x_{ajl}	x_{a11} x_{a12} $\cdots$ x_{a1n}	x_{a21} x_{a22} $\cdots$ x_{a2n}	$\cdots$ $\cdots$ $\cdots$ $\cdots$	x_{ab1} x_{ab2} $\cdots$ x_{abn}	$x_{a..}$	$\bar{x}_{a..}$
	$x_{aj.}$ $\bar{x}_{aj.}$	$x_{a1.}$ $\bar{x}_{a1.}$	$x_{a2.}$ $\bar{x}_{a2.}$	$\cdots$ $\cdots$	$x_{ab.}$ $\bar{x}_{ab.}$		
B_j 合计 $x_{.j.}$		$x_{.1.}$	$x_{.2.}$	$\cdots$	$x_{.b.}$	$x_{...}$	
B_j 平均 $\bar{x}_{.j.}$		$\bar{x}_{.1.}$	$\bar{x}_{.2.}$	$\cdots$	$\bar{x}_{.b.}$		$\bar{x}_{...}$

$$x_{ij.}=\sum_{l=1}^{n}x_{ijl}\,;\,x_{i..}=\sum_{j=1}^{b}\sum_{l=1}^{n}x_{ijl}\,;x_{.j.}=\sum_{i=1}^{a}\sum_{l=1}^{n}x_{ijl}\,;x_{...}=\sum_{i=1}^{a}\sum_{j=1}^{b}\sum_{l=1}^{n}x_{ijl}$$

$$\bar{x}_{ij.}=\sum_{l=1}^{n}x_{ijl}/n\,;\bar{x}_{i..}=\sum_{j=1}^{b}\sum_{l=1}^{n}x_{ijl}/bn\,;\bar{x}_{.j.}=\sum_{i=1}^{a}\sum_{l=1}^{n}x_{ijl}/an\,;\bar{x}_{...}=\sum_{i=1}^{a}\sum_{j=1}^{b}\sum_{l=1}^{n}x_{ijl}/abn$$

两因素有重复观测值试验的数学模型为：

$$x_{ijl}=\mu+\alpha_i+\beta_j+(\alpha\beta)_{ij}+\varepsilon_{ijl}\quad(i=1,2,\cdots,a\,;j=1,2,\cdots,b\,;j=1,2,\cdots,n) \quad (3\text{-}30)$$

式中，μ 为总平均数；α_i 为 A_i 的效应；β_j 为 B_j 的效应；$(\alpha\beta)_{ij}$ 为 A_i 与 B_j 的交互效应，$\alpha_i=\mu_{i.}-\mu$，$\beta_j=\mu_{.j}-\mu$，$(\alpha\beta)_{ij}=\mu_{ij}-\mu_{i.}-\mu_{.j}+\mu$，$\mu_{i.}$、$\mu_{.j}$、$\mu_{ij}$ 分别为 A_i、B_j、A_iB_j 观测值总体平均数；且 $\sum_{i=1}^{n}\alpha_i=0,\sum_{j=1}^{b}\beta_j=0,\sum_{i=1}^{n}(\alpha\beta)_{ij}=\sum_{j=1}^{b}(\alpha\beta)_{ij}=\sum_{i=1}^{a}\sum_{j=1}^{b}(\alpha\beta)_{ij}=0$，$\varepsilon_{ijl}$ 为随机误差，相互独立，且都服从 $N(0,\sigma^2)$。

两因素有重复观测值试验结果方差分析平方和与自由度计算如公式（3-31）：

$$SS_\text{T}=SS_A+SS_B+SS_{A\times B}+SS_\text{e}\,;df_\text{T}=df_A+df_B+df_{A\times B}+df_\text{e} \quad (3\text{-}31)$$

式中，$SS_{A\times B}$，$df_{A\times B}$ 为 A 因素与 B 因素交互作用平方和与自由度。

若用 SS_{AB}、df_{AB} 表示 A、B 水平组合间的平方和与自由度，即处理间平方和与自由度。由于处理间变异可以分为 A 因素、B 因素以及 AB 交互作用变异三个部分，所以 SS_{AB} 和 df_{AB} 可剖分为：

$$SS_{AB}=SS_A+SS_B+SS_{A\times B};df_{AB}=df_A+df_B+df_{A\times B} \quad (3\text{-}32)$$

各项平方和、自由度及均方的计算公式如下：

矫正数 $\quad C=x_{...}^2/abn \quad (3\text{-}33)$

总平方和与自由度 $\quad SS_T=\sum\sum\sum x_{ijl}^2-C, df_T=abn-1 \quad (3\text{-}34)$

水平组合平方和与自由度 $\quad SS_{AB}=\dfrac{1}{b}\sum x_{ij.}^2-C, df_{AB}=ab-1 \quad (3\text{-}35)$

A 因素平方和与自由度 $\quad SS_A=\dfrac{1}{bn}\sum x_{i..}^2-C, df_A=a-1 \quad (3\text{-}36)$

B 因素平方和与自由度 $\quad SS_B=\dfrac{1}{an}\sum x_{.j.}^2-C, df_B=b-1 \quad (3\text{-}37)$

交互作用平方和与自由度 $\quad SS_{A\times B}=SS_{AB}-SS_A-SS_B, df_{A\times B}=(a-1)(b-1) \quad (3\text{-}38)$

误差平方和与自由度 $\quad SS_e=SS_T-SS_{AB}, df_e=ab(n-1) \quad (3\text{-}39)$

相应均方为 $\quad MS_A=SS_A/df_A, MS_B=SS_B/df_B, MS_{A\times B}$

$$=SS_{A\times B}/df_{A\times B}, MS_e=SS_e/df_e \quad (3\text{-}40)$$

【例 3-7】为研究增稠剂羧甲基纤维素钠和果汁添加量对山楂风味果冻凝固效果的影响，将增稠剂添加量（A）和添加果汁量（B）各设置 4 个水平进行交叉分组试验。将重量和其他配料基本一致的果冻原料 48 份随机分成 16 组，每组 3 份，试验结果如表 3-26 所示。试分析增稠剂和果汁添加量对果冻凝固效率的影响。

表 3-26 不同增稠剂添加量的试验凝固效果　　　　　　　　单位：%

A 因素		$B_1(1.0\%)$	$B_2(0.8\%)$	$B_3(0.6\%)$	$B_4(0.4\%)$	A_i 合计 $x_{i..}$	A_i 平均 $\overline{x}_{i.}$
$A_1(50\%)$	x_{1jl}	44	60	64.8	61	649.8	54.15
		53	55	53	54		
		48.8	52	54	50.2		
	$x_{1j.}$	145.8	167	171.8	165.2		
	$\overline{x}_{1j.}$	48.6	55.7	57.3	55.1		
$A_2(40\%)$	x_{2jl}	47	66.4	76	53	700.2	58.35
		51.6	57	71	48		
		54	60.2	66	50		
	$x_{2j.}$	152.6	183.6	213	151		
	$\overline{x}_{2j.}$	50.9	61.2	71	50.3		
$A_3(30\%)$	x_{3jl}	61	73	56	41	664.8	55.4
		53.6	68	61	45		
		51	67	49.2	39		
	$x_{3j.}$	165.6	208	166.2	125		
	$\overline{x}_{3j.}$	55.2	69.3	55.4	41.7		
$A_4(20\%)$	x_{4jl}	69	58	55	37	639	53.2
		62.8	55	52.6	40		
		58.6	56	57	38		
	$x_{4j.}$	190.4	169	164.6	115		
	$\overline{x}_{4j.}$	63.5	56.3	54.9	38.3		
B_j 合计	$x_{.j.}$	654.4	727.6	715.6	556.2	2653.8	
B_j 平均	$\overline{x}_{.j.}$	54.5	60.6	59.6	46.4		55.3

解 本例 A 因素与 B 因素均为 4 水平，即 $a=4$，$b=4$；则 $ab=4\times 4=16$ 个水平组合；每个组合重复数 $n=3$；全试验共有 $abn=4\times 4\times 3=48$ 个观测值。

方差分析具体计算过程如下：

（1）计算各项平方和与自由度。

$$C = x^2.../abn = 2653.8^2/(4\times 4\times 3) = 146722$$

$$SS_T = \sum\sum\sum x_{ijl}^2 - C = (44.0^2 + 53.0^2 + \cdots + 40.0^2 + 38.0^2) - 146722$$
$$= 150651.24 - 146722 = 3929.24$$

$$SS_{AB} = \frac{1}{n}\sum x_{ij}^2. - C = \frac{1}{3}(145.8^2 + 167^2 + \cdots + 164.6^2 + 115^2) - 146722$$
$$= \frac{450184.76}{3} - 146722 = 3339.59$$

$$SS_A = \frac{1}{bn}\sum x_i^2.. - C = \frac{1}{4\times 3}(649.8^2 + 700.2^2 + 664.8^2 + 639^2) - 146722$$
$$= \frac{1762800.12}{12} - 146722 = 178.01$$

$$SS_B = \frac{1}{an}\sum x_{.j}^2. - C = \frac{1}{4\times 3}(654.4^2 + 727.6^2 + 715.6^2 + 556.2^2) - 146722$$
$$= \frac{1779082.92}{12} - 146722 = 1534.91$$

$$SS_{A\times B} = SS_{AB} - SS_A - SS_B = 3339.59 - 178.01 - 1534 = 1626.67$$

$$SS_e = SS_T - SS_{AB} = 3929.24 - 3339.59 = 589.65$$

$$df_T = abn - 1 = 4\times 4\times 3 - 1 = 47 \quad df_{AB} = ab - 1 = 4\times 4 - 1 = 15$$

$$df_A = a - 1 = 4 - 1 = 3 \quad df_B = b - 1 = 4 - 1 = 3$$

$$df_{A\times B} = (a-1)(b-1) = (4-1)(4-1) = 9 \quad df_e = ab(n-1) = 4\times 4(3-1) = 32$$

（2）列出方差分析表，进行 F 检验。

不同增稠剂添加量的凝固效果方差分析表如表 3-27 所示。

表 3-27 不同增稠剂添加量的凝固效果方差分析表

变异来源	平方和	自由度	均方	F 值
增稠剂（A）	178.01	3	59.34	3.22*
果汁（B）	1534.91	3	511.64	27.76**
交互作用（$A\times B$）	1626.67	9	180.74	9.81**
误差	589.65	32	18.43	
总变异	3929.24	47		

查临界 F 值：$F_{[0.05,(3,32)]}=2.90$，$F_{[0.01,(3,32)]}=4.46$，$F_{[0.05,(9,32)]}=2.19$，$F_{[0.01,(9,32)]}=3.02$。由于 $F_A=3.22>F_{[0.05,(3,32)]}=2.90$；$F_B=27.77>F_{0.01[0.01,(3,32)]}=4.47$；$F_{A\times B}=9.81>F_{[0.01,(9,32)]}=3.02$，所以，增稠剂添加量对果冻凝固效果也有显著性影响（$p<0.05$），而果汁添加量以及增稠剂与果汁交互作用对果冻凝固效果也有极显著性影响（$p<0.01$）。因此，需进行增稠剂添加量各水平平均数间、果汁添加量各水平平均数间、增稠剂

与果汁水平组合平均数间的多重比较和进行简单效应的检验。

(3) 多重比较。

① 果汁添加量（A）各水平平均数间的比较。不同钙含量平均数多重比较表见表3-28。

表3-28 不同果汁添加量平均数比较表（q法）

果汁含量/%	平均数 $\bar{x}_{i..}$	$\bar{x}_{i..}-53.25$	$\bar{x}_{i..}-54.15$	$\bar{x}_{i..}-55.40$
A_2 (40)	58.35	5.10**	4.2ns	2.95ns
A_3 (30)	55.40	2.15ns	1.25ns	
A_1 (50)	54.15	0.90ns		
A_4 (20)	53.25			

因为 A 因素各水平的重复数为 bn，故 A 因素各水平的标准误差（记为 $S_{\bar{x}_{i..}}$）的计算公式为：

$$S_{\bar{x}_{i..}}=\sqrt{MS_e/bn}$$

此例，$S_{\bar{x}_{i..}}=\sqrt{18.43/(4\times 3)}=1.239$。

由 $df_e=32$，秩次距 $k=2、3、4$，从附表5（q值表）中查出 $\alpha=0.05$ 与 $\alpha=0.01$ 的临界 q 值，乘以 $S_{\bar{x}_{i..}}=1.239$，即得各 LSR 值，所得结果列于表3-29。

表3-29 q 值与 LSR 值表

df_e	秩次距 k	$q_{0.05}$	$q_{0.01}$	$LSR_{0.05}$	$LSR_{0.01}$
32	2	2.88	3.88	3.57	4.81
	3	3.47	4.43	4.30	5.49
	4	3.83	4.78	4.75	5.92

检验结果标记在表3-28中。

② 增稠剂添加量（B）各水平平均数间的比较。不同增稠剂添加量多重比较表见表3-30。

表3-30 不同增稠剂添加量平均数比较表（q法）

增稠剂含量/%	平均数 $\bar{x}_{.j.}$	$\bar{x}_{.j.}-46.4$	$\bar{x}_{.j.}-54.5$	$\bar{x}_{.j.}-59.6$
B_2 (0.8)	60.6	14.2**	6.1**	1.0ns
B_3 (0.6)	59.6	13.2**	5.1**	
B_1 (1.0)	54.5	8.1*		
B_4 (0.4)	46.4			

因 B 因素各水平的重复数为 an，故 B 因素各水平的标准误差（记为 $S_{\bar{x}_{.j.}}$）的计算公式为：

$$S_{\bar{x}_{.j.}}=\sqrt{MS_e/an}$$

在本例，由于 A、B 两因素水平数相等，即 $a=b=4$，故 $S_{\bar{x}_{.j.}}=S_{\bar{x}_{i..}}=1.239$。

以上所进行的两项多重比较，实际上是 A、B 两因素主效应的检验。

结果表明，果汁的含量以占原料量的 40%（A_2）增稠效果最好；增稠剂的含量以占原料量的 0.8%（B_2）增重效果最好。若 A、B 因素交互作用不显著，则可从主效应检验中分别选出 A、B 因素的最优水平相组合，得到最优水平组合；若 A、B 因素交互作用显著，则应进行水平组合平均数间的多重比较，以选出最优水平组合，同时可进行简单效应的检验。

③ 各水平组合平均数间的比较。因为水平组合数通常较大（本例 $ab=4\times4=16$），采用最小显著极差法进行各水平组合平均数的比较，计算较麻烦。为了简便起见，常采用 t 检验法。所谓 t 检验法，实际上就是以 q 检测法中秩次距 k 最大时的 LSR 值作为检验尺度检验各水平组合平均数间的差异显著性。

因为水平组合的重复数为 n，故水平组合的标准误差（记为 $S_{\bar{x}_{ij.}}$）的计算公式为：

$$S_{\bar{x}_{ij.}}=\sqrt{MS_e/n}$$

此例 $S_{\bar{x}_{ij.}}=\sqrt{MS_e/n}=\sqrt{18.43/3}=2.479$

由 $df_e=32$、$k=16$ 从附表 5 中查出 $\alpha=0.05$、$\alpha=0.01$ 的临界 q 值，乘以 $S_{\bar{x}_{ij.}}=2.479$，得各 LSR 值，即：

$$LSR_{0.05(32,16)}=q_{0.05(32,16)}S_{\bar{x}_{ij.}}=5.25\times2.479=13.01$$

$$LSR_{0.01(32,16)}=q_{0.01(32,16)}S_{\bar{x}_{ij.}}=6.17\times2.479=15.30$$

以上述 LSR 值去检验各水平组合平均数间的差数，结果列于表 3-31。

表 3-31 各水平组合平均数比较表

组合	$\bar{x}_{ij.}$	$\bar{x}_{ij.}$ -38.3	$\bar{x}_{ij.}$ -41.7	$\bar{x}_{ij.}$ -48.6	$\bar{x}_{ij.}$ -50.3	$\bar{x}_{ij.}$ -50.9	$\bar{x}_{ij.}$ -54.9	$\bar{x}_{ij.}$ -55.1	$\bar{x}_{ij.}$ -55.2	$\bar{x}_{ij.}$ -55.4	$\bar{x}_{ij.}$ -55.7	$\bar{x}_{ij.}$ -56.3	$\bar{x}_{ij.}$ -57.3	$\bar{x}_{ij.}$ -61.2	$\bar{x}_{ij.}$ -63.5	$\bar{x}_{ij.}$ -69.3
A_2B_3	71.0**	32.7**	29.3**	22.4**	20.7**	20.1**	16.1**	15.9**	15.8**	15.6**	15.3*	14.7*	13.7*	9.8ns	7.5ns	1.7ns
A_3B_2	69.3**	31.0**	27.6**	20.7**	19.0**	18.4**	14.4*	14.2*	14.1*	13.9*	13.6*	13.0ns	12ns	8.1ns	5.8ns	
A_4B_1	63.5**	25.2**	21.8**	14.9*	13.2*	12.6ns	8.6ns	8.4ns	8.3ns	8.1ns	7.8ns	7.2ns	6.2ns	2.3ns		
A_2B_2	61.2**	22.9**	19.5**	12.6ns	10.9ns	10.3ns	6.3ns	6.1ns	6ns	5.8ns	5.5ns	4.9ns	3.9ns			
A_1B_3	57.3**	19.0**	15.6**	8.7ns	7.0ns	6.4ns	2.4ns	2.2ns	2.1ns	1.9ns	1.6ns	1.0ns				
A_4B_2	56.3**	18.0**	14.6*	7.7ns	6.0ns	5.4ns	1.4ns	1.2ns	1.1ns	0.9ns	0.6ns					
A_1B_2	55.7**	17.4**	14.0*	7.1ns	5.4ns	4.8ns	0.8ns	0.6ns	0.5ns	0.3ns						
A_3B_3	55.4**	17.1**	13.7*	6.8ns	5.1ns	4.5ns	0.5ns	0.3ns	0.2ns							
A_3B_1	55.2**	16.9**	13.5*	6.6ns	4.9ns	4.3ns	0.3ns	0.1ns								
A_1B_4	55.1**	16.8**	13.4*	6.5ns	4.8ns	4.2ns	0.2ns									
A_4B_3	54.9**	16.6**	13.2*	6.3ns	4.6ns	4.0ns										
A_2B_1	50.9**	12.6	9.2ns	2.3ns	0.6ns											
A_2B_4	50.3**	12	8.6ns	1.7ns												
A_1B_1	48.6**	10.3	6.9ns													
A_3B_4	41.7**	3.4														
A_4B_4	38.3**															

a. A 因素各水平上 B 因素各水平平均数间的比较。

A_1 水平（50%）

B 因素	平均数 $\bar{x}_{1j.}$	$\bar{x}_{1j.} - 48.6$	$\bar{x}_{1j.} - 55$	$\bar{x}_{1j.} - 55.6$
B_3 (0.6%)	57.3	8.7^{ns}	2.2^{ns}	1.6^{ns}
B_2 (0.8%)	55.7	7.1^{ns}	0.6^{ns}	
B_4 (0.4%)	55.1	6.5^{ns}		
B_1 (1.0%)	48.6			

A_2 水平（40%）

B 因素	平均数 $\bar{x}_{2j.}$	$\bar{x}_{2j.} - 50.4$	$\bar{x}_{2j.} - 50.8$	$\bar{x}_{2j.} - 61.2$
B_3 (0.6%)	71.0	20.7^{ns}	20.1**	9.8^{ns}
B_2 (0.8%)	61.2	10.9^{ns}	10.3^{ns}	
B_1 (1.0%)	50.9	0.6^{ns}		
B_4 (0.4%)	50.3			

A_3 水平（30%）

B 因素	平均数 $\bar{x}_{3j.}$	$\bar{x}_{3j.} - 41.7$	$\bar{x}_{3j.} - 55.2$	$\bar{x}_{3j.} - 55.4$
B_2 (0.8%)	69.3	27.6**	14.1*	13.9*
B_3 (0.6%)	55.4	13.7*	0.2^{ns}	
B_1 (1.0%)	55.2	13.5*		
B_4 (0.4%)	41.7			

A_4 水平（20%）

B 因素	平均数 $\bar{x}_{4j.}$	$\bar{x}_{4j.} - 38.3$	$\bar{x}_{4j.} - 54.9$	$\bar{x}_{4j.} - 56.3$
B_1 (1.0%)	63.5	25.2**	8.6^{ns}	7.2^{ns}
B_2 (0.8%)	56.3	18.0**	1.4^{ns}	
B_3 (0.8%)	54.9	16.6**		
B_4 (0.4%)	38.3			

b. B 因素各水平上 A 因素各水平平均数间的比较。

B_1 水平（1.0%）

A 因素	平均数 $\bar{x}_{i1.}$	$\bar{x}_{i1.} - 48.6$	$\bar{x}_{i1.} - 50.9$	$\bar{x}_{i1.} - 55.2$
A_4 (20%)	63.5	14.9*	12.6^{ns}	8.3^{ns}
A_3 (30%)	55.2	6.6^{ns}	4.3^{ns}	
A_2 (40%)	50.9	2.3^{ns}		
A_1 (50%)	48.6			

B_2 水平（0.8%）

A 因素	平均数 $\bar{x}_{i2.}$	$\bar{x}_{i2.} - 55.7$	$\bar{x}_{i2.} - 56.3$	$\bar{x}_{i2.} - 61.2$
A_3 (30%)	69.3	13.6*	13.0^{ns}	8.1^{ns}
A_2 (40%)	61.2	5.5^{ns}	4.9^{ns}	
A_4 (20%)	56.3	0.6^{ns}		
A_1 (50%)	55.7			

B_3 水平（0.6%）

A 因素	平均数 $\bar{x}_{i3.}$	$\bar{x}_{i3.} - 54.9$	$\bar{x}_{i3.} - 55.4$	$\bar{x}_{i3.} - 57.3$
A_2 (40%)	71.0	16.1**	15.6**	13.7*
A_1 (50%)	57.3	2.4^{ns}	1.9^{ns}	
A_3 (30%)	55.4	0.5^{ns}		
A_4 (20%)	54.9			

B_4 水平 (0.4%)

A 因素	平均数 $\overline{x}_{i4.}$	$\overline{x}_{i4.}-38.4$	$\overline{x}_{i4.}-41.6$	$\overline{x}_{i4.}-50.4$
A_1 (50%)	55.1	16.8**	13.4*	4.8^{ns}
A_2 (40%)	50.3	12.0^{ns}	8.6^{ns}	
A_3 (30%)	41.7	3.4^{ns}		
A_4 (20%)	38.3			

简单效应检验结果表明：当果汁含量达 50% 时，羧甲基纤维素钠含量各水平平均数间差异不显著；当果汁含量达到 40% 时，羧甲基纤维素钠含量以 0.6% 为宜；综观考虑，以 A_2B_3（40% 果汁，羧甲基纤维素钠 0.6%）效果最好。

在进行两因素或多因素的试验时，除了研究每一因素对试验指标的影响外，往往更希望研究因素之间的交互作用。进行两因素或多因素试验时，一般应设置重复，以便正确估计试验误差，深入研究因素间的交互作用。

习 题

1. 多个处理平均数间的相互比较为什么不宜用 t 检验法？
2. 什么是方差分析？方差分析在科学研究中有何意义？
3. 单因素和两因素试验资料方差分析的数学模型有何区别？方差分析的基本假定是什么？
4. 进行方差分析的基本步骤是怎样的？
5. 什么叫多重比较？多个平均数相互比较时，LSD 法与一般 t 检验法相比有何优点？还存在什么问题？如何决定选用哪种多重比较法？
6. 什么是主效应、简单效应与交互作用？为什么说两因素交叉分组单独观测值的试验设计是不完善的试验设计？在多因素试验时，如何选取最优水平组合？
7. 在饲养条件基本一致的情况下，来源于三个不同品种猪的增重如下表，试分析品种对增重是否显著？

3 个品种猪的增量

品种	增重 x_{ij}/kg									
A_1	16	12	18	18	13	11	15	10	17	18
A_2	10	13	11	8	16	12	7	15	14	8
A_3	10	8	11	6	7	15	9	12	10	8

8. 为了比较 4 种饲料（A）和猪的 3 个品种（B），从每个品种随机抽取 4 头猪（共 12 头）分别喂以 4 种不同饲料。随机配置、分栏饲养、位置随机排列。从 60 日龄起到 90 日龄的时期内分别测出每头猪的日增重 (g)，数据如下，试检验饲料及品种间的差异显著性？

4 种饲料 3 个品种猪 60～90 日龄日增重

品种	A_1	A_2	A_3	A_4
B_1	505	545	590	420
B_2	490	500	562	505
B_3	445	515	510	495

9. 研究酵解作用对血糖浓度的影响，从 8 名健康人体中抽取血液并制备成血滤液。每个受试者的血滤液又可分成 4 份，然后随机地将 4 份血滤液分别放置 0、45min、90min、135min 测定其血糖浓度，资料如下表。试检验不同受试者和放置不同时间的血糖浓度有无显著性差异？

不同受试者、放置不同时间血滤液的血糖浓度　　　　单位：mg/100mL

受试者编号	放置时间/min			
	0	45	90	135
1	61.75	61.75	57.85	53.95
2	61.75	61.1	57.2	54.6
3	68.9	60	63.05	58.5
4	63.7	63.05	50	58.5
5	66.3	77	63.05	57.2
6	72.8	72.8	65.65	61.1
7	68.25	66.95	63.05	57.2
8	61.75	59.8	58.5	52

10. 海产食品中砷的允许量标准以无机砷作为评价指标。现用萃取法测定我国某产区 5 类海产品中无机砷的含量如下表。其中藻类以干重计，其余 4 类以鲜重计。试分析不同类型的海产品食品中砷含量差异的显著性？

不同类型海产品中无机砷含量测定结果

类型	观察值 x_{ij}/(mg/kg)	x_i						x_T	$\overline{x}_i$
鱼类（A）	0.03	0.25	0.52	0.36	0.38	0.51	0.42	2.75	0.393
贝类（B）	0.63	0.27	0.78	0.52	0.62	0.64	0.70	4.46	0.637
甲壳素（C）	0.69	0.53	0.76	0.58	0.52	0.60	0.61	4.29	0.613
藻类（D）	1.50	1.23	1.30	1.45	1.32	1.44	1.43	9.67	1.381
软体类（E）	0.72	0.63	0.59	0.57	0.78	0.52	0.64	4.45	0.636
	$k=5$　$n=7$							$x=25.62$	

11. 3 组小白鼠在注射某种同位素 24h 后脾脏蛋白质中放射性测定值如下表。问芥子气、电离辐射能否抑制该同位素进入脾脏蛋白质？（提示：先进行平方根转换，然后进行方差分析）。

组别	放射性测定值/[百次/(min·g)]									
对照组	3.8	9.0	2.5	8.2	7.1	8.0	11.5	9.0	11.0	7.9
芥子气中毒组	5.6	4.0	3.0	8.0	3.8	4.0	6.4	4.2	4.0	7.0
电离辐射组	1.5	3.8	5.5	2.0	6.0	5.1	3.3	4.0	2.1	2.7

12. 用三种酸类处理某牧草种子，观察其对牧草幼苗生长的影响（指标：幼苗干重，单位：mg）。试验资料如下。

处理	幼苗干重/mg				
对照	2.27	2.35	2.20	2.14	2.28
HCl	2.06	2.03	2.10	1.23	2.07
丙酸	2.01	1.96	2.05	1.98	2.00
丁酸	1.96	1.97	1.94	1.90	1.99

(1) 进行方差分析。

(2) 对下列问题通过单一自由度正交比较给以回答：①酸液处理是否能降低牧草幼苗生长？②有机酸的作用是否不同于无机酸？③两种有机酸的作用是否有差异？

13. 为了从 3 种不同原料和 3 种不同温度中选择使酒精产量最高的水平组合，设计了两因素试验，每一水平组合重复 4 次，结果如下表，试进行方差分析。

用不同原料及不同温度发酵的酒精产量

原料	温度 B											
	B_1(30℃)				B_2(35℃)				B_3(40℃)			
A_1	41	49	23	25	11	12	25	24	6	22	26	11
A_2	47	59	50	40	43	38	33	36	8	22	18	14
A_3	48	35	53	59	55	38	47	44	30	33	26	19

第四章

回 归 分 析

第一节 回归分析概述

在实际的生产过程和科学实验中,经常会遇到多个相互影响的变量。这些变量之间可以是确定的函数关系,如溶液的物质的量浓度 c 与溶质的质量 W,在溶液体积 V 一定时,符合函数式 $c=W/MV$,而更多的情况是,变量之间的关系不能用确定的函数式准确描述,但是,当一个或几个变量取一定的数值时,另一与之相关的变量总会按照一定的规律发生变化,变量之间的这种关系称为相关关系。比如,当研究某小学一至六年级小学生身高与年龄之间的关系时,会发现身高与年龄之间虽然不存在严格的函数关系,但是总体的趋势是,随着年龄增长,身高相应也增加,这就是简单的相关关系。

回归分析是处理变量间相关关系的有力工具,其方法和理论十分丰富,有关书籍数以百计,这里仅作一梗概介绍。

第二节 一元线性回归分析

一、一元线性回归方程的拟合

一元线性回归只处理两个变量之间的关系,其虽简单,但从中可以了解回归分析方法的基本思想、原理、方法及应用。

下面通过一个例子说明如何建立一元线性回归方程。

【例 4-1】 为了估计山上积雪融化后对下游灌溉的影响,在山上建立了一个观察站,测量了最大积雪深度 (x) 与当年灌溉面积 (y),得到连续 10 年的数据总结于表 4-1 中。

表 4-1 试验数据

年序	最大积雪深度 x/ft	灌溉面积 y/khm^2	年序	最大积雪深度 x/ft	灌溉面积 y/khm^2
1	15.2	28.6	6	23.4	45.0
2	10.4	19.3	7	13.5	29.2
3	21.2	40.5	8	16.7	34.1
4	18.6	35.6	9	24.0	46.7
5	26.4	48.9	10	19.1	37.4

注:1ft=0.3048m,1khm^2=10^{4}m^2,下表同。

解 为了研究这些数据中所蕴含的规律性,我们以各年最大积雪深度作横坐标,对应的灌溉面积作纵坐标作图,得图 4-1。

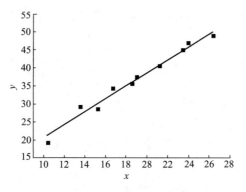

图 4-1 数据散点图

从图 4-1 可以看到，数据点大致落在一条直线附近，亦即变量 x 与 y 之间的关系大致可看作是线性关系。另外，这些点又不全在一条直线上，这表明给定 x 值并不能唯一地确定 y。事实上，还有许多其他因素影响 y 的取值，如当年的平均气温或降雨量等，这些都是影响 y 取值的随机因素。如果我们只研究 x 与 y 的关系，可以假定有如下回归方程：

$$y = \alpha + \beta x + \varepsilon \tag{4-1}$$

式中，α，β 称为回归系数；x 为自变量；y 为因变量；ε 表示随机误差并符合正态分布 $N(0, \sigma^2)$。α，β，σ^2 通常是未知的。

这种仅有一个回归变量 X 的模型叫做一元线性回归模型，而求解回归系数的方法通常就是最小二乘法。

设 $\{(x_i, y_i), i=1,\cdots,n\}$ 为一组数据，若用回归方程（4-1）来拟合，则当 $X=X_i$ 时 Y_i 估计值为：

$$\hat{y}_i = \alpha + \beta x_i + \varepsilon_i, \quad i=1,\cdots,n \tag{4-2}$$

要求解出的 α 和 β 使 $\hat{y}_i$ 与 y_i 很接近，也就是说，拟合出来的这条直线，其与所有的点都比较接近，故令：

$$Q_\varepsilon = \sum_{i=1}^n \varepsilon_i^2 = \sum_{i=1}^n (y_i - \hat{y}_i)^2 = \sum_{i=1}^n (y_i - \alpha - \beta x_i)^2 \tag{4-3}$$

最小二乘法是求 α 和 β 使 Q_ε 有极小值，使 Q_ε 达极小值的 α 和 β 值分别记为 a 和 b。利用求极值的办法求得：

$$b = L_{xy} / L_{xx} \tag{4-4}$$

$$a = \bar{y} - b\bar{x} \tag{4-5}$$

式中

$$\bar{x} = \frac{1}{n} \sum_{i=1}^n x_i \tag{4-6}$$

$$\bar{y} = \frac{1}{n} \sum_{i=1}^n y_i \tag{4-7}$$

$$L_{xx} = \sum_{i=1}^{n}(x_i - \overline{x})^2 = \sum_{i}^{n} x_i^2 - n(\overline{x})^2 \tag{4-8}$$

$$L_{xy} = \sum_{i=1}^{n}(x_i - \overline{x})(y_i - \overline{y}) = \sum_{i=1}^{n} x_i y_i - n\overline{x}\,\overline{y} \tag{4-9}$$

利用这些公式并带入例 4-1，得：

$$\overline{x} = \frac{1}{10}(15.2 + 10.4 + \cdots + 19.1) = 18.85$$

$$\overline{y} = \frac{1}{10}(28.6 + 19.3 + \cdots + 37.4) = 36.53$$

$$L_{xx} = 227.845 \quad L_{xy} = 413.065$$

于是：

$$b = 413.065/227.845 = 1.813 \quad a = 36.53 - 1.813 \times 18.85 = 2.35$$

从而回归方程为：

$$\hat{y} = 2.35 + 1.813x$$

二、一元线性回归方程的统计检验

1. 相关系数检验

相关系数用于描绘变量 x 和 y 的线性相关程度，并常用 γ 来表示。γ 值介于 $[-1, 1]$ 之间，它的意义可由图 4-2 知道。γ 的绝对值越接近于 1，表示 x 和 y 之间的线性关系越密切。

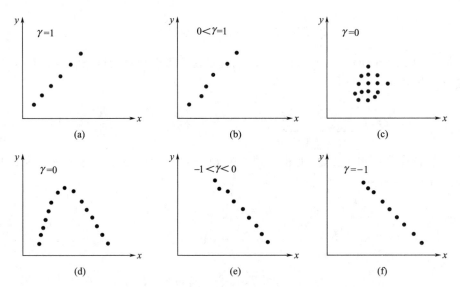

图 4-2　两个变量之间的各种可能关系

当 $\gamma = 1$ 时，表示 x 与 y 的关系为完全正相关，如图 4-2（a）所示；
当 $\gamma > 0$ 时，表示 x 与 y 的关系为正相关，如图 4-2（b）所示；
当 $-1 < \gamma < 0$ 时，表示 x 与 y 的关系为负相关，如图 4-2（e）所示；

当 γ 值接近于 0 时，x 与 y 的关系分为两类，即非线性相关关系和 xy 无关系。图 4-2 (c) 表示 x 和 y 没有任何关系，而图 4-2 (d) 表示 x 和 y 有非线性相关关系；

当 $\gamma=-1$ 时，表示 x 与 y 的关系为完全负相关，如图 4-2 (f) 所示。

γ 的计算公式为：

$$\gamma = \frac{L_{xy}}{\sqrt{L_{xx}L_{yy}}} \tag{4-10}$$

式中：

$$L_{yy} = \sum_{i=1}^{n}(y_i - \bar{y})^2 \tag{4-11}$$

对例 4-1：

$$L_{yy} = 764.961$$

$$\gamma = \frac{L_{xy}}{\sqrt{L_{xx}L_{yy}}} = \frac{413.605}{\sqrt{227.845 \times 764.961}} = 0.9894$$

由计算结果可知，$\gamma=0.9894$，很接近于 1，故最大积雪深度与灌溉面积有很密切的线性正相关关系。但是，相关系数有一个缺点，就是它接近 1 的程度与样本的组数 n 是相关的，当 n 较小时，相关系数的绝对值容易偏向 1，特别当 $n=2$ 时，因为两点决定一条直线，所以相关系数的绝对值总为 1。对给定的数据组数，有相应的相关系数临界值（见附表 7），只有当求得的相关系数绝对值大于表中的临界值时，才可以认为 x 和 y 有线性关系。此例中，当显著性水平为 $\alpha=0.01$ 时，临界值为 0.765（见附表 7），而计算得相关系数 $\gamma=0.9894>0.765$，故最大积雪深度与灌溉面积有显著的线性关系。

在有些统计软件中，常给出 γ^2，这时便于区别记为 R^2。

2. 方差分析与 F 检验

因变量 $\{y_i\}$ 的波动可用 L_{yy} 来表达，数学上定义为总离差平方和，即：

$$S_T = \sum_{i=1}^{n}(y_i - \bar{y})^2 = L_{yy} \tag{4-12}$$

这种波动由两个因素造成，一个是 x 的变化引起 y 相应的变化，另一个是随机误差。前者造成 y 的波动可用回归平方和 S_R 来表达，它表示回归值 $\hat{y}_i$ 与 y_i 的数学均值 $\bar{y}$ 之间的偏差平方和，即：

$$S_R = L_{yy} - S_e \tag{4-13}$$

随机误差引起的波动用残差平方和 S_e 来度量，它表示试验值 y_i 与对应的回归值 $\hat{y}_i$ 之间偏差的平方和，即：

$$S_e = \sum_{i=1}^{n}(y_i - \hat{y}_i)^2 \tag{4-14}$$

当 x 和 y 为线性回归模型（4-1）时，它们有如下更方便的计算公式：

$$S_T = S_R + S_e \tag{4-15}$$

$$S_R = bL_{xy} \tag{4-16}$$

$$S_e = L_{yy} - bL_{xy} \tag{4-17}$$

利用统计量：

$$F = \frac{MS_R}{MS_e} = \frac{S_R/1}{S_e/(n-2)} = (n-2)\frac{S_R}{S_e} \tag{4-18}$$

可以检验回归方程（4-1）是否可信，当 $F > F_{[(1,n-2),\alpha]}$，表示两个变量显著相关，方程可信。这里 $F_{[(1,n-2),\alpha]}$ 为 F 表中的临界值，MS_R 和 MS_e 为均方，1 为回归平方和的自由度，$n-2$ 为残差平方和的自由度，α 为显著性水平。对例 4-1 可以算得：

$$S_R = 1.813 \times 413.065 = 748.887$$

$$S_e = 764.961 - 748.887 = 16.074$$

$$F = 8 \times 748.887 / 16.074 = 372.72$$

当 $\alpha = 0.01$ 时 $F_{1,8(0.01)} = 11.26$。用 F 值和 F 表上的临界值相比，若 $F > F_{[(1,n-2),\alpha]}$，表明 y 的变化主要是由 x 的变化造成的，称 x 与 y 有显著的线性关系；若 F 值小于 $F_{[(1,n-2),\alpha]}$，称 x 与 y 没有显著的线性关系，显著的程度也可以分成不同等级，在本书中，$\alpha = 0.05$ 时显著用 "*" 表示，$\alpha = 0.01$ 时显著用 "**" 表示，差异不显著时用 "ns" 表示或不标记。上述计算结果常列成方差分析表，如表 4-2 所示。

表 4-2 方差分析表

方差来源	平方和	自由度	均方	F	显著性
回归	748.887	1	748.887	372.766	**
误差	16.074	8	2.009		
总和	764.961	9			

3. 残差分析

$e_i = Y_i - \hat{Y}_i$ 称为残差，它能提供许多有用的信息，表 4-3 给出了例 4-1 的 10 个残差。利用残差可以提供如下信息。

（1）σ 值估计

$$\hat{\sigma} = \sqrt{\frac{1}{n-2}S_e} = \sqrt{\frac{1}{n-2}\sum_{i=1}^{n}\varepsilon_i^2} \tag{4-19}$$

$\hat{\sigma}$ 表示回归方程的精度，称为残差标准偏差。若随机误差遵从正态分布 $N(0, \sigma^2)$，则 y 的预测值落在 $\hat{y}_i \pm 2\hat{\sigma}$ 之内的概率大约为 95%。对例 4-1 可以算得 $\hat{\sigma} = 1.417$，且 10 个 y_i 均落与 $\hat{y}_i \pm 2 \times 1.417$ 之内。

（2）数据和模型之诊断

由残差大小可以发现异常（或叫离群）数据，可以判断方程（4-1）是否合适，是否要用非线性回归模型等，这些已形成一整套理论，称为回归诊断，有兴趣的读者可参见相关专著。

表 4-3 预报和残差表

编号	$\hat{Y}_i$	$Y_i - \hat{Y}_i$	编号	$\hat{Y}_i$	$Y_i - \hat{Y}_i$
1	29.91	−1.31	6	44.77	0.23
2	21.01	−1.91	7	26.83	2.37
3	40.79	−0.29	8	32.63	1.47
4	36.07	−0.47	9	45.86	0.84
5	50.21	−1.31	10	36.98	0.42

第三节 多元线性回归分析

一、多元线性回归方程的建立

实际问题中，当影响因变量 y 的自变量通常不止一个，比如有 m 个 x_1、x_2、$\cdots$、x_m 时，就需要用多元回归分析求出 y 和 x_m 之间的线性回归方程：

$$y = \alpha + \beta_1 x_1 + \cdots + \beta_m x_m + \varepsilon \tag{4-20}$$

式中，α，β_1，$\cdots$，β_m 为回归系数；ε 为随机系数，常假定 ε 符合正态分布 $N(0 \sim \sigma^2)$。

设对不同的变量 x 做 n 次试验，得观测值 $\{(y_i, x_{i1}, \cdots, x_{im}), i = 1, \cdots, n\}$，回归分析的首要任务是利用这些观测值来估计 α，β_1，$\cdots$，β_m 和 σ。它们的最小二乘估计记作 a_1、b_1、$\cdots$、b_m、$\hat{\sigma}$，（这里 b_1，$\cdots$，b_m 也称为偏回归系数）。求估计值 b_1、$\cdots$、b_m，需要求解以下线性方程组：

$$\begin{cases} L_{11}b_1 + \cdots + L_{1m}b_m = L_{1y} \\ L_{21}b_1 + \cdots + L_{2m}b_m = L_{2y} \\ \cdots \\ L_{m1}b_1 + \cdots\cdots + L_{mm}b_m = L_{my} \end{cases} \tag{4-21}$$

其中

$$\overline{x}_j = \frac{1}{n} \sum_{i=1}^{n} x_{ji}, \quad j = 1, \cdots, m \tag{4-22}$$

$$\overline{y} = \frac{1}{n} \sum_{i=1}^{n} y_i, \quad i = 1, \cdots, n \tag{4-23}$$

$$L_{jj} = \sum_{i=1}^{n} (x_{ji} - \overline{x}_j)^2 = (\sum_{i=1}^{n} x_{ji}^2) - n(\overline{x}_j)^2, \quad j = 1, 2, \cdots, m \tag{4-24}$$

$$L_{jk} = L_{kj} = \sum_{i=1}^{n} (x_{ji} - \overline{x}_j)(x_{ki} - \overline{x}_k) = (\sum_{i=1}^{n} x_{ji} x_{ki}) - n\overline{x}_j \overline{x}_k, \quad k, j = 1, \cdots, m (j \neq k) \tag{4-25}$$

$$L_{jy} = \sum_{i=1}^{n} (x_{ji} - \overline{x}_j)(y_i - \overline{y}) = (\sum_{i=1}^{n} x_{ji} y_i) - n\overline{x}_j \overline{y}, \quad j = 1, \cdots, m \tag{4-26}$$

当 b_1，$\cdots$，b_m 求得后，可求得 a：

$$a = \bar{y} - b_1\bar{x}_1 - \cdots - b_m\bar{x}_m \tag{4-27}$$

二、多元线性回归方程的统计检验

1. F 检验法

回归方程（4-20）建立后，同样可进行显著性检验。

总平方和：
$$S_T = L_{yy} = \sum_{i=1}^{n}(y_i - \bar{y})^2 = \sum_{i=1}^{n} y_i^2 - n\bar{y}^2 \tag{4-28}$$

回归平方和：
$$S_R = \sum_{i=1}^{n}(\hat{y}_i - \bar{y})^2 = b_1 L_{1y} + b_2 L_{2y} + \cdots + b_m L_{my} \tag{4-29}$$

残差平方和：
$$S_e = \sum_{i=1}^{n}(y_i - \hat{y}_i)^2 = S_T - S_R \tag{4-30}$$

这些平方和的定义与一元线性回归是一样的，但是各平方和的自由度计算也有改变。回归平方和的自由度是 m，残差平方和的自由度是 $n-m-1$。于是统计量 F 可按以下公式计算：

$$F = \frac{S_R/m}{S_e/(n-m-1)} = \frac{n-m-1}{m} \times \frac{S_R}{S_e} \tag{4-31}$$

最后，方差分析表的形式如表 4-4 所示。

表 4-4 多元线性回归方差分析表

方差来源	平方和	自由度	均方	F	显著性
回归误差	S_R	m	S_R/m	$\dfrac{n-m-1}{m} \times \dfrac{S_R}{S_e}$	
	S_e	$n-m-1$	$S_e/(n-m-1)$		
总和	L_{yy}	$n-1$			

计算得到的 F 值将与临界值 $F_{[(m,n-m-1),\alpha]}$ 来比较，其比较的方法和结论参见上节的讨论。类似地，反映回归精度的 σ 的估计公式为：

$$\hat{\sigma} = \sqrt{\frac{1}{n-m-1} S_e} \tag{4-32}$$

2. 相关系数检验法

类似于一元回归相关系数 γ，可以定义适用于多元回归的全相关系数 R，R 定义为 y 和 x_i 的相关系数。全相关系数的平方 R^2 为多元线性回归方程的决定系数，其大小反映了回归平方和 S_R 在总离差平方和 S_T 中的比重，即：

$$R^2 = 1 - \frac{S_e}{L_{yy}} = \frac{S_R}{L_{yy}} \tag{4-33}$$

这里，$0 \leqslant R \leqslant 1$，当 $R=1$ 时，表明 y 与变量 x_1, x_2, $\cdots$, x_m 之间存在严格的线性关系；当 $R \approx 0$，则表明 y 与变量 x_1, x_2, $\cdots$, x_m 之间不存在任何线性相关关系，但可能存在其他的非线性相关关系；当 $0 < R < 1$ 时，变量之间存在一定的线性相关关系。

与一元线性回归类似，计算得到的全相关系数 R 必须大于一定显著性水平下的临界 R 值时，相关关系才成立，或者说，用线性回归方程来描述变量 y 与 x_1, x_2, $\cdots$, x_m 之间的关系才有意义。否则，线性相关不显著，就要改用其他形式的回归方程。

【例 4-2】 在阿魏酸的合成工艺考察中，为了提高产量，选取了原料配比（A）、吡啶量（B）和反应时间（C）为考察因素进行均匀试验，所得试验方案及结果列于表 4-5 中。试用线性回归方程（4-20）来拟合表 4-5 中的试验数据。

表 4-5 制备阿魏酸的均匀设计方案及结果

编号	配比(A)	吡啶量(B)	反应时间(C)	收率(Y)/%
1	1.0	13	1.5	0.330
2	1.4	19	3.0	0.336
3	1.8	25	1.0	0.294
4	2.2	10	2.5	0.476
5	2.6	16	0.5	0.209
6	3.0	22	2.0	0.451
7	3.4	28	3.5	0.482

解 $n=7$，7 组观察值为 $\{(0.330,1.0,13,1.5),(0.336,1.4,19,3.0),\cdots,(0.482,3.4,28,3.5)\}$，它们的均值和 L_{ij} 为：

$$\overline{x}_1=2.2, \overline{x}_2=19, \overline{x}_3=2.0, \overline{y}=0.3683$$

$$L_{11}=4.48, L_{12}=16.8, L_{13}=1.4, L_{1y}=0.2404$$

$$L_{22}=252.0, L_{23}=10.5, L_{2y}=0.5640$$

$$L_{33}=7.0, L_{3y}=0.5245$$

由于 $L_{ij}=L_{ji}$，故它们不必全部列出，将它们代入到方程组（4-21）中可以解得：

$$b_1=0.037, b_2=-0.00343, b_3=0.077$$

从而：

$$a=0.3683-0.037\times2.2+0.00343\times19-0.077\times2.0=0.201$$

σ 的估计为：

$$\hat{y}=0.201+0.037x_1-0.00343x_2+0.0077x_3 \tag{4-34}$$

进一步对它作方差分析，其方差分析表列于表 4-6。

表 4-6 方差分析表

方差来源	自由度	平方和	均方	F
S_R	3	0.048770	0.016257	3.29
S_e	3	0.014838	0.004946	
S_T	6	0.063608		

当 $\alpha=0.05$ 时，F 的临界值 $F_{[(m,n-m-1),\alpha]}=F_{[(3,3),0.05]}=9.28>F=3.29$，故该线性回归方程（4-34）不可信。此时，可以考虑用更高阶的回归方程进行拟合。

3. 主效因子的判定

求出 y 对 x_1，x_2，$\cdots$，x_m 的线性回归方程之后，往往需要考察哪些因素对试验结果的影响较大，哪些因素影响较小甚至可以忽略。通常可以有两种方法判断主次因素。

（1）偏回归系数的标准化

在多元线性回归方程中，偏回归系数 b_1，$\cdots$，b_m 代表各变量 x_i 对 y 的具体效应，b_j 值大，表示 y 随 x_j 的变化也大（$j=1$，2，$\cdots$，m）。然而不同变量之间的单位往往是不一样的，因此，b_j 本身的大小不能直接反应自变量的相对重要性。这时，需要对偏回归系数进行标准化。

设偏回归系数 b_j 的标准化回归系数为 $P_j(j=1,2,\cdots,m)$，则 P_j 的计算公式为：

$$P_j = |b_j|\sqrt{\frac{L_{jj}}{L_{yy}}} \tag{4-35}$$

然后，根据标准化回归系数 P_j 的大小就可以判断各变量 x_j 对试验结果 y 的重要程度，P_j 越大，则对应的因素对结果的影响也越大。

（2）偏回归系数的 F 检验

在多元回归方程的 F 检验中，回归平方和 S_R 反映的是所有自变量 $x_1,x_2,\cdots,x_m$ 对试验结果 y 的总影响。如果分别对每个自变量都进行 F 检验，就可以知道每个自变量对应的偏回归系数的显著性，从而就能判断这些自变量的重要程度。

每个自变量的偏回归平方和 S_{Rj} 可用以下公式计算：

$$S_{Rj} = b_j L_{jy} = b_j^2 L_{jj} \tag{4-36}$$

偏回归均方则是：

$$MS_{Rj} = S_{Rj}/1 = b_j^2 L_{jj} \tag{4-37}$$

于是有：

$$F_j = \frac{MS_{Rj}}{MS_e} = (n-m-1)\frac{S_{Rj}}{S_e} \tag{4-38}$$

这里 F_j 服从自由度为 $(1,n-m-1)$ 的 F 分布，对于一定的显著性水平 α，如果 $F > F_{[(1,n-m-1),\alpha]}$，则说明自变量 x_j 对 y 的影响是显著的，否则影响不显著，可以将回归方程中该变量对应的项去掉。因此，可根据 F_j 的大小判断因素的主次顺序，F_j 越大，则对应的因素对试验结果的影响越大，亦即越重要。

第四节 非线性回归分析

在生产实践和科学研究中，有时变量之间的关系并不是线性的，尽管我们之前介绍了一些曲线回归问题转换成线性回归问题的方法，然而在我们遇到的实际问题中，还会遇到即使采用各种变量变换方法，也无法将曲线问题转化为线性回归问题的情况。此时，就要考虑采用非线性回归模型对自变量与因变量之间的关系进行非线性拟合。在进行非线性回归分析时，必须着重解决两个方面的问题：一是如何确定非线性函数的具体形式，与线性回归不同，非线性回归函数有多种多样的具体形式，需要根据研究的实际问题的性质和试验数据的特点做出恰当的选择；二是如何估计函数中的参数，非线性回归分析最常用的方法是最小二乘法，但需要根据函数的不同类型做适当处理。

一、一元非线性回归分析

对于一元非线性问题，可用回归曲线 $y=f(x)$ 来描述。在许多情况下，通过适当的线性变换，可将其转化为一元线性问题。如果凭借以住的经验和专业知识无法判断变量之间的函数类型，则可以根据试验数据的特点或散点图来选择对应的函数表达式。在选择函数形式时，应注意不同的非线性函数所具有的特点，这样才能建立比较准确的数学模型，下面介绍几种非线性函数的特点。

① 如果 y 随着 x 的增加而增加（或减少），最初增加（或减少）很快，以后逐步放慢并趋于稳定，则可以选择双曲线函数来拟合。

② 对数函数的特点是，随着 x 的增大，x 的单位变动对因变量 y 的影响效果不断递减。

③ 指数函数的特别是，随着 x 的增大（或减少），因变量 y 逐渐趋向某一值。

④ S 形曲线函数（见表 4-7）具有以下特点：y 是 x 的非减函数，开始时随着 x 的增加，y 的增长速度也逐渐加快，但当 y 达到一定水平时，其增长速度又开始放缓，最后，无论 x 如何增加，y 只会无限趋近于某一值。

表 4-7 线性变换表

函数类型	函数关系式	线性变换($y=a+bx$)				备注
		y	x	a	b	
双曲线函数	$\frac{1}{y}=a+\frac{b}{x}$	$\frac{1}{y}$	$\frac{1}{x}$	a	b	
	$y=a+\frac{b}{x}$	y	$\frac{1}{x}$	a	b	
对数函数	$y=a+b\lg x$	y	$\lg x$	a	b	
	$y=a+b\ln x$	y	$\ln x$	a	b	
指数函数	$y=ab^x$	$\lg y$	x	$\lg a$	$\lg b$	$\lg y=\lg a+x\lg b$
	$y=ae^{bx}$	$\ln y$	x	$\ln a$	$\ln b$	$\ln y=\ln a+bx$
	$y=ae^{\frac{b}{x}}$	$\ln y$	$\frac{1}{x}$	$\ln a$	b	$\ln y=\ln a+\frac{b}{x}$
幂函数	$y=ax^b$	$\lg y$	$\lg x$	$\lg a$	b	$\lg y=\lg a+b\lg x$
	$y=a+bx^n$	y	x^n	a	b	
S 形曲线函数	$y=\dfrac{c}{a+be^{-x}}$	$\frac{1}{y}$	e^{-x}	a/c	b/c	$\frac{1}{y}=\frac{a}{c}+\frac{be^{-x}}{c}$

值得注意的是，在一定试验范围内，用不同函数拟合试验数据，都可以得到显著性较好的回归方程，此时应该尽量选择数学形式较为简单的一种。一般说来，数学形式越简单，可操作性越强，过于复杂的函数形式在实际的定量分析中应用会受到限制，没有太大价值。

二、一元多项式回归分析

不是所有的一元非线性函数都能转换为一元线性方程，但任何复杂的一元连续函数都可以用高阶多项式近似表达，因此，对于那些较难直线化的一元函数，可用下式拟合：

$$\hat{y}=a+b_1 x+b_2 x^2+\cdots+b_m x^m \tag{4-39}$$

如果用 $X_1=x$，$X_2=x^2$，$\cdots$，$X_m=x^m$，则上式可以转化为多元线性方程：

$$\hat{y}=a+b_1 X_1+b_2 X_2+\cdots+b_m X_m \tag{4-40}$$

这样就可以用多元线性回归分析求出系数 a，b_1，b_2，$\cdots$，b_m。需要注意的是，尽管多项式的阶数越高，回归方程与实际数据拟合程度越高，但如果阶数过高，回归计算过程中舍入误差的积累也会越大，所以，当阶数 m 过高时，回归方程的精度反而降低，甚至得到一个不合理的结果，通常情况下，阶数常选择 $m=2\sim 4$。

三、多元非线性回归分析

如果试验指标 y 与多个试验因素 $x_j(j=1,2,\cdots,m)$ 之间存在非线性关系，例如，y 与 m 个因素 x_1，$x_2\cdots$，x_m 的二次回归模型为：

$$\hat{y} = a + \sum_{j=1}^{m} b_j x_j + \sum_{j=1}^{m} b_{jj} x_j^2 + \sum_{j<k} b_{jk} x_j x_k \tag{4-41}$$

也可用类似的方法，将其转换成线性回归模型，然后再按线性回归的方法进行处理。

习　题

1. 用比色法测定酱油中砷含量，制作标准曲线，得如下数据：

吸光度 A	0.070	0.140	0.215	0.285
标准系列含量/μg	2	4	6	8

试求直线方程及其相关系数。

2. 用苯芴酮比色法测定铁矿石中的锡，取标准溶液试验，得如下数据：

A	0.240	0.293	0.390	0.445	0.485	0.540	0.595	0.650	0.700	0.730	0.785
$C/(\mu g/25mL)$	0	5	10	15	20	25	30	35	40	45	50

试用最小二乘法求直线方程并检验相关性。

3. 试根据下表数据，画出散点图，并求取某物质在溶液中的浓度 c（%）与其沸点温度 T 之间的函数关系，并检验所建立的函数方程式是否有意义（$\alpha=0.05$）？

$c/\%$	19.6	20.5	22.3	25.1	26.3	27.8	29.1
$T/℃$	105.4	106.0	107.2	108.9	109.6	110.7	111.5

4. 某公司生产裂解乙烯的工艺数据如下表：

序号	裂解炉出口温度/℃	石脑油中饱和烃含量/%	乙烯产品收率/%	序号	裂解炉出口温度/℃	石脑油中饱和烃含量/%	乙烯产品收率/%
1	825	94.20	31.21	11	836	96.80	32.50
2	830	96.80	32.05	12	837	94.31	32.15
3	830	94.70	31.85	13	837	85.65	30.30
4	833	85.80	30.02	14	837	96.30	33.00
5	833	94.50	32.10	15	838	92.40	31.90
6	835	80.72	29.50	16	838	90.56	31.60
7	835	94.67	32.20	17	840	95.47	32.95
8	835	97.50	33.05	18	840	97.00	33.35
9	836	83.50	29.80	19	840	98.43	31.80
10	836	95.62	32.40	20	842	94.45	32.70

请用回归分析的方法判断裂解炉出口温度与石脑油中饱和烃含量对乙烯产率的影响。

5. 在黄芪提取工艺研究中，选择煎煮时间、煎煮次数和加水量三个因素进行考察，以样品中黄芪甲苷作为试验指标，试验数据列于表中，试对数据进行线性回归，并检验线性方程的显著性、确定因素主次顺序（$\alpha=0.05$）。

试验号	煎煮时间/min	煎煮次数	加水量/倍	黄芪甲苷含量/(mg/L)
1	30	1	8	15
2	40	2	11	37
3	50	3	7	46
4	60	4	10	26
5	70	2	6	34
6	80	3	9	57
7	90	3	12	57

6. 在天冬甜精中间体的合成工艺研究中，考察了乙基黄原酸甲酯与天冬氨酸的质量比（x_1）、甲醇与水的质量比（x_2）、温度（x_3）、天冬氨酸与氢氧化钠的质量比（x_4）四个因素对产品收率（y）的影响，试验数据如下表。

试验号	x_1	x_2	x_3	x_4	y
1	1.00	0.73	1.48	0.50	78.6
2	1.05	0.39	2.12	0.86	27.5
3	1.10	0.16	1.00	0.62	38.5
4	1.15	1.00	1.64	0.74	34.8
5	1.20	0.61	2.28	0.74	38.4
6	1.25	0.30	1.16	0.62	66.1
7	1.30	0.15	1.80	0.86	76.6
8	1.35	0.85	2.44	0.50	79.8
9	1.40	0.48	1.32	1.00	42.3
10	1.45	0.23	1.96	0.40	41.2

已知试验指标与试验因素之间满足数学模型 $y = a + b_{13}x_1x_3 + b_{24}x_2x_4 + b_4x_4$，试确定其中的系数值，并检验显著性。

7. 试验测得不同温度下氟化镁的比热容（c）如下表所示。

t/℃	300	400	500	600	700	800	900	1000
c/(J/kg·℃)	16.76	17.99	19.22	20.48	21.78	23.11	24.43	25.84

试求回归方程并进行检验。

8. 在某化学反应体系中，反应时间 t 与反应物 A 的浓度 c 有密切联系，试验得到的数据见下表。

t/s	2	5	8	11	14	17	27	31	35	44
c/($\times 10^{-2}$ mol/L)	94.8	87.9	81.3	74.9	68.7	64.0	49.3	44.0	39.1	31.6

求出 c 与 t 的关系（提示：$c = ae^{kt}$）。

9. 为研究水稻产量 y（斤/亩，1 斤/亩 = 1 斤/hm² = ½ kg/hm²）与每亩穗数 x_1（万）和每穗实粒数 x_2 之间的关系，在 7 块水稻田测得的数据见下表。

序号	x_1	x_2	y	序号	x_1	x_2	y
1	26.7	73.4	1008	5	34.6	64.6	1097
2	31.3	59.0	959	6	33.8	64.6	1103
3	30.4	65.9	1051	7	30.4	62.1	992
4	33.9	58.2	1022				

(1) 建立变量 y 关于变量 x_1 和 x_2 的线性回归方程；
(2) 在 $x_1 = 32$、$x_2 = 66$ 时，预测产量 y；
(3) 比较 x_1 和 x_2 的标准相关系数。

第五章
试验设计方法

第一节 正交试验设计

一、正交试验设计概述

正交试验设计是研究多因素多水平的一种设计方法,是根据正交性从全面试验中挑选出部分有代表性的点进行试验,这些点具有"均匀分散,齐整可比"的特点。

【例 5-1】 某柑橘罐头加工企业试图研究碱法去囊衣温度、NaOH 浓度和碱浸泡时间对去囊衣的影响以获得最佳去囊衣工艺条件,以囊衣去除率为评价指标,试验安排如表 5-1 所示。

表 5-1 试验因素与水平安排

水平	温度 T/℃	NaOH 浓度 c/%	浸泡时间 t/min
1	T_1(30)	c_1(0.2%)	t_1(10)
2	T_2(50)	c_2(0.4%)	t_2(20)
3	T_3(80)	c_3(0.8%)	t_3(30)

如果对该试验进行全面实施,则全面试验选择方案如图 5-1 所示。

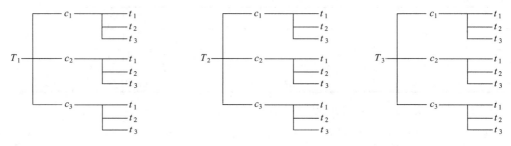

图 5-1 全面试验选择方案

全面试验方案试验均匀性极好,因素和水平搭配很全面,但试验次数较多。如 3 因素 3 水平全面试验次数为 $3^3=27$ 次。6 因素 5 水平全面试验需 $5^6=15625$ 次试验,因此,当试验因素或水平较多时,若采取全面试验有时可能由于人力、物力以及财力等原因而无法实现全面试验。正交试验通过选取有代表的试验点进行试验安排,通过统计学分析,以最少的试验次数达到全面试验的试验效果,具有试验次数少、结果可信度高以及数据点分布均匀等优点。正交试验结果分析可以采取极差分析法、方差分析法或回归分析法等方法进行。例 5-1 若采用正交试验则得到如表 5-2 的正交设计表。

表 5-2 试验安排表 $L_9(3^4)$

试验号	1 温度 T/℃	2 碱液浓度 c/%	3 浸泡时间 t/min	4 误差列
1	$1(T_1)$	$1(c_1)$	$1(t_1)$	1
2	$1(T_1)$	$2(c_2)$	$2(t_2)$	2
3	$1(T_1)$	$3(c_3)$	$3(t_3)$	3
4	$2(T_2)$	$1(c_1)$	$2(t_2)$	3
5	$2(T_2)$	$2(c_2)$	$3(t_3)$	1
6	$2(T_2)$	$3(c_3)$	$1(t_1)$	2
7	$3(T_3)$	$1(c_1)$	$3(t_3)$	2
8	$3(T_3)$	$2(c_2)$	$1(t_1)$	3
9	$3(T_3)$	$3(c_3)$	$2(t_2)$	1

上述 3 因素 3 水平全面试验点，如图 5-2(a) 所示，共 27 个试验点。正交试验只需 9 个试验点，如图 5-2(b) 所示。虽只有 9 次试验，但试验点分布相当均匀，每个面均有 3 个试验点。

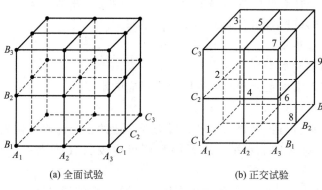

(a) 全面试验　　　　　　(b) 正交试验

图 5-2 全面试验和正交试验试验点分布示意图

1. 正交表

正交试验设计又称正交设计，是利用规范化的正交表对试验进行科学安排，试验结果再用统计方法进行处理并得出科学结论。正交表是试验设计的基本工具。正交设计必须用正交表。如 4 因素 3 水平正交试验正交表如表 5-3 所示，通常表示为 $L_9(3^4)$。常用正交表见本书附表 8。

表 5-3 4 因素 3 水平正交表 $L_9(3^4)$

试验号	因素			
	A	B	C	D
1	1	1	1	1
2	1	2	2	2
3	1	3	3	3
4	2	1	2	3
5	2	2	3	1
6	2	3	1	2
7	3	1	3	2
8	3	2	1	3
9	3	3	2	1

正交表常表示为 $L_n(t^q)$。L 是 Latin 第一个字母，n 为试验次数，t 为水平数，q 为因

素数。如 $L_9(3^4)$ 表示共需做 9 次试验,至多可安排 4 个因素,每个因素为 3 水平,这是标准型正交表。如正交表中各列水平数不等,则称为混合型正交表。如 $L_8(4\times 2^4)$ 表示第 1 列为 4 水平,其他列均为 2 水平,共需做 8 次试验。混合水平正交表通常表示为 $L_n(t_1^{q_1}\times t_2^{q_2})$。如 $L_8(4^1\times 2^4)$,也可以简写为 $L_8(4\times 2^4)$。

标准表可考察交互效应。非标准表虽有等水平表,却不能考察因素的交互效应。一般情况下,混合正交表不能考察交互作用,但其中一些由标准表通过并列法改造而得到的可进行交互作用效应的分析,必须回归到原标准表进行结果分析。如由 $L_8(2^7)$ 并列得到的正交表 $L_8(4\times 2^4)$ 可进行交互作用效应。混合型正交表除可由并列法改造外,并无一定规律可循,也可广泛应用到各试验设计中。

正交表基本性质有正交性和代表性。正交性体现在:a. 任何 1 列中各水平都出现,且出现次数相等;b. 任意 2 列间各种不同水平的所有可能组合都出现,且次数相等。代表性体现在:a. 任一列的各水平都出现,使得部分试验中包含所有因素的所有水平;b. 任意 2 列间的所有组合全部出现,使任意两因素间都是全面试验。因此,在部分试验中,所有因素的所有水平信息及两两因素间的所有组合信息都无一被遗漏。

2. 正交试验设计基本步骤

(1) 确定试验因素及水平数

根据试验的影响因素确定合理的因素以及相对应的水平。

(2) 选用合适的正交表

根据试验因素的数目与各因素的水平数目选择合适的正交试验安排表。在确定因素水平数时,主要因素宜多安排几个水平,次要因素则可少安排几个水平。有以下几点要特别注意:

① 交互作用应单独占一列。当有交互作用时,要考虑到所选正交表是否能容纳下各因素及交互作用列。

② 为了对试验结果进行方差分析或回归分析,须至少留一个空白列用于"误差"分析。

③ 试验安排表要考虑到试验精度以及试验成本等。

④ 对某因素或某交互作用的影响不确定时,在条件许可情况下,尽量选大表,让影响存在可能性的较大的因素和交互作用各占适当的列。

某因素或某交互作用的影响是否真的存在,留到方差分析进行显著性检验时再做结论。这样既可以减少试验的工作量,又不至于漏掉重要的信息。

(3) 表头设计

表头设计就是确定试验所考虑的因素和交互作用,在正交表中该放在哪一列的问题。当有交互作用时,试验必须严格按规范化表格安排;若试验不考虑交互作用,则表头设计可以是任意的。

(4) 列出试验方案及试验结果

在设计好表头后并安排在正交表后,根据设定的试验因素与水平进行试验并进行结果记录。

(5) 统计分析并确定最优或较优组合

统计分析包括极差分析和方差分析等。根据分析结果进行最优或较优组合的确定和实证。

二、正交试验结果的直观分析

正交试验结果的评价可用直观分析法和方差分析法两种。直观分析法就是要通过计算，将各因素、水平对试验结果指标的影响大小通过极差分析综合比较，以确定最优化试验方案的方法，也称极差分析法。

1. 单指标试验结果直观分析

【例 5-2】 如拟考察茶多酚浓度、浸泡时间、维生素 C 以及海藻酸钠添加量 4 个因素对米粉保鲜效果的影响，试验因素水平表如表 5-4 所示。

表 5-4 因素水平表

因素	1	2	3
茶多酚浓度 $A/\%$	0.6	0.4	0.2
浸泡时间 B/h	2.5	3	3.5
维生素 C 添加量 $C/\%$	2	1.0	0.5
海藻酸钠添加量 $D/\%$	1	0.8	0.6

试用直观分析法分析各因素的影响并获得最优条件。

解 本题是 4 因素 3 水平，宜选用标准型正交表 $L_9(3^4)$，如表 5-5 所示。

表 5-5 米粉保鲜剂的试验安排及结果

试验号	A	B	C	D	综合得分
1	1	1	1	1	44.7
2	1	2	2	2	43.5
3	1	3	3	3	88.5
4	2	1	2	3	59.7
5	2	2	3	1	58.5
6	2	3	1	2	95.4
7	3	1	3	2	51.6
8	3	2	1	3	64.3
9	3	3	2	1	100

由试验结果可以看出，试验 9 综合得分最高，对应的生产条件是 $A_3B_3C_2D_1$。为了进一步确定该条件是否为最优条件，进行极差分析。

（1）极差计算。

将表 5-5 第 1 列中出现水平"1"相对应的第 1、2、3 号 3 个试验结果相加，记作 K_1，求得 $K_1=176.7$；同理，可计算 K_2 和 K_3 分别为 213.6 和 215.90。A 因素的各水平之和中的最大值减去最小值，即为极差，A 因素的极差 $R=K_3-K_1=215.90-176.7=39.2$；各因素的极差计算结果如表 5-6 所示。

表 5-6 各因素极差计算结果

项目	A	B	C	D
K_1	176.7	156.0	204.4	203.2
K_2	213.6	166.3	203.2	190.5
K_3	215.9	283.9	198.6	212.5
R	39.2	127.9	5.8	22.0

（2）极差分析。

A、B、C 和 D 四个因素中极差越大者，表明该因素的变化对试验结果影响越大，因此，由表 5-6 可以看出，因素的主次顺序为 $B>A>D>C$，即 B 为最重要因素，其次为 A 和 D，C 为最不重要因素。

对于 A 因素来说，K_1、K_2 和 K_3 数值最大者对应的水平为最优水平，所以 A 因素最优水平为 A_3，同理，可以得到 B 因素、C 因素以及 D 因素的最优水平分别为 B_3、C_1 和 D_3，其对应组合为 $A_3B_3C_1D_3$。表 5-6 中试验 9 的各因素组合为 $A_3B_3C_2D_1$，与优化后的方案不一致。当出现此情况时，需对理论优化方案进行验证试验以确定其是否为最优组合，出现理论优化方案与实际优化方案不一致的原因可能是由于因素间存在交互作用或其他原因。

2. 多指标试验结果直观分析

实际工作中，结果的衡量指标可能是多个，这种情况称多指标正交试验。在多指标正交试验中，各指标间的最优方案可能存在矛盾，在分析过程中为了兼顾各项指标，需综合考虑各因素对试验结果的影响。

（1）综合平衡法

先对各指标分别按单一指标进行直观分析，然后对各指标的分析结果进行综合比较，得出最佳试验方案。

【例 5-3】 某食品厂对新研发的透明果汁产品质量进行评价，选取香气和色泽两个重要指标进行考察。香气评价标准分为 10 个等级，最好的记为 10，最差的记为 1。色泽评价则根据色价，其数值越低越好。试验因素和水平安排表如表 5-7 所示。

表 5-7 试验因素和水平安排表

因素	1	2	因素	1	2
填充液(A)	自来水	纯净水	增稠剂 CM-Na(E)	无添加	添加
加糖量(B)	低糖 10%	中糖 14%	冷却方法(F)	自然冷却	分段冷却
原果汁量(C)	30%	50%	灌装(G)	冷灌装	趁热灌装
均质(D)	调配前	调配后			

本例共有 7 个因素，每个因素为 2 水平，因此，选用 $L_8(2^7)$ 正交表来安排试验，试验安排与结果如表 5-8 所示，试用极差分析确定最优生产条件。

表 5-8 试验数据及其计算表

试验号	1(A)	2(B)	3(C)	4(D)	5(E)	6(F)	7(G)	色泽	香味
1	1	1	1	1	1	1	1	2.55	2
2	1	1	1	2	2	2	2	2.70	4
3	1	2	2	1	1	2	2	1.90	6
4	1	2	2	2	2	1	1	1.90	8
5	2	1	2	1	2	1	2	2.40	8
6	2	1	2	2	1	2	1	1.40	6
7	2	2	1	1	2	2	1	2.10	10
8	2	2	1	2	1	1	2	2.10	10
色泽									
K_1	9.05	9.05	9.45	8.95	7.95	8.95	7.95		
K_2	8.00	8.00	7.60	8.10	9.10	8.10	9.10		
R	1.05	1.05	1.85	0.85	1.15	0.85	1.15		
香味									
K_1	20	20	26	26	24	28	26		
K_2	34	34	28	28	30	26	28		
R	14	14	2	2	6	2	2		

解 由表 5-8 可以看出,对产品色泽来说,极差最大的是 C,其次是 E、G、A、B,而 D、F 为最不重要的因素,故最优组合为 $A_1B_1C_1E_2G_2$;对香气来说,最重要的因素为 A 和 B,最优水平搭配为 A_2B_2。综合上述分析,得较优生产条件为 $A_2B_2C_1E_2G_2$,其他因素的水平可根据实际情况任选。

(2) 综合评分法

综合评分法是根据各因素对试验结果的影响程度,确定相应的组合系数或权,然后对试验进行综合评分,多指标分析就转化为以试验综合得分为单指标的极差分析。

【例 5-4】 在糖姜蜜饯的试验中,返砂效果和硬度(以鲜姜硬度为 100%)两个指标在试验条件下具有望大属性。试验中不考虑交互作用,试验因素与水平如表 5-9 所示。试验结果见表 5-10。试用综合评分法确定最优工艺条件。

表 5-9 因素水平表

因素	1	2	3
加柠檬酸量(A)	0.2%	0.5%	0
加生石灰的量(B)	0.5%	1.5%	3.0%
烫漂时间(C)/min	5	8	10
加糖的量(D)	1∶1	1∶0.8	1∶0.6

表 5-10 试验数据表

试验号	1(A)	2(B)	3(C)	4(D)	返砂率	硬度	综合评分
1	1	1	1	1	26.7	44.7	89.10
2	1	2	2	2	18.3	62.0	76.75
3	1	3	3	3	9.30	89.9	68.20
4	2	1	2	3	12.0	36.5	48.25
5	2	2	3	1	6.80	75.9	54.95
6	2	3	1	2	6.20	87.3	59.15
7	3	1	3	2	12.8	46.4	55.20
8	3	2	1	3	11.0	30.6	42.80
9	3	3	2	1	6.63	109.7	71.43
综合评分							
K_1	234.05	192.55	191.05	215.48			
K_2	162.35	174.50	196.43	191.10			
K_3	169.43	198.78	178.35	159.25			
R	71.7	24.28	18.08	56.23			

解 假设设置硬度指标的权重 w_1 为 0.5;返砂率指标的权重 w_2 为 2.5。各试验综合评分如表 5-10 所示。极差分析发现,各因素主次顺序为 $A > D > B, C$。优化组合为 $A_1B_3C_2D_1$。

3. 有交互作用的试验结果直观分析

(1) 交互作用的判别

设有两个因素 A 和 B,各取 2 水平,即 A_1、A_2、B_1 和 B_2,这样 AB 共有 4 种水平组合,即 A_1B_1、A_2B_2、B_2A_1 和 B_2A_2。假设现有以下数据,通过作图(见图 5-3)即可判断是否有交互作用,如表 5-11 所示。

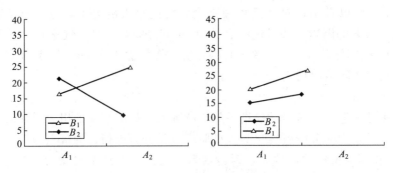

图 5-3 交互作用判别示意图

表 5-11 交互作用判别试验数据

有交互作用(a)			无交互作用(b)		
因素	A_1	A_2	因素	A_1	A_2
B_1	25	35	B_1	25	35
B_2	30	15	B_2	30	40

（2）有交互作用的正交设计结果直观分析

【例 5-5】 用火焰原子吸收分光光度法测定食品中的镉，为了提高测定灵敏度，希望吸光值越大越好。对 A（灰化温度/℃）、B［乙炔流速/(L/min)］和 C（灯电流/mA）三个因素进行了考察，并考虑交互作用 $A \times B$ 和 $A \times C$ 的交互作用。试验因素与水平的安排如表 5-12 所示。试利用有交互作用的正交试验设计优化检测参数。

表 5-12 因素水平表

水平	A	B	C
1	300	1.6	3.0
2	700	1.8	2.0

解 试验方案与结果如表 5-13 所示。

表 5-13 试验方案与结果

试验号	A	B	$A \times B$	C	$A \times C$	空列	空列	吸光值
	1	2	3	4	5	6	7	
1	1	1	1	1	1	1	1	0.2710
2	1	1	1	2	2	2	2	0.2509
3	1	2	2	1	1	2	2	0.2979
4	1	2	2	2	2	1	1	0.2890
5	2	1	2	1	2	1	2	0.2643
6	2	1	2	2	1	2	1	0.2688
7	2	2	1	1	2	2	1	0.3102
8	2	2	1	2	1	1	2	0.3091
K_1	1.1088	1.0550	1.1412	1.1434	1.1468	1.1334	1.1390	
K_2	1.1524	1.2062	1.1200	1.1178	1.1144	1.1278	1.1222	
R	0.0436	0.1512	0.0212	0.0256	0.0324	0.0056	0.0168	
因素主次			$B \quad A \quad A \times C \quad C \quad A \times B$					

值得特别注意的，当考虑交互作用时，交互作用项应看成是一个因素且单独安排一列。

因素主次分析时，也要将交互作用项考虑在内。根据极差分析结果，如果不考虑因素间的交互作用，优化方案为 $A_2B_2C_1$。但若考虑交互作用对结果的影响，发现 $A\times C$ 交互作用比因素 C 对结果影响更明显。因此，需确定 C 的最优水平，按因素 A、C 各水平搭配效果进行确定，如表 5-14 所示。

表 5-14　因素 A、C 水平搭配比

因素	A_1	A_2
C_1	$(y_1+y_3)/2=(0.2710+0.2979)/2=0.2845$	$(y_5+y_7)/2=(0.2643+0.3102)/2=0.2873$
C_2	$(y_2+y_4)/2=(0.2509+0.2890)/2=0.2700$	$(y_6+y_8)/2=(0.2688+0.3091)/2=0.2890$

由表 5-14 可以看出，A_2C_2 组合数值最大，为 0.2890，所以取 A_2C_2 好，从而优化方案为 $A_2B_2C_2$，即灰化温度 700℃，乙炔流速 1.8L/min 和灯电流 2.0mA。

4. 混合水平试验结果直观分析

混合水平的正交试验设计主要有两种方法：一是直接利用混合水平的正交表；二是采用拟水平法，即将混合水平问题转化为等水平的问题。

（1）混合水平的正交试验设计直观分析

【例 5-6】　欲测定某食品中的灰分含量，因素与水平设置如表 5-15 所示。结果与标准物质碳酸镁相比较计算得分，分数越高越好，本试验忽略因素间存在交互作用。

表 5-15　因素水平表

水平	取样量(A)/g	灰化温度(B)/℃	坩埚类型(C)
1	5.0000	300	铂质
2	4.0000	600	瓷质
3	3.0000		
4	2.0000		

解　本试验中共有 3 个因素，其中第 1 个因素有 4 个水平，第 2 个和第 3 个因素均为 2 水平，所以，可选择 $L_8(4^1\times 2^4)$。因素 A 安排在第 1 列，B 和 C 安排在后面的任意两列上。本列将因素 B 和 C 分析安排在第 2 列和第 3 列，最后两列均为空列，用于计算误差。试验安排与试验结果如表 5-16 所示。

表 5-16　试验安排与试验结果分析

试验号	A	B	C	空列	空列	综合得分
1	1	1	1	1	1	19.70
2	1	2	2	2	2	59.10
3	2	1	1	2	2	39.40
4	2	2	2	1	1	49.25
5	3	1	2	1	2	59.10
6	3	2	1	2	1	78.80
7	4	1	2	2	1	88.65
8	4	2	1	1	2	98.60
K_1	78.80	206.85	236.50	226.65	236.40	
K_2	88.65	285.75	256.10	265.95	256.20	
K_3	137.90					
K_4	187.25					
$\overline{K}_1$	39.40	51.71	59.13	56.66	59.10	
$\overline{K}_2$	44.33	71.44	64.03	66.49	64.05	
$\overline{K}_3$	68.95					
$\overline{K}_4$	93.63					
R	54.23	19.73	4.90	9.83	4.95	
优化方案	$A_4B_2C_2$ 或 $A_4B_2C_1$					

根据极差分析结果可以知道因素的主次顺序为 $A>B>C$。由于因素 C 对试验结果影响较小,所以出于经济考虑,选择瓷坩埚。最终优化方案为 $A_4B_2C_2$,即取样 2g、温度 600℃、使用瓷坩埚。

(2) 拟水平正交设计试验直观分析

拟水平法是将水平数较少的因素纳入到水平数较少的正交表内的一种处理方法,即将水平数少的因素的某些水平重复,使其与其他因素的水平数相等,然后借由等水平正交试验表来安排整个试验。由于重复的水平只是形式上的假拟水平,因此称之为拟水平。应用拟水平法时,假拟因素和水平一般不得超过 2 个。

【例 5-7】 某罐头食品企业拟研究罐头胀罐原因,对操作方式、班组以及产品种类进行优化分析。试验因素与水平安排如表 5-17 所示,忽略因素间存在交互作用,试验指标为产品的不合格率(%),具有望小属性。

表 5-17 产品胀罐率因素水平

因素	操作方式(A)	班组(B)	产品种类(C)
水平 1	Ⅰ	甲	大
水平 2	Ⅱ	乙	中
水平 3		丙	小

解 这是一个 $2^1 \times 3^2$ 的 3 因素试验。由于实际条件的制约,A 因素只能安排两个水平,如果用混合表 $L_{18}(2 \times 3^7)$,则会出现过多空列。此时可考虑采取标准表 $L_9(3^4)$,通过拟水平法进行试验安排,可减少试验次数 1/2,且只空 1 列,具体试验安排见表 5-18。

表 5-18 产品不合格率试验方案及结果

试验号	操作方式(A)	班组(B)	空列	产品种类(C)	产品不合格率 Y/%
1	1(Ⅰ)	1(甲)	1	1(大)	2.4
2	1(Ⅰ)	2(乙)	2	2(中)	2.2
3	1(Ⅰ)	3(丙)	3	3(小)	4.6
4	2(Ⅱ)	1(甲)	2	3(小)	2.8
5	2(Ⅱ)	2(乙)	3	1(大)	6.8
6	2(Ⅱ)	3(丙)	1	2(中)	0.9
7	3(Ⅰ)	1(甲)	3	2(中)	2.4
8	3(Ⅰ)	2(乙)	1	3(小)	1.6
9	3(Ⅰ)	3(丙)	2	1(大)	6.2
K_1	9.20	7.60	4.90	15.40	$T=29.9$
K_2	10.50	10.60	11.20	5.50	
K_3	10.20	11.70	13.80	9.00	
R	1.30	4.10	8.90	9.90	

值得特别注意的是,在结果分析时,由于 A 因素有拟水平,因此,$K_1=(Y_1+Y_2+Y_3+Y_7+Y_8+Y_9)/6=3.23$,而 $K_2=(Y_4+Y_5+Y_6)/3=3.50$。此时,整个试验按不等水平因素试验进行结果分析。当然,A 因素也可以当成 3 水平处理,此时,$K_1=(Y_1+Y_2+Y_3)/3=3.07$,$K_2=(Y_4+Y_5+Y_6)/3=3.50$,$K_3=(Y_7+Y_8+Y_9)/3=3.40$。此时,整个试验按等水平因素试验进行结果分析。本例中 A 因素的第 1 水平和第 3 水平仅相差 1.0,比空列(误差列)极差 $R_3=8.9$ 小得多,说明干扰较小,试验设计合理。

三、正交试验结果的方差分析

1. 基本步骤与表格格式

虽然利用极差分析对正交试验进行分析具有简便易行、直观且计算量小等优点,但分析精度较差且缺乏定量评判标准,因此,极差分析有一定的局限性,而利用方差分析可以解决此问题。

设有一试验,使用正交表 $L_n(t^q)$,试验的 n 个结果为 y_1,y_2,…,y_n,记:

$$T = \sum_{i=1}^{n} y_i$$

$$\overline{y} = \frac{1}{n}\sum_{i=1}^{n} y_i = \frac{T}{n}$$

$$S_T = \sum_{i=1}^{n}(y_i - \overline{y})^2$$

S_T 为试验的 n 个结果的总变差。

$$S_j = \frac{n}{t}\sum_{i=1}^{n}\left(\frac{T_{ij}}{r} - \frac{T}{n}\right)^2 = \frac{n}{t}\sum_{i=1}^{n}T_{ij}^{\,2} - \frac{T^2}{n}$$

S_j 为第 j 列安排的因素变差平方和:

$$S_T = \sum_{j=1}^{m} S_i$$

总变差为各因素变差平方和之和,S_T 自由度为 $n-1$,S_j 的自由度为 $t-1$。当正交表有空列时,所有空列 S_j 之和就是 S_e,即误差变差平方和。S_e 自由度 f_e 为空列自由度之和。当正交表中无空列时,将 S_j 中最小者作为 S_e。在使用正交表 $L_n(t^q)$ 的正交试验方差分析中,因素选用统计量为:

$$F = \frac{S_j}{t-1} \bigg/ \frac{S_e}{f_e}$$

当因素作用不显著时,$F \sim F(t-1, f_e)$,其中第 j 列安排的是被检因素。

在实际应用时,先求出各列的 $S_j/(t-1)$ 及 S_e/f_e。若某个 $S_j/(t-1)$ 比 S_e/f_e 还小时,则这第 j 列就可当作误差列并入 S_e 中去,这样使误差 S_e 的自由度增大,在作 F 检验时会更灵敏。将所有可当作误差列的 S_j 全并入 S_e 后得到新的误差变差平方和,记为 S_e^{Δ},其相应的自由度为 f_e^{Δ},这时选用统计量:

$$F = \frac{S_j}{t-1} \bigg/ \frac{S_e}{f_e} \sim F(t-1, f_e^{\Delta})$$

若各试验处理都只有一个观测值,则称为单个观测值正交试验;若各试验处理都有两个或两个以上观测值,则称为有重复观测值的正交试验。

2. 单个观测值正交试验方差分析

【例 5-8】 为研究玉米粉、甘油、豆粕粉和麸皮对蛋白酶合成的影响,用 $L_{16}(4^5)$ 安排试验方案,如表 5-19 所示,试对试验结果进行方差分析以获得最优试验条件。

表 5-19 试验设计安排与结果

试验号	玉米粉(A)/%	甘油(B)/%	豆粕粉(C)/%	麸皮(D)/%	e 空列	蛋白酶活力/(U/mL)
1	1(1)	1(1)	1(2)	1(1)	1	3779.02
2	1	2(2)	2(3)	2(2)	2	4366.16
3	1	3(3)	3(4)	3(3)	3	3618.89
4	1	4(4)	4(5)	4(4)	4	2732.85
5	2(2)	1	2	3	4	4526.28
6	2	2	1	4	3	4013.88
7	2	3	4	1	2	3384.04
8	2	4	3	2	1	3608.22
9	3(3)	1	3	4	2	3191.88
10	3	2	4	3	1	3362.69
11	3	3	1	2	4	3656.26
12	3	4	2	1	3	3485.45
13	4(4)	1	4	2	3	3026.42
14	4	2	3	1	4	3698.96
15	4	3	2	4	1	3827.06
16	4	4	1	3	2	3325.32
K_1	14497	14523	14774	14347	14577	
K_2	15532	15442	16205	14657	14267	
K_3	13696	14486	14118	14833	14145	
K_4	13878	13152	12506	14614	14614	
k_1	3624.23	3630.9	3693.62	3586.87	3644.25	$T = 57603.38$
k_2	3883.11	3860.42	4051.24	3664.25	3566.85	
k_3	3424.07	3621.52	3529.49	3708.3	3536.16	
k_4	3469.44	3287.96	3126.5	3653.59	3653.59	
R	459.04	572.46	924.74	121.43	117.43	

解 K_i 为各因素同一水平试验指标之和，T 为 16 个试验号的试验指标之和；k_i 为各因素同一水平试验指标的平均数。该试验的 16 个观测值总变异由 A 因素、B 因素、C 因素、D 因素以及误差变异 5 部分组成，所以，

$$SS_T = SS_A + SS_B + SS_C + SS_D + SS_e$$

$$df_T = df_A + df_B + df_C + df_D + df_e$$

(1) 计算各项平方和与自由度。

矫正数 $C = T^2/n = 57603.38^2/16 = 3318149387.4244/16 = 207384337$

总平方和 $SS_T = \sum x_i^2 - C = (3779.02^2 + 4366.16^2 + \cdots + 3325.32^2) - C = 3152309.4$

A 因素平方和 $SS_A = \sum K_i^2/4 - C = (14497^2 + \cdots + 13878^2)/4 - 207384337 = 511996$

B 因素平方和 $SS_B = \sum K_i^2/4 - C = (14523.60^2 + \cdots + 13151.84^2)/4 - C = 666434$

C 因素平方和 $= (14774.48^2 + \cdots + 12506.00^2)/4 - C = 1766216$

D 因素平方和 $= (14347.47^2 + \cdots + 13766^2)/4 - C = 164714$

e 空列平方和 $SS_e = (14576.99^2 + \cdots + 14614.35^2)/4 - C = 40015$

总自由度 $= 15$、A 因素自由度 $= 3$、B 因素自由度 $= 3$、C 因素自由度 $= 3$、D 因素自由度 $= 3$、误差自由度 $= 15 - 3 - 3 - 3 - 3 = 3$

(2) 列出方差分析表，进行 F 检验。

方差分析表如表 5-20 所示。

表 5-20 方差分析表

变异来源	总平方和	自由度	均方差	F	F_α
因素 A	5111996	3	170665	12.80*	
因素 B	666433	3	222144	16.65*	$F_{[0.05,(3,3)]}=9.28$
因素 C	1766216	3	588739	44.14**	$F_{[0.01,(3,3)]}=29.46$
因素 D	164714	3	54905	4.12	
误差	40015	3	13338		
总变异	7709359	15			

F 检验表明，因素 A 和因素 B 对蛋白酶的合成影响是显著的，因素 C 对蛋白酶的合成影响是极显著的，而因素 D 对蛋白酶的合成影响不显著。

3. 二水平试验的方差分析

水平正交设计，各因素离差平方和为：$S_{因}=\dfrac{1}{a}\sum_{i=1}^{2}K_i^2-\dfrac{1}{n}\left(\sum_{k=1}^{n}x_k\right)^2$

因为，$n=2a$，$\dfrac{1}{a}=\dfrac{2}{n}$，又 $\sum_{k=1}^{n}x_k=K_1+K_2$

因此，上式可简化为 $S_{因}=\dfrac{1}{n}(K_1-K_2)^2$，2 水平设计计算离差平方和的一般公式同样适用于交互作用。

【例 5-9】 某食品厂生产某种果汁，以出汁率作为试验的评价指标，该指标具有望大属性。现考虑影响出汁率的因素有 4 个，即压榨片上行速率 A，压榨时间 B，原料碎度 C 和板框大小 D。每个因素均设置两水平，试验因素与水平安排如表 5-21 所示（要考虑 A，B 的交互作用）。试进行方差分析。

表 5-21 试验因素水平表

水平	上行速率(A)/(cm/s)	压榨时间(B)/min	原料碎度(C)	板框大小(D)
1	2	5	1∶04	80×80
2	4	10	1∶08	60×60

解 （1）选用正交表 $L_8(2^7)$，如表 5-22 所示。

表 5-22 正交安排及结果表

试验号	1—A	2—B	3—$A\times B$	4—C	5	6	7—D	试验结果 X_k/%	X_k^2
1	1	1	1	1	1	1	1	48	2304
2	1	1	1	2	2	2	2	53	2809
3	1	2	2	1	1	2	2	51	2601
4	1	2	2	2	2	1	1	52	2704
5	2	1	2	1	2	1	2	51	2601
6	2	1	2	2	1	2	1	53	2809
7	2	2	1	1	2	2	1	46	2116
8	2	2	1	2	1	1	2	49	2401
K_1	204	205	196	196	201	200	199		
K_2	199	198	207	207	202	203	204	$T=403$	$Q_T=20345$
S	3.125	6.125	15.125	15.125	0.125	1.125	3.125		

（2）计算下列数据。

$$S_T = Q_T - P = \sum_{k=1}^{8} X_k^2 - \frac{T^2}{8} = 20345 - \frac{1}{8} \times 403^2 = 43.88$$

$$S_A = \frac{1}{8}(K_1 - K_2)^2 = \frac{1}{8}(204 - 199)^2 = 3.125$$

$$S_B = \frac{1}{8}(205 - 198)^2 = 6.125 \quad S_C = \frac{1}{8}(207 - 196)^2 = 15.125$$

$$S_D = \frac{1}{8}(204 - 199)^2 = 3.125 \quad S_{A \times B} = \frac{1}{8}(207 - 196)^2 = 15.125$$

计算误差平方和：$S_e = S_T - (S_因 + S_交) = 43.88 - (3.125 + 6.125 + 15.125 + 3.125 + 15.125) = 1.26$

计算自由度：

$f_T = 8 - 1 = 7 \quad f_A = f_B = f_C = f_D = 2 - 1 = 1, \quad f_{A \times B} = f_A \times f_B = 1, f_e = f_T - (f_因 + f_交) = 7 - 5 = 2$

计算均方值：由于各因素和交互作用 $A \times B$ 的自由度都是1，因此它们的均方值与它们各自的平方和相等。只有误差的均方值为 $MS_e = \frac{S_e}{2} = \frac{1.26}{2} = 0.63$。计算 F 比：

$$F_A = \frac{3.125}{0.63} = 4.96; \quad F_B = \frac{6.125}{0.63} = 9.72; F_{A \times B} = \frac{15.125}{0.63} = 24.01;$$

$$F_C = \frac{15.125}{0.63} = 24.01; F_D = \frac{3.125}{0.63} = 4.96$$

（3）方差分析结果记录。

方差分析表如表5-23所示。

表5-23　方差分析表

方差来源	离差平方和	自由度	均方	F值	临界值	显著性
A	3.125	1	3.125	4.96	$F_{[0.05,(1,2)]} = 18.5$	
B	6.125	1	6.125	9.72		
$A \times B$	15.125	1	15.125	24.01	$F_{[0.01,(1,2)]} = 98.49$	*
C	15.125	1	15.125	24.01		*
D	3.125	1	3.125	4.96		
误差	1.26	2	0.63			
总和 T	43.88	7				

从方差分析表中 F 值的大小可以看出，各因素对试验结果影响大小的顺序为 $C, A \times B, B, A, D$。若各因素分别选取最优条件应当是 C_2, B_1, A_1, D_2。但考虑到交互作用 $A \times B$ 的影响较大，且它的第2水平为好，在 $C_2、(A \times B)_2$ 的情况下，有 $B_1 A_2$ 和 $B_2 A_1$，考虑到 B 的影响比 A 大，而 B 选 B_1 为好，所以选择 $B_1 A_2$ 组合。这样最后确定下来的最优方案应当是 $A_2 B_1 C_2 D_2$。该方案不在正交表的9个试验中，因此，理论优化方案与试验安排不一致，所以需进行验证试验。

4. 三水平试验的方差分析

【例5-10】　为研究蜜饯的防腐效果，拟考察巴氏杀菌（煮沸）、添加山梨酸钾和抽真空三种方法对防腐效果的影响，各因素分别设置3个水平进行试验，以杀菌率作为防腐评价指标，该指标具有望大属性。试验因素和水平安排如表 5-24 所示，正交试验及结果见表 5-25。

表 5-24 因素水平表

因素	1	2	3
巴氏杀菌时间(A)/min	5	10	15
山梨酸钾添加量(B)/%	0.1	0.2	0.5
抽真空时间(C)/s	5	8	10

表 5-25 正交试验安排及结果表

试验号	巴氏杀菌时间(A)/min	山梨酸钾添加量(B)/%	抽真空时间(C)/s	空列	杀菌率/%
1	1	1	1	1	65.6
2	1	2	2	2	88.2
3	1	3	3	3	73.8
4	2	1	2	3	68.9
5	2	2	3	1	96.8
6	2	3	1	2	77.9
7	3	1	3	2	64.4
8	3	2	1	3	84.1
9	3	3	2	1	57.4
K_1	227.6	198.9	227.6	219.8	$T=677.1$
K_2	243.6	269.1	214.5	242.4	$T^2=458464.4$
K_3	205.9	209.1	235.0	226.8	$P=50940.49$
K_1^2	51801.76	39561.21	51801.76	48312.04	$Q_T=52229.83$
K_2^2	59340.96	72414.81	46010.25	58757.76	
K_3^2	42394.81	43722.81	55225.00	51438.24	
Q	51179.18	51899.61	51012.34	52836.01	
S	225.01	959.11	71.91	1895.51	

解 详细计算如下：

$$P = \frac{1}{9} \times 677.1^2 = 50940.49 \quad Q_A = \frac{1}{3}(51801.76+59340.96+42394.81) = 51179.18$$

$$Q_B = \frac{1}{3}(39561.21+72414.81+43722.81) = 51899.61$$

$$Q_C = \frac{1}{3}(51801.76+46010.25+55225.00) = 51012.34$$

$$S_A = Q_A - P = 238.69 \quad S_B = Q_B - P = 959.12 \quad S_C = Q_C - P = 71.85$$

$$S_T = Q_T - P = \sum_{k=1}^{9} y_k^2 - P = 1289.34 \quad S_e = S_T - S_A - S_B - S_C = 19.68$$

列方差分析表如表 5-26 所示。

表 5-26 方差分析表

方差来源	离差平方和	自由度	均方	F 值	临界值	显著性	优方案
因子 A	238.69	2	119.35	12.13	$F_{[0.05,(2,2)]}=19.0$		A_2
因子 B	959.12	2	479.6	48.74	$F_{[0.10,(2,2)]}=99.01$	*	B_2
因子 C	71.85	2	35.93	3.65			C_3
误差	19.68	2	9.84				
总和	1289.34	8					

5. 混合水平试验的方差分析

混合型正交设计的方差分析，本质上与一般水平数相等正交设计的方差分析相同，只要在计算时注意到各水平数的差别就行了。现以 $L_8(4\times2^4)$ 混合型正交表为例：

总离差平方和为 $S_T = Q_T - P = \sum\limits_{k=1}^{8} x_k^2 - \frac{1}{8}\left(\sum\limits_{k=1}^{8} x_k\right)^2$

因素偏差平方和有两种情况：2 水平因素 $\quad S = \frac{1}{8}(K_1 - K_2)^2$

4 水平因素 $\quad S = \frac{1}{2}(K_1^2 + K_2^2 + K_3^2 + K_4^2) - \frac{1}{8}\left(\sum\limits_{k=1}^{8} x_k\right)^2$

【例 5-11】 食品中蛋白质凯氏定氮法测定过程易受到以下因素的影响，即催化剂用量（A），消化温度（B），硫酸用量（C），以消化完成时间（h）的倒数进行试验效果的评价。表中的试验结果×0.01＝1/消化时间，所以结果越大越好。试验因素水平表如表 5-27 所示。正交安排与结果见表 5-28。

表 5-27 因素水平表

水 平	催化剂用量(A)/g	消化温度(B)	硫酸用量(C)/mL
1	0.2	1 档	10
2	0.4	2 档	20
3	0.5		
4	0.6		

选正交表 $L_8(4^1\times2^4)$，安排试验及分析如表 5-28 所示。

表 5-28 正交安排及结果表

试验号	A	B	C	空列	空列	试验结果 x_k（×0.01）	x_k^2
	1	2	3	4	5		
1	1	1	1	1	1	16.0	256.0
2	1	2	2	2	2	15.7	246.5
3	2	1	1	2	2	16.0	256.0
4	2	2	2	1	1	15.4	237.2
5	3	1	2	1	2	15.8	249.6
6	3	2	1	2	1	15.7	246.5
7	4	1	2	2	1	16.7	278.9
8	4	2	1	1	2	15.3	234.1
K_1	31.7	64.5	63	62.5	63.8	$T=126.6$	$Q_T=2004.8$
K_2	31.4	62.1	63.6	64.1	62.8		
K_3	31.5						
K_4	32.0						
K_1^2	1004.89	4160.25	3969.00	3906.25	4070.44		
K_2^2	985.96	3856.41	4044.96	4108.81	3943.84		
K_3^2	992.25						
K_4^2	1024.00						
S	0.15	0.3	0.075	0.2	0.125		

解 详细计算过程如下：

$$Q_T = \sum_{k=1}^{8} x_k^2 = 2004.8;\ T = \sum_{k=1}^{8} x_k = 126.6;\ P = \frac{T^2}{8} = 2003.4;\ S_T = Q_T - P = 1.4$$

$$S_A = \frac{1}{2}(K_1^2 + K_2^2 + K_3^2 + K_4^2) - P = \frac{1}{2}(1004.89 + 985.96 + 992.25 + 1024.00) - 2003.4 = 0.15$$

$$S_B = \frac{1}{8}(64.5 - 62.1)^2 = 0.72 \text{ ; } S_C = \frac{1}{8}(63.6 - 63.0)^2 = 0.045 \text{ ; } S_4 = \frac{1}{8}(64.1 - 62.5)^2 = 0.32$$

$$S_5 = \frac{1}{8}(63.8 - 62.8)^2 = 0.125 \text{ ; } S_e = S_4 + S_5 = 0.445$$

方差分析表（1）见表 5-29。

表 5-29　方差分析表（1）

方差分析来源	离差平方和	自由度	均方	F 值	临界值	显著性
A	0.15	3	0.05	0.224	$F_{[0.05,(1,2)]} = 18.51$	
B	0.72	1	0.72	3.229	$F_{[0.01,(1,2)]} = 98.49$	
C	0.045	1	0.045	0.202	$F_{[0.05,(3,2)]} = 19.16$	
误差 E	0.445	2	0.223		$F_{[0.01,(3,2)]} = 99.17$	
总和 T	1.40	7				

从 F 值和临界值的比较看出，各因素均无显著影响，相对来说，B 的影响大些。为提高分析精度，我们只考虑因素 B，把因素 A、C 都并入误差。这样一来，S_e 就变成 $S_A + S_C + S_4 + S_5 = 0.15 + 0.045 + 0.32 + 0.125 = 0.64$，再列方差分析表（2），如表 5-30 所示。

表 5-30　方差分析表（2）

方差分析来源	离差平方和	自由度	均方	F 值	临界值	显著性
B	0.72	1	0.72	7.725	$F_{[0.05,(1,6)]} = 5.99$	*
误差 E	0.64	6	0.107		$F_{[0.01,(1,6)]} = 13.74$	
总和 T	0.85	7				

临界值 $F_{[0.05,(1,6)]} = 5.99$，$F_{[0.01,(1,6)]} = 13.74$。从 F 值和临界值的比较来看，因素 B 就是显著性因素。因素影响从大到小的顺序为 BCA，选定的最优方案应为 $A_2 B_2 C_1$。

第二节　均匀设计

一、均匀设计概述

均匀设计试验方法由中国数学家方开泰和王元于 1981 年首先提出，是一种只考虑试验点在试验范围内均匀分布的一种试验设计方法。与正交试验设计类似，均匀设计也需通过一套精心设计的均匀表来安排试验。与正交设计最大的不同之处在于，均匀设计只考虑试验点的"均匀散布"，而不考虑"整齐可比"。由于均匀设计法安排的试验次数是水平数的 1 次方，故均匀设计在试验因素变化范围较大、需要取较多水平的情况下，可以极大地减少试验次数，有着正交试验设计无法比拟的优势。例如，在因素数为 5，各因素水平数为 31 的试验中，用均匀设计，则只需做 31 次试验，而如果采用正交设计来安排试验，则至少要做 $31^2 = 961$ 次试验，通常情况下这种试验方案将难以实施。经过 20 多年的发展和推广，均匀设计法已应用于军事工程、化工、医药、食品、生物、电子、社会经济等诸多领域，并取得了显著的经济和社会效益，逐渐为国内外广泛认可。

二、均匀设计表

1. 等水平均匀设计表

与正交设计类似，均匀设计需要通过均匀设计表（简称均匀表）进行。每一个均匀设计表都有一个代号，等水平均匀设计表可用 $U_n(r^l)$ 表示，其中 U 是均匀表代号，类似于正交表的 L；n 表示均匀表行数（即需要做的试验次数）；r 表示因素水平数，与 n 相等；l 表示均匀表列数，表示最多可以排 l 个因素。U 右上角加"*"号表示其和不加"*"时不同的均匀设计表，通常加"*"的均匀设计表有更好的均匀性，应优先选用。表 5-31、表 5-32 分别为均匀表 $U_7(7^4)$ 与 $U_7^*(7^4)$，从表可见，$U_7(7^4)$ 和 $U_7^*(7^4)$ 都有 7 行 4 列，每个因素都分 7 个水平，但在选用时优先选 $U_7^*(7^4)$。附表 9 中给出了常用的均匀设计表。

表 5-31 $U_7(7^4)$ 表

试验号	列号				试验号	列号			
	1	2	3	4		1	2	3	4
1	1	2	3	6	5	5	3	1	2
2	2	4	6	5	6	6	5	4	1
3	3	6	2	4	7	7	7	7	7
4	4	1	5	3					

表 5-32 $U_7^*(7^4)$ 表

试验号	列号				试验号	列号			
	1	2	3	4		1	2	3	4
1	1	3	5	7	5	5	7	1	3
2	2	6	2	6	6	6	2	6	2
3	3	1	7	5	7	7	5	3	1
4	4	4	4	4					

表 5-33 $U_7(7^4)$ 使用表

因素数	列号				D
2	1	3			0.2398
3	1	2	3		0.3721
4	1	2	3	4	0.4760

表 5-34 $U_7^*(7^4)$ 使用表

因素数	列号			D
2	1	3		0.1582
3	2	3	4	0.2132

与正交设计略有不同的是，每个均匀设计表都附有一个使用表，需要根据使用表将因素安排在适当的列中。使用表的最后一列 D 表示均匀度的偏差，偏差值越小，表示均匀分散性越好，因此，在安排因素时，应选择 D 最小的排列方式。例如，表 5-33 是 $U_7(7^4)$ 的使用表，由该表可知，当试验只考察两个因素时，应选用 1、3 两列来安排试验，因为此时偏差相比选择其他的列组合最小；当有三个因素时，应选用 1、2、3 三列。这里也可以解释为什么应优先选择带"*"的均匀设计表。如果试验考察两个因素，若选用 $U_7(7^4)$ 的 1、3 列，其偏差 $D=0.2398$，而选用 $U_7^*(7^4)$ 的 1、3 列（见表 5-34），相应偏差 $D=0.1582$，$U_7^*(7^4)$ 的较小，应选用 $U_7^*(7^4)$ 进行设计。可见当 U_n 和 U_n^* 表都能满足试验设计时，应优先选用 U_n^* 表。

由 $U_7(7^4)$ 和 $U_7^*(7^4)$ 表可以看出，等水平均匀表具有以下特点：

① 每一列中，不同数字都只出现一次，也就是说，每个因素的每个水平仅需进行一次

试验。

② 任意两个因素的试验点若点在平面的格子点上,则每行每列有且仅有一个试验点。图 5-4 和图 5-5 是均匀表 $U_6(6^4)$(见表 5-35、表 5-36)的第 1、3 列及第 1、4 列各水平组合在平面格子上的分布图,从图可见,每行每列只有一个试验点。

表 5-35 $U_6(6^4)$

试验号	列号				试验号	列号			
	1	2	3	4		1	2	3	4
1	1	2	3	6	5	4	1	5	3
2	2	4	6	5	6	5	3	4	2
3	3	6	2	4	7	6	5	1	1

表 5-36 $U_6(6^4)$ 使用表

因素数	列	号			D
2	1	3			0.1857
3	1	2	3		0.2656
4	1	2	3	4	0.2990

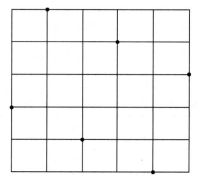

图 5-4 $U_6^*(6^4)$ 1、3 列试验点分布

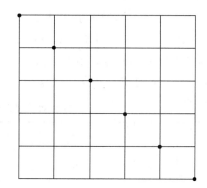

图 5-5 $U_6^*(6^4)$ 1、4 列试验点分布

以上两条性质反映了均匀设计中试验安排的"均衡性"。

③ 由均匀设计表任意两列组成的各种试验方案通常并不等价。例如用 $U_6(6^4)$ 的 1、3 列和 1、4 列的水平组合分别画格子点图,从图 5-4 和图 5-5 我们看到,在图 5-4 中,试验点散布得比较均匀,图 5-5 中的点散布则不够均匀。事实上,根据 $U_6(6^4)$ 的使用表(见表 5-42),当只考察 2 个因素时,应将它们排在 1、3 列,而不是 1、4 列,可见图 5-4 和图 5-5 也直观地说明了根据使用表安排的试验,其均匀性更好。所以,当用均匀设计表进行试验设计时,不能随意挑选列,而必须按对应的使用表选择均匀性最好的列组合,这是与正交设计不同之处。

④ 等水平均匀表的试验次数与水平数是相等的。所以当因素的水平数增加,试验次数的增加量与水平数的增加量相当,即试验次数的增加具有"连续性",例如,当水平数从 6 增加到 7 时,试验数 n 也从 6 增加到 7。而对于正交设计,当水平数增加时,试验数的增加最少等于水平数的平方,即试验次数的增加呈现"级数增长",例如,当水平数从 6~7 时,最少试验数将从 36 增加到 49。所以,在正交试验中增加水平数,将使试验工作量大大增加,但对应的均匀设计试验量却增加得较少,由于这个特点,均匀设计比正交设计更具

效率。

⑤ 带"*"的表与水平数加一与不带"*"的均匀设计表有特殊的对应关系。例如 $U_6^*(6^4)$ 表可以看作是由 $U_7(7^4)$ 表去掉最后一行所得。同时 $U_6^*(6^4)$ 和 $U_7(7^4)$ 的使用表基本相同（除了 D 值不同）。

2. 混合水平均匀设计表

均匀设计在因素水平数较多的试验中独具优势，但在具体的试验中，往往很难保证不同因素的水平数均相等，这样直接利用等水平的均匀表来安排试验就有一定的困难，这时就可采用拟水平法将等水平均匀法转化成混合水平均匀表再进行试验设计。

假设某试验需考察 A、B、C 三个因素，其中因素 A、B 有 3 个水平，因素 C 有二个水平，分别记作 A_1，A_2，A_3，B_1，B_2，B_3 和 C_1，C_2。如果用正交试验设计，这个试验可以用混合正交表 $L_{18}(2^1 \times 3^7)$ 来安排，需要做 18 次试验，这相当于进行全面试验。如果直接运用等水平均匀设计也是有困难的，此时，可以考虑通过拟水平的方式进行均匀设计。

若选用均匀设计表 $U_6^*(6^4)$ 安排本试验，根据使用表，需选择第 1、2、3 列。可将因素 A 和因素 B 排在前两列，因素 C 排在第 3 列，然后将前两列的水平进行两两合并：$\{1,2\} \to 1$（即将原来均匀表 1、2 列下的水平 1 和 2 合并为 1 个水平，下同），$\{3,4\} \to 2$，$\{5,6\} \to 3$。下一步，将第 3 列的水平合并为 2 水平：$\{1,2,3\} \to 1$，$\{4,5,6\} \to 2$，最后将合并后的水平代入原来的均匀表，可得如表 5-37 所示的设计表。这是一个混合水平的设计表 $U_6^*(3^2 \times 2^1)$，其有很好的均衡性，例如，A 列和 C 列，B 列和 C 列的二因素设计正好组成它们的全面试验方案，A 列和 B 列的二因素设计中没有重复试验。

表 5-37　混合水平的设计表 $U_6^*(3^2 \times 2^1)$

试验号	A	B	C	试验号	A	B	C
1	(1)1	(2)1	(3)1	4	(4)2	(1)1	(5)2
2	(2)1	(4)2	(6)2	5	(5)3	(3)2	(1)1
3	(3)2	(6)3	(2)1	6	(6)3	(5)3	(4)2

注：表中括号内的数字为均匀表的原始水平编号，下同。

再假设要安排一个 2 因素（A，B）5 水平和 1 因素（C）2 水平的试验，这项试验若采用正交设计，可用 L_{50} 表，但试验次数达 50 次，对于一般试验方案来说，次数太多；若用均匀设计来安排，可用混合水平均匀表 $U_{10}^*(5^2 \times 2^1)$，则只需要进行 10 次试验。$U_{10}^*(5^2 \times 2^1)$ 可由 $U_{10}^*(10^8)$ 生成，由于表 $U_{10}^*(10^8)$ 有 8 列，若参照使用表，选用 $U_{10}^*(10^8)$ 的 1、5、6 三列，这里，A 和 C 两列的组合水平中，对 1、2 列采用水平合并：$\{1,2\} \to 1,\cdots,\{9,10\} \to 5$；对第 5 列采用水平合并：$\{1,2,3,4,5\} \to 1$，$\{6,7,8,9,10\} \to 2$，得拟水平表（见表 5-38），从表 5-38 中可以看出，1、3 列中有 2 个 (2,2)，但没有 (2,1)，有 2 个 (4,1)，但没有 (4,2)，因此该表均衡性不好。

表 5-38　拟水平设计 $U_{10}^*(5^2 \times 2^1)$

试验号	A	B	C	试验号	A	B	C
1	(1)1	(5)3	(7)2	6	(6)3	(8)4	(9)2
2	(2)1	(10)5	(3)1	7	(7)4	(2)1	(5)1
3	(3)2	(4)2	(10)2	8	(8)4	(7)4	(1)1
4	(4)2	(9)5	(6)2	9	(9)5	(1)1	(8)2
5	(5)3	(3)2	(2)1	10	(10)5	(6)3	(4)1

因此,我们希望从中选择 3 列,要求由该三列生成的混合水平表 $U_{10}^*(5^2 \times 2^1)$ 有好的均衡性,经过比较,发现选用 1、2、5 三列,按同样的水平转换,得到如表 5-39 所示的方案,就有较好的均衡性。

表 5-39 拟水平设计 $U_{10}^*(5^2 \times 2^1)$

试验号	A	B	C	试验号	A	B	C
1	(1)1	(2)1	(5)1	6	(6)3	(1)1	(8)2
2	(2)1	(4)2	(10)2	7	(7)4	(3)2	(2)1
3	(3)2	(6)3	(4)1	8	(8)4	(5)3	(7)2
4	(4)2	(8)4	(9)2	9	(9)5	(7)4	(1)1
5	(5)3	(10)5	(3)1	10	(10)5	(9)5	(6)2

可见,用同一个等水平均匀表进行拟水平设计,可以得到不同的混合均匀表,这些表的均衡性也不相同。通常情况下,参照使用表得到的混合均匀表不一定都有较好的均衡性,因此,在实际操作中,需要试验者对各种可能方案进行比较并做出最佳选择,也有研究者做出了常用的混合水平均匀设计表以供使用,读者可自行查阅相关著作。

三、均匀设计基本步骤

用均匀设计表来安排试验的步骤与正交试验设计类似。一般步骤如下:

(1) 明确试验目的,确定试验指标

设计多个指标时,还要将各指标进行综合分析。

(2) 选因素,定水平

根据实际经验和专业知识,挑选出对试验指标影响较大的因素,然后确定因素的水平。这时,需先确定各因素的取值范围,然后在这个范围内取适当的水平。由于在 U_n 奇数表的最后一行,各因素的最大水平号相遇,如果各因素的水平序号与水平实际数值的大小顺序一致,则会出现所有因素的高档次水平或低档次水平相遇的情形,在化学反应中,为了避免上述情况出现以使反应太剧烈发生意外或反应速率太慢甚至不起反应,可以通过适当的调整因素的水平顺序来解决。具体方法是将原来的各水平按顺序头尾相接,形成一个闭合回路,然后任选其中某个水平为第一水平,按顺时针或逆时针方向,依次将各水平的序号重新排列,就可以避免上述情况。以 7 个水平的例子来说明(见图 5-6)。

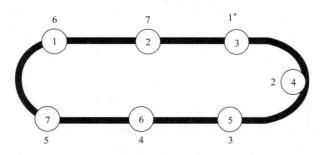

图 5-6 举例说明

图中圆圈内的序号是原来的序号,圆圈外的序号是经过调整后的新序号。带"*"者是重新选定的第一号水平。另外使用 U_n^* 均匀表也可以避免上述情况。

(3) 选择合适的均匀设计表

这是均匀设计最为关键的一步。一般根据试验的因素数和水平数来选择，并在能满足试验要求的前提下优先选择 U_n^* 表。但是，由于均匀设计试验结果多采用多元回归分析法，在选表时还应注意均匀表的试验次数与回归分析的关系。

（4）依据使用表进行表头设计

根据试验的因素数和该均匀表对应的使用表，将各因素安排在均匀表相应的列中。值得特别提醒的是，均匀设计与正交设计不同，在均匀设计中，表中的空列既不能安排交互作用，也不能用来估计试验误差。

（5）形成试验方案，进行试验

试验方案的确定与正交试验设计的类似。

（6）试验结果统计分析

由于均匀表没有整齐可比性，试验结果不能用方差分析法，可采用直观分析法或回归分析方法。

① 直观分析法。如果试验目的只是为了寻找一个可行的试验方案或确定适宜的试验范围，就可以采用直观分析法，直接比较所得到的几个试验结果，从中挑出试验指标最好的试验点。由于均匀设计的试验点分布均匀，用上述方法找到的试验点一般距离最佳试验点很近，所以该法是一种非常有效的方法。

② 回归分析法。均匀设计一般采用多元回归分析，通过回归分析可以建立试验指标与影响因素之间的数学模型，确定因素的主次顺序和优选方案等。但直接根据试验数据推导数学模型计算量很大，需借助相关的计算机软件进行分析计算。

下面通过一个具体实例来进行均匀设计的详细说明。

【例 5-12】 根据文献调研及初步预试验结果，已知环戊酮的 2-羟甲基化的化学合成影响因素有环戊酮：甲醛、反应温度、反应时间以及碱量，各因素的水平设置如下：

A：环戊酮：甲醛（摩尔比）　　　　　　　1～5.4
B：反应温度（℃）　　　　　　　　　　　5～60
C：反应时间（h）　　　　　　　　　　　1～6.5
D：碱量（1mol/L 碳酸钾水溶液，mL）　　15～70

将各因素的考察范围平均分成 12 个水平，列入表 5-40 中。

表 5-40　因素水平表

因素	水平											
	1	2	3	4	5	6	7	8	9	10	11	12
A	1.0	1.4	1.8	2.2	2.6	3.0	3.4	3.8	4.2	4.6	5.0	5.4
B	5	10	15	20	25	30	35	40	45	50	55	60
C	1.0	1.5	2.0	2.5	3.0	3.5	4.0	4.5	5.0	5.5	6.0	6.5
D	15	20	25	30	35	40	45	50	55	60	65	70

选择 $U_{13}(13^{12})$ 表，根据其使用表，选取其中的 1、6、8、10 列，同时将最后一行去掉，组成 $U_{12}(12^4)$ 表。把 A、B、C、D 四因素分别放在 $U_{12}(12^4)$ 表的 1、6、8、10 列，将对应的各因素的各水平依次填入表内，这样试验方案安排如表 5-41 所示。按照表 5-41 中安排的条件进行试验，将每个试验点得到的结果列入表 5-41 后面的收率所在列。

表 5-41　$U_{12}(12^4)$ 均匀设计试验方案及收率

试验号	因素				收率/%
	A	B	C	D	
1	1(1.0)	6(30)	8(4.5)	10(60)	2.20
2	2(1.4)	12(60)	3(2.0)	7(45)	2.83
3	3(1.8)	5(25)	11(6.0)	4(30)	6.20
4	4(2.2)	11(55)	6(3.5)	1(15)	10.49
5	5(2.6)	4(20)	1(1.0)	11(65)	4.10
6	6(3.0)	10(50)	9(5.0)	8(50)	9.87
7	7(3.4)	3(15)	4(2.5)	5(35)	10.22
8	8(3.8)	9(45)	12(6.5)	2(20)	24.24
9	9(4.2)	2(10)	7(4.0)	12(70)	9.88
10	10(4.6)	8(40)	2(1.5)	9(55)	13.27
11	11(5.0)	1(5)	10(5.5)	6(40)	12.43
12	12(5.4)	7(35)	5(3.0)	3(25)	27.77

解　运用计算机软件，将表 5-41 中各因素的各水平对收率进行回归分析，得到回归方程式如下：

$$y = -3.200 + 4.500A + 0.118B + 0.600C - 0.146D \text{（式中 } y \text{ 代表收率）} \quad (5-1)$$

$$R = 0.9281 \quad F = 10.88 \quad S = 4.354 \quad n = 12$$

查表（见附表 2）得：$F_{[0.01,(4,7)]} = 7.85$

由于 $F = 10.88 > F_{[0.01,(4,7)]}$，表明方程在 $\alpha = 0.01$ 时是可信的。

在方程式(5-1) 中，A、B、C 项的符号为正，亦即 A、B、C 越大，y 越大；D 项的符号为负，表明 D 越小，y 越大。也就是说，在所考察的范围内，环戊酮：甲醛比例越大，反应时间越长，反应温度越高，收率也越高；而碱溶液的用量越小，反而收率越高。分析所考察范围内各因素的水平，按式(5-1) 选择最佳反应条件。即 $A = 5.4$、$B = 60$、$C = 6.5$、$D = 15$。将优化条件代入式(5-1)，得：

$$\hat{y} = 29.89$$

即计算的优化收率为 29.89%，而按优化条件进行试验，实际收率为 34.54%。

上述实例，若用正交设计法进行考察，至少要做 $12^2 = 144$ 次试验，按每个数据重复三次计算，共要做 432 次试验。用均匀设计法，只需 $12 \times 3 = 36$ 个试验。由此可见均匀设计的优越性。

四、《均匀设计》应用软件的使用方法

通过《均匀设计》应用软件可以省去大量烦琐的数学处理和验证工作，同时也便于均匀设计方法应用的推广。因此学习如何运用《均匀设计》应用软件，对学习和工作都有重要的意义。以下以曾昭钧教授编写的《均匀设计》应用软件为例，介绍该软件的操作方法。

首先在计算机中运行和安装均匀设计.exe 软件，点击进入工作窗体，并按照下面的步骤进行操作：

① 输入试验因素数和试验水平数；

② 建立试验方案，设置是否为拟水平试验，输入的各试验因素的水平值。选择"建立试验方案"按钮并显示试验方案；

③ 按试验方案进行试验，取得试验结果数据，并将其输入到数据表中；

④ 根据专业知识和经验，选取回归分析模型进行试验数据分析，建立回归方程；

⑤ 设置显著性检验水平，对回归方程分析模型进行显著性检验，判断方程的可靠性；

⑥ 优化试验条件，通过选择使试验结果取得"最大值"或"最小值"来寻找试验结果取得最大值或最小值的试验条件，并根据试验者的试验范围进行仿真试验，预报结果；

⑦ 输出分析结果，对试验的原始数据和分析结果进行打印输出，并可通过执行"文件"菜单的"保存"命令实现自动保存分析结果的功能。

《均匀设计》应用软件使用举例如下：通过优化反应物浓度（A）、反应温度（B）、反应时间（C）和反应量（D）四个影响因素来获得环戊酮的 2-羟甲基化的最佳工艺条件。

各因素的取值范围为：$A(\text{mol/L})$：1.0～5.4；$B(℃)$：5～60；$C(\text{h})$：1.0～6.5；$D(\text{mL})$：15～70。

将 A、B、C、D 四个因素的考察范围平均分成 12 个水平，运行软件，并逐步设置参数如下：

① 输入因素数 4 和水平数 12。

② 输入如题所示的各因素的取值范围。

③ 选择相应的均匀设计表安排试验，得试验方案如表 5-42 所示。

表 5-42 试验安排表

水平	A	B	C	D	水平	A	B	C	D
1	1.0	30	4.5	60	7	3.4	15	2.5	35
2	1.4	60	2.0	45	8	3.8	45	6.5	20
3	1.8	25	6.0	30	9	4.2	10	4.0	70
4	2.2	55	3.5	15	10	4.6	40	1.5	55
5	2.6	20	1.0	65	11	5.0	5	5.5	40
6	3.0	50	5.0	50	12	5.4	35	3.0	25

④ 依次输入按试验设计安排进行试验所得结果的数据：2.20、2.83、6.20、10.49、4.20、9.87、10.22、24.24、9.88、13.27、12.43、27.77。

⑤ 进行回归分析，输入 F 临界值（见图 5-7），建立回归方程：
$$Y = -6.503 + 6.434x_1 - 0.0467x_1x_4 + 0.0277x_2x_3$$

⑥ 方差分析，$S=2.5129$，$R^2=0.9621$，$F=33.24909$，查表 $F_{[(3,8),0.01]}=7.59$，$F > F_{[(3,8),0.01]}$，回归方程在置信度为 99% 的水平下是显著的。

⑦ 优化回归方程，预报出优化结果及优化条件，如图 5-8 所示。

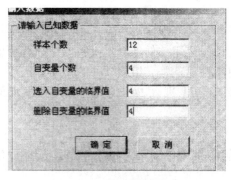

图 5-7 输入数据界面

图 5-8 均匀设计优化结果

第三节 响应面优化设计

在多因素试验的数据处理过程中,经常会分析试验指标(因变量)与多个试验因素(自变量)之间的关系,因变量与自变量之间可能呈曲线或曲面关系,所以称之为响应面分析(RSM)。如液态发酵豆粕制备大豆多肽时,发酵温度、发酵时间、pH、接种量、豆粕浓度、装瓶量等诸多因素对豆粕发酵生产多肽都有影响,而且各因素之间的影响还存在交互作用,影响机理非常复杂,为了综合考虑各因素对多肽产量的影响,可以借用响应面优化技术进行分析。在响应面回归分析中,因变量 $\hat{y}$ 与自变量之间可以用公式(5-2) 表述:

$$\hat{y} = f(x_1, x_2, \cdots, x_n) + \varepsilon \tag{5-2}$$

式中,$f(x_1, x_2, \cdots, x_n)$ 是自变量 x_1,x_2,…,x_n 的函数;ε 是随机误差项,常认为遵循正态分布。

在响应面分析中,首先要得到回归方程 $\hat{y} = f(x_1, x_2, \cdots, x_n)$,然后通过对自变量 x_1,x_2,…,x_n 的合理取值,求得使 $\hat{y} = f(x_1, x_2, \cdots, x_n)$ 最优的值,这就是响应面分析的简要原理及过程。

一、Plackett-Burman 设计

Plackett-Burman 设计简称为 P-B 设计,是由 Plackett 和 Burman 于 1946 年提出,它建立在不完全平衡板块原理的基础上,通过 N 个试验至多可以研究 $(N-1)$ 个变量(N 通常为 4 的倍数)。试验中通常会预留出虚拟变量用于误差分析。每个变量有高、低两个水平,分别以 +1、-1 标记,各变量高、低水平各 $N/2$ 次,而且在某个因素取得高(低)水平时,其他各个因素取得高、低水平各 $N/4$ 次。P-B 设计试图用最少的试验次数达到使因素尽可能精确的估计,适用于从众多的考察因素中快速有效地筛选出最为重要的几个因素供进一步研究,下面以一个实例进行 Plackett-Burman 设计筛选主效因子的详细阐述。

【例 5-13】 絮凝是生物技术下游加工过程特别是对微生物发酵液进行分离纯化的重要手段。在利用絮凝技术纯化地衣芽孢杆菌发酵生产 β-甘露聚糖酶时,拟考察加水量(%)、40% $CaCl_2$ 用量(%)、聚合铝(PAC)用量(%)、pH、0.1% 阳离子聚丙烯酰胺(C-PAM)用量(%)、0.1% 阴离子聚丙烯酰胺(A-PAM)用量(%)、搅拌速度(r/min)和絮凝时间(min)对酶纯化的影响,希望通过 Plackett-Burman 设计从众多影响因素中筛选出主效因子用于下一步的研究。试验因素与编码水平如表 5-43 所示。

表 5-43　$N=12$ 的 Plackett-Burman 设计编码水平与试验结果

变量	试验因素	低水平(-1)	高水平(+1)	变量	试验因素	低水平(-1)	高水平(+1)
X_1	加水量/%	150	250	X_6	0.1% A-PAM 用量/%	14	18
X_2	40% $CaCl_2$ 用量/%	0.18	0.3	X_7	搅拌速度/(r/min)	100	150
X_3	PAC 用量/%	0.3	0.5	X_8	絮凝时间/min	2	4
X_4	pH	6.0	8.0	$X_{9,10,11}$	虚拟因素	—	—
X_5	0.1% C-PAM 用量/%	14	18				

试验设计与结果如表 5-44 所示。

表 5-44 试验设计与试验结果

序号	X_1	X_2	X_3	X_4	X_5	X_6	X_7	X_8	X_9	X_{10}	X_{11}	酶活收率
1	1	1	−1	1	1	1	−1	−1	−1	1	−1	0.1703
2	−1	1	1	−1	1	1	1	−1	−1	−1	1	0.1539
3	1	−1	1	1	−1	1	1	1	−1	−1	−1	0.5337
4	−1	1	−1	1	1	−1	1	1	1	−1	−1	0.3026
5	−1	−1	1	−1	1	1	−1	1	1	1	−1	0.1358
6	−1	−1	−1	1	−1	1	1	−1	1	1	1	0.3942
7	1	−1	−1	−1	1	−1	1	1	−1	1	1	0.5308
8	1	1	−1	−1	−1	1	−1	1	1	−1	1	0.4953
9	1	1	1	−1	−1	−1	1	−1	1	1	−1	1.006
10	−1	1	1	1	−1	−1	−1	1	−1	1	1	0.5731
11	1	−1	1	1	1	−1	−1	−1	1	−1	1	0.5052
12	−1	−1	−1	−1	−1	−1	−1	−1	−1	−1	−1	0.4245

完成试验并在获得的试验结果的基础上，利用 Design Expert 对试验数据进行主效因子筛选。对表 5-44 数据进行回归分析，各影响因素的偏回归系数及其显著性如表 5-45 所示。

表 5-45 偏回归系数及影响因子的显著性分析

因素	回归系数	$E(x_i)$	平方和	贡献率/%	是否重要
截距	0.43545				
X_1	0.104767	0.21	0.13	20.89	是
X_2	0.01475	0.030	0.0026	0.41	否
X_3	0.049167	0.098	0.029	4.60	否
X_4	−0.02227	−0.045	0.006	0.94	否
X_5	−0.13568	−0.27	0.22	35.04	是
X_6	−0.12158	−0.24	0.18	28.13	是
X_7	0.051417	0.10	0.032	5.03	否
X_8	−0.0069	−0.014	0.0006	0.091	否
X_9	0.037733	0.075	0.017	2.71	否
X_{10}	0.032917	0.066	0.013	2.06	否
X_{11}	0.006633	0.013	0.0005	0.084	否

以因素 X_1（加水量）为例进行介绍：其偏回归系数为 0.104767，影响水平为 $E(x_i)=0.21$，表明因素 X_1 对酶活收率的影响为正效应。也就是说，在一定范围内，随着加水量的增加，酶活收率会呈上升趋势，所以，在后续因素优化过程中可适当提高加水量的水平。因素 X_1 的百分贡献率为 20.89%，较因素 X_2、X_3、X_4、X_7、X_8、X_9、X_{10}、X_{11} 的百分贡献率有明显提高，因此显著性分析结果为重要。

由表 5-45 还可以看出，因素 X_1（加水量）、X_5（0.1%C-PAM 用量）和 X_6（0.1%A-PAM 用量）为主效因子，3 个因素百分贡献率分别为 20.89%、35.04% 和 28.13%，累积百分贡献率为 84.06%。虚拟因素 X_9、X_{10} 和 X_{11} 的累积百分贡献率仅为 4.854%，说明该线性模型是可行的。模型线性回归方程为：

$$y=0.44+0.10X_1-0.14X_5+0.051X_6$$

该模型的 Prob(P)>F 值为 0.0015，表明回归方程达到极显著（$P<0.01$），模型在被研究的整个回归区域拟合很好。复相关系数 $R^2=0.8406$，说明模型的相关性较好；校正决定系数 $AdjR^2=0.7809$，表明 78.09% 的试验数据的变异性可用此回归模型来解释。一般变

异系数（CV）越小，试验可信度和精确度越高，CV值等于25.74%，表示P-B试验可信度和精确度较好。精密度是有效信号与噪声的比值，大于4.0视为合理，本试验精密度达到11.190。模型方差分析如表5-46所示。

表5-46　回归模型方差分析

类型	自由度	平方和	均方	F值	Prob(P)>F值
回归	3	0.53	0.18	14.07	0.0015
离回归	8	0.10	0.013		
总变异	11	0.63			

二、Box-Behnken 设计

通常情况下，响应面分析结果精密度和准确度在响应曲面的顶点才比较准确，因此，若筛选出的影响因素对应的水平并非靠近响应曲面最优水平时，图形会趋于扁平，而不能真实反映各因素对响应值的影响，因此，仍需对主效因子的水平进行进一步的优化设计，从而使其尽可能逼近响应最优曲面所对应水平。下面以响应面设计中应用较多的 Box-Behnken 设计为例进行响应面优化的介绍。Box-Behnken 设计是一种基于三水平的二阶试验设计法，可以评价指标和因素间的非线性关系，适用于多因素3水平试验设计，使用方便，优选条件预测性好。

【例5-14】　通过影响因素试验条件的预备试验发现，超声波功率（X_1，W）、pH（X_2）和液固比（X_3，mL/g）对黑豆皮中色素提取有重要影响，为了获得色素的最佳提取工艺，利用 Box-Behnken 对试验条件进行优化，试分析各因素对色素提取的影响并获得最优条件。试验因素与编码水平如表5-47所示。试验安排与结果如表5-48所示。

表5-47　试验因素与编码水平[①]

编码水平	实际水平		
x_i	超声波功率(X_1)/W	pH 值(X_2)	液固比(X_3)/(mL/g)
−1	60	1.2	20
0	70	1.5	30
+1	80	1.8	40

① $x_i = \dfrac{(X_i - X_0)}{\Delta X}$，$x_i$为编码水平，$X_i$为自变量真实水平，$X_0$为试验中心点处的自变量真实值，$\Delta X$为自变量的变化步长，$i=1$，2和3。

表5-48　试验安排及试验结果（带模型预测值）

试验序号	x_1	x_2	x_3	提取液吸光值	
				测定结果	模型预测结果
1	−1	0	−1	0.231	0.234
2	1	0	−1	0.248	0.251
3	−1	0	1	0.223	0.221
4	1	0	1	0.245	0.253
5	−1	−1	0	0.187	0.189
6	1	−1	0	0.243	0.240
7	−1	1	0	0.242	0.241
8	1	1	0	0.244	0.242
9	0	−1	−1	0.218	0.216

续表

试验序号	x_1	x_2	x_3	提取液吸光值	
				测定结果	模型预测结果
10	0	−1	1	0.214	0.211
11	0	1	−1	0.237	0.239
12	0	1	1	0.239	0.236
13	0	0	0	0.252	0.252
14	0	0	0	0.246	0.252
15	0	0	0	0.255	0.252
16	0	0	0	0.254	0.252
17	0	0	0	0.251	0.252

解 利用 Design Expert 对表 5-48 的数据进行多元二次回归非线性拟合，得到色素提取液吸光值预测值（y）对编码自变量 x_1、x_2 和 x_3 的回归方程：$y = 0.25 + 0.012x_1 + 0.013x_2 - 1.625 \times 10^{-3} x_3 - 6.425 \times 10^{-3} x_1^2 - 0.016 x_2^2 - 8.425 \times 10^{-3} x_3^2 - 0.014 x_1 x_2 + 1.250 \times 10^{-3} x_1 x_3 + 1.500 \times 10^{-3} x_2 x_3$。

对回归模型进行方差分析（见表 5-49）结果表明，模型是显著的（$P < 0.0001$），回归模型的决定系数为 0.9757，说明该模型能够解释 97.57% 的变化，因此，可用此模型对黑豆皮色素提取效果进行分析和预测。回归模型方差分析结果如表 5-49 所示。

表 5-49 回归模型方差分析表

方差来源	平方和	自由度	均方和	F 值	P 值
模型	4.914E−003	9	5.459E−004	31.21	<0.0001
残差	1.225E−004	7	1.749E−005		
失拟项	7.325E−005	3	2.442E−005	1.99	0.2585
纯误差	4.920E−005	4	1.230E−005		
总误差	5.036E−003	16			

模型确定系数 0.9757　　模型的调整确定系数 0.9444

回归方程系数显著性检验如表 5-50 所示。由表 5-50 可以看出，模型一次项 x_1、x_2 极显著，x_3 不显著；二次项 x_2^2 极显著，x_3^2、x_1^2 均处于显著水平；交互项 $x_1 x_2$ 极显著，$x_1 x_3$、$x_2 x_3$ 均不显著。

表 5-50 回归方程系数显著性检验总表

模型中的系数项	系数估计值	自由度	标准误差	95% 置信度区间低端值	95% 置信度区间高端值	P 值
常数项	0.25	1	1.870E−003	0.25	0.26	
x_1	0.012	1	1.479 E−003	8.628E−003	0.016	<0.0001
x_2	0.013	1	1.479 E−003	9.003E−003	0.016	<0.0001
x_3	−1.625E−003	1	1.479 E−003	5.122E−003	1.872E−003	0.3802
x_1^2	−6.425E−003	1	2.038E−003	−0.011	−1.605E−003	0.0161
x_2^2	−0.016	1	2.038E−003	−0.021	−0.011	<0.0001
x_3^2	−8.425E−003	1	2.038E−003	−0.013	−3.605E−003	0.0044
$x_1 x_2$	−0.014	1	2.091E−003	−0.018	−8.555E−003	0.0003
$x_1 x_3$	1.250E−003	1	2.091E−003	−3.695E−003	6.195E−003	0.5688
$x_2 x_3$	1.500E−003	1	2.091E−003	−3.445E−003	6.445E−003	0.4964

观察某两个因素同时对响应值的影响可进行降维分析。在其他因素条件固定不变的情况下，观察某两个因素对响应值的影响，令其他因素水平值为零（中心点），就可得到某两个因素影响的二元二次方程。利用 Design Expert 软件对表 5-48 的数据进行二次多元回归拟合，可得到的二次回归方程的响应面及其等高线（见图 5-9～图 5-11）。

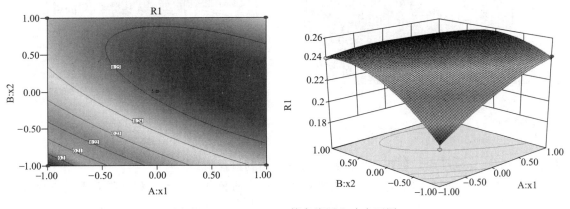

图 5-9 $y=f(x_1,x_2)$ 等高线图和响应面图

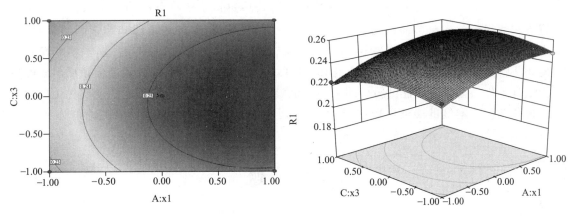

图 5-10 $y=f(x_1,x_3)$ 等高线图和响应面图

当液固比（X_3）为 30mL/g 时，超声功率（X_1）和溶液 pH（X_2）对色素提取的影响如图 5-9 所示。由图 5-9 可知，在 X_1 水平恒定不变时，随着 X_2 的增加，色素提取效果呈上升变化趋势，当 X_2 达到峰值后，色素提取效果呈逐渐下降的趋势。当 X_2 恒定在 1.2～1.6 范围内，X_1 在 60～80W 范围内，色素提取液吸光值随 X_2 增加逐渐增加并达到极大值。

当溶液 pH（X_2）为 1.5 时，超声功率（X_1）和液固比（X_3）对色素提取效果的影响如图 5-10 所示。从图 5-10 可以看出，在 X_2 水平恒定不变时，随着 X_1 的增加，色素吸光值不断增加，当 X_1 达到一定值后，色素提取液吸光值变化缓慢。当 X_1 恒定，X_3 在 20～40mL/g 范围内，色素吸光值逐渐增加并达到峰值。

当超声功率（X_1）为 70W 时，溶液 pH（X_2）和液固比（X_3）对色素提取效果的影响如图 5-11 所示。从图 5-11 可以看出，在 X_3 水平恒定不变时，随着 X_2 的增加，色素吸光值呈递增趋势，当 X_2 达到一定值后，色素提取液吸光值逐渐减小。当 X_2 恒定，液固比

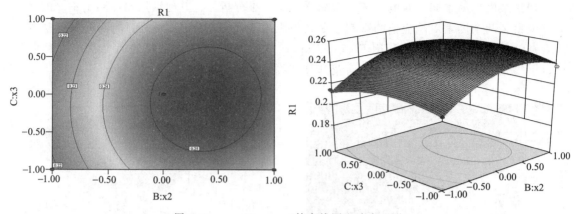

图 5-11　$y=f(x_2,x_3)$ 等高线图和响应面图

在 20~40mL/g 范围内，色素吸光值逐渐增加并达到最佳值。

为了进一步确证最佳点的取值，对回归方程取一阶偏导等于零并整理得到下列方程组：

$$\begin{cases} 0.012-0.01285x_1-0.014x_2+0.00125x_3=0 \\ 0.013-0.032x_2-0.014x_1+0.0015x_3=0 \\ -0.001625-0.01685x_3+0.00125x_1+0.0015x_2=0 \end{cases}$$

求解方程组得到：$x_1=0.955$，$x_2=-0.013$，$x_3=-0.027$，经变换得到因素的实际水平，即超声功率 $X_1=79.55\text{W}$、溶液 $\text{pH}X_2=1.49$、液固比 $X_3=29.73\text{mL/g}$。出于实际操作的方便，将参数修约为超声功率 80W、溶液 pH1.5、液固比 30mL/g。为验证优化后的条件是否为最佳条件，需进行验证试验，如果验证试验结果与模型预测结果相近，说明优化后的条件为最佳条件。本例的验证试验结果为 0.253 ± 0.009（$n=3$），模型预测理论值为 0.257，两者基本一致。

习　题

1. 什么叫正交设计？有何特点？
2. 简述正交试验设计的基本步骤？
3. 什么叫表头设计？进行表头设计应注意哪些问题？
4. 茶树短穗扦插试验结果列于下表，作有交互作用的正交试验结果分析。

茶树短穗扦插试验结果 $L_8(2^7)$

试验号	因素及表头设计							
	母株黄化(A)	插穗类型(B)	$A\times B$	2,4-D 喷母株(C)	$A\times C$	$B\times C$	空列	平均根重/g
1	1(黄化)	1(一叶)	1	1(喷)	1	1	1	6.9
2	1	1	1	2(不喷)	2	2	2	6.3
3	1	2(二叶)	2	1	1	2	2	16.2
4	1	2	2	2	2	1	1	8.4
5	2(不黄化)	1	2	1	2	1	2	7.6
6	2	1	2	2	1	2	1	4.9
7	2	2	1	1	2	2	1	20.6
8	2	2	1	2	1	1	2	8.6

5. 现有一提高炒青绿茶品质研究，试验因素有茶园施肥 3 要素配合比例（A）和用量（D），鲜叶处理（B）和制茶工艺流程（C）4 个，各因素均取 3 水平，选用 $L_9(3^4)$，重复 2 次，得试验方案和各处理的茶叶品质总分如下表，试做分析。

绿茶品质试验结果 $L_9(3^4)$

处理号	因素				品质总分	
	配合比例(A)	鲜叶处理(B)	工艺流程(C)	肥料用量(D)	Ⅰ	Ⅱ
1	1	1	1	1	78.9	78.1
2	1	2	2	2	76.9	77
3	1	3	3	3	88.4	78.5
4	2	1	2	3	80.1	80.9
5	2	2	3	1	69.3	82
6	2	3	1	2	78	68.7
7	3	1	3	2	76.7	76.3
8	3	2	1	3	81.3	76.9
9	3	3	2	1	73.9	85.6

6. 某地区自 2000～2011 年冬季的降雨量（x，单位：cm）与空气中的 NO_x 的最高平均浓度（y，$\times 10^{-6}$）之间的观测数据如下表，试用该观测数据对降雨量与空气中的 NO_x 之间进行回归分析和相关分析。

年份	x	y	年份	x	y	年份	x	y
2000	28	3.1	2004	38	4.7	2008	39	2.9
2001	22	3.6	2005	45	2.5	2009	43	2.6
2002	30	3.4	2006	36	3.1	2010	42	2.7
2003	58	2.8	2007	42	2.6	2011	50	2.6

7. 已知橄榄油、麦芽糖、牛肉膏、硫酸铵、硫酸镁、起始 pH、硫酸氢二钾和接种量（6×10^6/mL）对 *Aspergillus* sp. F044 产脂肪酶有影响，试利用 Packett-Burman 设计对影响因素的主效因子进行筛选，并对影响因素的回归方程进行拟合。因素和水平安排表、试验安排及试验结果如下表所示。

试验因素和水平安排表

编码水平 x_i	因素实际水平										
	橄榄油 (X_1) /%	麦芽糖 (X_2) /%	误差项 (X_3)	牛肉膏 (X_4) /%	误差项 (X_5)	误差项 (X_6)	硫酸铵 (X_7) /‰	硫酸镁 (X_8) /‰	起始 pH 值 (X_9)	磷酸氢二钾 (X_{10}) /‰	接种量 (X_{11}) /%
-1	0.5	0.5	—	1.5	—	—	3	1	5.5	1	1
$+1$	1.5	1.5	—	2.5	—	—	7	3	6.5	3	2

试验安排及试验数据

序号	X_1	X_2	X_3	X_4	X_5	X_6	X_7	X_8	X_9	X_{10}	X_{11}	酶活力 /(U/mL)
1	1	1	-1	1	1	1	-1	-1	-1	1	-1	16.13
2	1	-1	1	1	1	-1	-1	-1	1	-1	1	17.75
3	-1	1	1	1	-1	-1	-1	1	-1	1	1	9.61
4	1	1	1	-1	-1	-1	1	-1	1	1	-1	20.00
5	1	1	-1	-1	-1	1	-1	1	1	-1	1	18.25
6	1	-1	-1	-1	1	-1	1	1	-1	1	1	17.50
7	-1	-1	-1	1	-1	1	1	-1	1	1	1	13.35
8	-1	-1	1	-1	1	1	-1	1	1	1	-1	12.00
9	-1	1	-1	1	1	-1	1	1	1	-1	-1	12.75
10	1	-1	1	1	-1	1	1	1	-1	-1	-1	17.00
11	-1	1	1	-1	1	1	1	-1	-1	-1	1	18.50
12	-1	-1	-1	-1	-1	-1	-1	-1	-1	-1	-1	14.00

8. 欲提取茶叶中的茶多糖，拟考察料液比（X_1）、提取温度（X_2）和提取时间（X_3）对提取率的影响，

试利用 Box-Benhnken 响应面优化方法对影响因素进行分析并获得提取率的回归方程。试验安排及试验结果如下表。

试验安排及试验结果

试验号	编码水平			茶多糖提取率/%
	x_1	x_2	x_3	
1	−1(1∶25,g/mL)	−1(55℃)	0(70min)	7.690
2	−1	1(65℃)	0	7.990
3	1(1∶35,g/mL)	−1	0	3.930
4	1	1	0	5.185
5	0(1∶30,g/mL)	−1	−1(65min)	5.645
6	0	−1	1(75min)	6.175
7	0	1	−1	6.810
8	0	1	1	7.015
9	−1	0(60℃)	−1	9.320
10	1	0	−1	5.550
11	−1	0	1	6.940
12	1	0	1	5.765
13	0	0	0	10.350
14	0	0	0	10.320
15	0	0	0	10.345

第六章
产品质量控制理论与实践

实验室的内部控制是实验室的分析人员对分析质量进行自我控制的一个重要手段,通常采取质量控制图或借助其他方法对产品质量进行监控。对经常分析的产品质量指标常用质量控制图进行质量监控。质量控制图的基本原理由 W. A. Shewart 提出。由于任何一个方法均存在方法误差,就算是在最理想的条件下完成测定,也会不可避免地存在一定的随机误差。如果随机误差超过规定的极限,借由数理统计方法就可以对误差进行判断,确定其是否存在异常或其是否可信。质量控制图有时可以作为仲裁判定的法律依据。质量控制图是监测常规分析过程中可能出现的误差、控制分析数据在一定精度范围和保证常规分析数据精准度的有效方法。

实验室内的各项分析通常由许多操作步骤共同完成,结果可信度受很多因素的综合影响,针对每一个步骤或每个影响因素建立质量控制图通常很难做到。因此,只能对最终分析结果进行质量控制。质量控制图是基于分析测试条件受控,测定结果具有一定的精密度和准确度,测定结果的随机误差符合正态分布的前提进行的。对一个控制样本采取同一方法,由同一分析测试人员在一定时期内进行分析并累积一定试验测定结果,只要这些数据达到一定的精密度和准确度,则表明处于"受控状态"。在后续的例行分析过程中,将平行控制样品随机编号并一起分析,即可以根据分析结果观察测定样本或生产过程是否处于正常情况之下。

质量控制图是实验室内部控制的基本和重要手段,质量控制图的基本结构组成如图 6-1 所示。

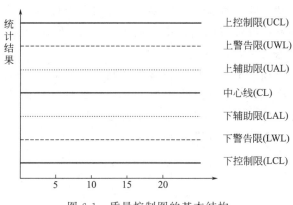

图 6-1 质量控制图的基本结构

质量控制图的基本含义:
① 预测值,通常为中心线(CL)所对应的测定结果,常取平均值;

② 辅助线（AL），位于中心线邻近的上和下。不同的质量控制图其上下辅助线所处的区域也是有差异的。如均数质量控制图中，这一区域通常为 $\overline{x} \pm S$；

③ 目标值，通常介于上下警告线（WL）之间的区域。不同的质量控制图上下警告线围成的区域也是有区别的。在均数质量控制图中，这一区域为 $\overline{x} \pm 2S$；

④ 测定结果允许范围，为图 6-1 中上下控制限所包容的区域，在均数质量控制图中，这一区域为 $\overline{x} \pm 3S$。

第一节 实验室内质量控制方法

质量控制根据其控制范围不同可以分为实验室内质量控制和实验室间质量控制两大类。实验室内质量控制是保证分析结果准确可靠的关键和基础，通过进行定期的质量控制可以使质量分析过程处于可控范围，将检测误差控制在许可范围之内，保证分析测定过程的误差是较小的，从而保证测定结果的精密度和准确度。下面介绍几种常见的实验室内质量控制的方法。

一、全程序空白试验法

空白试验是指在分析测试过程中，不加待测试样或加入与待测试样接近但不含待测物的成分，甚至可以用纯水替代待测样品。除此之外，其他所加的全部试剂及分析操作与待测样品测定完全相同。空白试验所得结果为空白试验值，空白试验可减少系统误差。

全程序空白试验法是指以水、溶液或不含待测定的实际物质，完全遵照待测样品分析操作而得到的试验结果的质量控制方法。空白试验值的大小及分散程度对分析测试结果的精密度和方法检出限有很大影响，在某种程度上可以反映该实验室及其分析人员业务水平及熟练程度。

二、标准曲线法

标准曲线是指通过测定一系列已知组分的标准物质的某些理化性质而得到的性质的数值曲线。一般情况下，在标准曲线的绘制过程中需同时进行全程序空白试验值的测定。标准曲线的绘制质量可影响测定结果的准确度。标准曲线还可用于方法测定限的确定。标准曲线绘制可采取标准系列溶液直接测定，测定过程以纯溶剂为参比并进行空白校正。标准曲线绘制后需进行检验，检验方法有线性检验、截距检验以及斜率检验等。

线性检验即检验线性标准曲线的精密度。以 4～6 个浓度单位所获得的测量值绘制标准曲线，一般要求相关系数 $|\gamma| \geqslant 0.9990$。

截距检验即检验标准曲线的准确度。将线性回归方程截距 b 与 0 作 t 检验，若检测 0.05 水平，b 与 0 无显著差异，则方程可以简化为 $y = ax$。线性范围内该方程可替代标准曲线，样品测定值经空白校正后即可计算出测量值。检验方法如下。

首先，按式(6-1) 计算出剩余标准偏差 S_0：

$$S_0 = \sqrt{\frac{\sum_{i=1}^{n}(y_i - \hat{y}_i)^2}{n-2}} = \sqrt{\frac{\sum_{i=1}^{n}(y_i - \overline{y})^2 - \frac{[\sum_{i=1}^{n}(x_i - \overline{x})(y_i - \overline{y})]^2}{\sum_{i=1}^{n}(x_i - \overline{x})^2}}{n-2}} \tag{6-1}$$

然后，按式(6-2) 计算出截距的标准偏差 S_a：

$$S_a = S_0 \sqrt{\sum_{i=1}^{n} x_i^2 / n \sum_{i=1}^{n} (x_i - \overline{x})^2} \quad (6-2)$$

最后，进行 t 检验，$t = \dfrac{|b-0|}{S_a}$，比较 t 值与 $t_{(0.05, n')}$。若差异显著，则表示方程准确度不高，需重新绘制并检验合格。

斜率检验即检验方法的灵敏性。一般可随试样选取不同浓度的 2～3 个标准样品进行测定，允许范围因方法精密度不同而有所不同。一般分子吸收光度法相对差值要低于 5%，原子吸收光度法要求相对差值低于 10%。

三、平等双样法

平常所说的平等双样实际是指"重复测定"，但在实际测定过程中，由于仪器设备及操作等原因，平等双样操作存在一定困难，所以在前后测定差很小的重复试验，称为"重复测定"更为贴切。

平等双样测定可对测定结果进行最低限度的精密度检查，也有利于减少随机误差。样本量较大时，可随机选择 10%～20%的样本进行测定（$n \geqslant 5$）。平等双样测定结果差值应符合标准方法或相关标准要求，如果尚未有标准可供参考，则可以参考表 6-1，也可以通过质量控制图进行精密度的控制。

表 6-1 平等双样允许的最大相对偏差　　　　　　　　　　　　　单位：%

分析结果数量级/(g/mL)	10^{-4}	10^{-5}	10^{-6}	10^{-7}	10^{-8}	10^{-9}	10^{-10}
相对偏差最大允许值/%	1	2.5	5	10	20	30	50

四、加标回收控制法

加标回收控制法是实验室内经常用于自控的一种质量控制方法，计算公式如式(6-3)：

$$x = \frac{b-a}{c} \times 100\% \quad (6-3)$$

式中，a 为试样的测定值；b 为加入标准样品后的试样测定值；c 为加入标准物质的量。

加标回收率在一定程度上可以反映测定结果的准确度，但并不能完全反映试验结果的准确度。如加标回收率超出范围，则测定准确度不高。若加标回收率满足条件也无法 100%保证结果的准确度，因为测试样品中的干扰因素对结果可能具有恒正或恒负偏差。此外，标准物质与待测物质在形态和价态上的差异以及加标量等均会影响加标回收的结果。当然，如果加标回收结果不理想，则肯定准确度存在问题。加标回收质量控制的样本量一般为试样的 10%～20%。每批同类型试样一般大于等于 2 个样本。加标量一般为试样含量的 0.5～2 倍，且加标后待测物质的含量不能超过方法检测上限，体积应控制在试样体积的 1%以内。

理想的加标回收结果应在标准方法或相关规定方法的许可范围之内，或按式(6-4)计算出的以 95%～105%为目标值的置信区间内（$\alpha = 0.05$）：

$$P_1 = 95\% - \frac{t_{(0.05,f)}S_p}{D} \times 100 \quad P_2 = 105\% + \frac{t_{(0.05,f)}S_p}{D} \times 100 \tag{6-4}$$

式中，D 为加标量，S_p 为加标回收率的标准偏差，二者单位是一致的。

当加标回收率数据累积到一定数量时，就可以绘制加标回收控制图并对加标回收测定过程进行全程序控制。

五、标准物参考法

标准参考物是由多家单位或多名分析测试人员对某试样进行反复多次测定后，给待测成分确定一个相对权威而精确的测定数据，并将该数据作为待测成分的"真值"。标准物参考法可发现和减少甚至消除可能存在的系统误差。

六、方法对照

上述介绍的几种方法，如加标回收法可能存在系统误差被掩盖；标准物参考法可能存在标准物与试样不完全等同以及不同方法存在系统误差等情况。所以，方法对照法则更具优势。一般用于可疑值复查，实验室间结果仲裁，多家参与协作的标样定值以及方法改进等。方法对照法由于要求很高，在常规分析中很难推广。

第二节 质量控制图的绘制与应用

一、质量控制图的类型与意义

常用的质量控制图类型有多种，如均数质量控制图（$\bar{x}$ 控制图）、均值-极差质量控制图（$\bar{x}$-R 控制图）以及多样质量控制图等，最常用的是 $\bar{x}$ 控制图和 $\bar{x}$-R 质量控制图。

质量控制图是基于测定数据符合正态分布的假设基础上进行的。在测定完试验数据后，通过绘制质量控制图，可以连续观察质量动态变化，以便及早地发现异常并采取有效的控制措施，防止质量不符合规定的残次品的出现，从而使生产过程处于受控状态。

在实际的生产过程中，由于产品类型、含量及分析项目的多样化，质量控制图的应用有一定程度的局限性。因此，质量控制图主要应用于实验室内的产品质量控制，主要用于如新方法的确立、分析人员熟悉新项目的效果检查、定期例行检测和大批抽样分析以及实验室协助试验等分析项目中。内部质量控制是实验室分析人员对产品质量进行的自我控制过程，通常采取某种质量控制图或其他方法进行质量的内部控制。

二、质量控制图的绘制

1. 均值控制图

均值控制图在绘制的时候要注意测试样本的待测物质浓度和组成与总体应尽可能一致，这样才能尽可能真实地反映总体。用同一方法在一个时段（如每天分析一次平行样）内重复测定，至少累积 20 个测定数据（特别说明的是，不可以将 20 个重复试验在一天内重复测定，或一天分析 2 个或 2 个以上），然后根据测定结果计算总均值（$\bar{\bar{x}}$）、标准偏差（S，偏差应低于标准分析方法所规定的相应浓度对应的偏差，否则试验测定的精密度达不到所规定的要求）以及平均极差（$\bar{R}$），计算公式如下：

$$\bar{\bar{x}} = \frac{1}{n}\sum_{i=1}^{n}\bar{x}_i \tag{6-5}$$

$$S = \sqrt{\frac{\sum_{i=1}^{n}(\overline{x}_i - \overline{\overline{x}})^2}{n-1}} \tag{6-6}$$

$$\overline{R} = \frac{1}{n}\sum_{i=1}^{n} R_i \tag{6-7}$$

均值控制图以平均值 $\overline{x}$ 为中心线（CL），通常以 $\overline{x} \pm 3\sigma/\sqrt{n}$ 为控制上、下限（置信度为 99.73%），以 $\overline{x} \pm 2\sigma/\sqrt{n}$ 为上、下警告线（置信度为 95.44%），也有人用 $\overline{x} \pm 1.96\sigma/\sqrt{n}$（置信度为 95%）、$\overline{x} \pm 2.576\sigma/\sqrt{n}$（置信度为 99%）或 $\overline{x} \pm 3.09\sigma/\sqrt{n}$（置信度为 99.8%）分别作为上、下控制界限。由于在实际测定中，测定样本数有限，所以总体标准偏差 σ 很难获取，实际上，当测定次数较多时（$n \gg 20$），$\sigma \approx S$。所以，可以用样本标准偏差 S 来替代总体标准偏差 σ。因此，平均值控制图的绘制则以测定序号为横坐标，相应的测定值为纵坐标。其中，上、下控制限，上、下警告限以及上、下辅助线和中心线分别由下列公式进行计算：

① 中心线——以总均数（$\overline{\overline{x}}$）估算 μ；
② 上、下控制限——以 $\overline{\overline{x}} \pm 3S$ 对应值标示；
③ 上、下警告限——以 $\overline{\overline{x}} \pm 2S$ 对应值标示；
④ 上、下辅助限——以 $\overline{\overline{x}} \pm S$ 对应值标示。

值得注意的是，在绘制好的均数控制图中，落在上下辅助线区间范围内的数据个数应占总数的 68%，即应大于 14 个。如果这一区间数据个数少于 10 个，则认为该均值控制图不可靠。此外，如果连续有 7 个数据点位于中心线的一侧，表示质量控制图失控，不适合于实验室的内部控制。

在控制图完成后，应标明该控制图的测定条件、测定项目、分析操作人员姓名以及测试日期等相关的参数。当控制样品测定次数累积越来越多以后，可以将这些结果与原有结果一起重新计算总均值、标准偏差，然后，对原有均数质量控制图进行校正和更新。

【例 6-1】 用某种标准方法对含铜 0.250mg/L 的水质标准物做 20 次测定，测定结果如表 6-2 所示。

表 6-2 测定结果

测试序号	结果（$\overline{x}_i$）	测试序号	结果（$\overline{x}_i$）	测试序号	结果（$\overline{x}_i$）	测试序号	结果（$\overline{x}_i$）
1	0.251	6	0.240	11	0.229	16	0.270
2	0.250	7	0.260	12	0.250	17	0.225
3	0.250	8	0.290	13	0.283	18	0.250
4	0.263	9	0.262	14	0.300	19	0.256
5	0.235	10	0.234	15	0.262	20	0.250

解 由表 6-2 中的数据可以计算出，$\overline{\overline{x}} = 0.256\text{mg/L}, S = 0.020\text{mg/L}$，控制图如图 6-2 所示。

从图 6-2 可以看出，测定结果均分布在上、下控制限之间，说明测定过程处于受控状态。在实际工作中，我们还可以用极差 R 代替标准偏差来检验数据产生过程是否受控。由于极差计算相对比较容易，用极差 R 构造 $\overline{x}$ 控制图上、下限计算量相对较少。

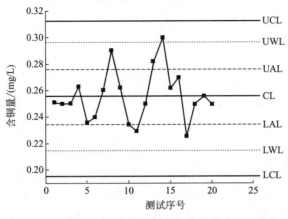

图 6-2 水中铜分析数据控制图

2. 均值-极差控制图

在实际中,可能碰到均值控制图非常理想,但测定数据的极差却比较大,这属于质量较差的控制图。所以,利用均值-极差控制图既可以考虑均值的变化,也可以观察极差的变化情况(见表 6-3)。均值控制图由两部分组成,即均值图和极差图。

(1) 均值图

均值图的 CL 以 $\overline{\overline{x}}$ 对应值表示,上、下控制限以 $\overline{\overline{x}} \pm A_2\overline{R}$ 对应值表示,上、下警告限以 $\overline{\overline{x}} \pm \frac{2}{3}A_2\overline{R}$ 对应值表示,上、下辅助线以 $\overline{\overline{x}} \pm \frac{1}{3}A_2\overline{R}$ 对应值表示。

(2) 极差图

上控制限以 $D_4\overline{R}$ 对应值表示,上警告限以 $\overline{R} + \frac{2}{3}(D_4\overline{R} - \overline{R})$ 对应值表示,上辅助限以 $\overline{R} + \frac{1}{3}(D_4\overline{R} - \overline{R})$ 对应值表示,下控制限以 $D_3\overline{R}$ 对应值表示。

表 6-3 均数-极差控制图系数表(每次测定 n 个平等样)

系数	2	3	4	5	6	7	8	9	10	11	12	13
A_2	1.881	1.023	0.729	0.577	0.483	0.419	0.373	0.337	0.308	0.285	0.266	0.249
d_2	1.128	1.693	2.059	2.326	2.534	2.704	2.847	2.970	3.078	3.173	3.258	3.336
d_3	0.853	0.888	0.880	0.864	0.848	0.833	0.820	0.808	0.797	0.787	0.778	0.770
D_3	0.000	0.000	0.000	0.000	0.000	0.076	0.136	0.184	0.223	0.256	0.283	0.307
D_4	3.267	2.575	2.282	2.115	2.004	1.924	1.846	1.816	1.777	1.744	1.717	1.693
系数	14	15	16	17	18	19	20	21	22	23	24	25
A_2	0.235	0.223	0.212	0.203	0.194	0.187	0.180	0.173	0.167	0.162	0.157	0.153
d_2	3.406	3.472	3.532	3.588	3.640	3.931	3.689	3.735	3.778	3.819	3.858	3.895
d_3	0.763	0.756	0.750	0.744	0.739	0.734	0.729	0.724	0.720	0.716	0.712	0.708
D_3	0.328	0.347	0.363	0.378	0.391	0.403	0.415	0.425	0.434	0.443	0.451	0.459
D_4	1.672	1.653	1.637	1.622	1.608	1.597	1.585	1.575	1.566	1.557	1.548	1.541

由于在实际测定过程中试验数据精密度很好时,极差会很小。所以,通常极差图没有设置下警告限,但仍设置下控制限。在使用过程中,如果 R 值稳定下降导致 $R \approx D_3\overline{R}$(即触

及下控制限），此时表明精密度已有提高，原有质量控制图失效，应根据新的测定数据重新绘制新的均值-极差控制图。

均值-极差控制图的使用方法与均值控制图基本相同，只是两者中任一个超出控制限（极差控制图下控制限除外），则说明该控制图"失灵"。所以采取均值-极差控制图比单纯使用均值控制图要"灵敏"很多。

【例 6-2】 某公司为控制产品质量，每天从产品中抽取样本容量为 5 的随机样本，共抽取了 20 个样本，得到样本的测定结果，测定结果如表 6-4 所示。

表 6-4 测定结果

样本序号	观测值					样本均值	样本极差
1	3.5065	3.5086	3.5144	3.5009	3.5030	3.5065	0.0135
2	3.4882	3.5085	3.4884	3.5250	3.5031	3.5026	0.0368
3	3.4897	3.4898	3.4995	3.5130	3.4969	3.4978	0.0233
4	3.5153	3.5120	3.4989	3.4900	3.4837	3.5000	0.0316
5	3.5059	3.5113	3.5011	3.4773	3.4801	3.4951	0.0340
6	3.4977	3.4961	3.5050	3.5014	3.5060	3.5012	0.0099
7	3.4910	3.4913	3.4976	3.4831	3.5044	3.4935	0.0213
8	3.4991	3.4853	3.4830	3.5083	3.5094	3.4970	0.0264
9	3.5099	3.5162	3.5228	3.4958	3.5004	3.5090	0.0270
10	3.4880	3.5015	3.5094	3.5102	3.5146	3.5047	0.0266
11	3.4881	3.4887	3.5141	3.5175	3.4863	3.4989	0.0312
12	3.5043	3.4867	3.4946	3.5018	3.4784	3.4932	0.0259
13	3.5043	3.4769	3.4944	3.5014	3.4904	3.4935	0.0274
14	3.5004	3.5030	3.5082	3.5045	3.5234	3.5079	0.0230
15	3.4846	3.4938	3.5065	3.5089	3.5011	3.4990	0.0243
16	3.5145	3.4832	3.5188	3.4935	3.4989	3.5018	0.0356
17	3.5004	3.5042	3.4954	3.5020	3.4889	3.4982	0.0153
18	3.4959	3.4823	3.4964	3.5082	3.4871	3.4940	0.0259
19	3.4878	3.4864	3.4960	3.5070	3.4984	3.4951	0.0206
20	3.4969	3.5144	3.5053	3.4985	3.4885	3.5007	0.0259

根据表 6-4 中的数据，可以计算出 $\overline{x}=3.4995$，$\overline{R}=0.0253$。上控制限 UCL $=\overline{x}\pm A_2\overline{R}$。式中 A_2 为一个仅依赖于样本容量的常数，可由表 6-3 查出。当 $n=5$ 时，$A_2=0.577$，则 UCL=3.514，LCL=3.485，均数控制图见图 6-3。在计算出 $\overline{x}_i$ 以及上、下控制限后，以试验指标为纵坐标画出三条平行于横轴的直线，即可得到平均值控制图，横坐标可以是样本序号，也可以是测定日期等。

根据表 6-3 可查出当 $n=5$ 时，$D_4=2.115$，$D_3=0.000$，再根据 LCL $=D_4\overline{R}$，UWL $=\overline{R}+\dfrac{2}{3}(D_4\overline{R}-\overline{R})$，UAL $=\overline{R}+\dfrac{1}{3}(D_4\overline{R}-\overline{R})$，LCL $=D_3\overline{R}$，所以 UCL=0.0535，UWL=0.0441，UAL=0.0347，LCL=0.000，极差控制图如图 6-4 所示。

均值控制图和极差控制图的组成结构是相同的，其不同之处在于：均值控制图上、下界限是关于中心线（CL）对称的。但极差控制图不对称，图中各线非等间距。特别要注意的两点是：

① 如果极差落在 UCL 和 LCL 之间，则生产过程稳定，否则不稳定。

② 极差并非越小越好，若方法不灵敏，则 R 很小，若原料或试剂纯度过高，则 R 也会变得很小。

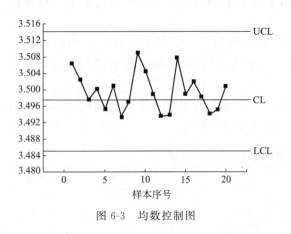

图 6-3　均数控制图

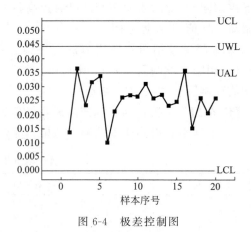

图 6-4　极差控制图

3. 多样控制图

在实际工作中，为了有效避免分析人员自身原因对单一浓度质量控制样品的测定值产生误差，可以采取多样控制图。其方法是配制一组浓度不同，但相差不大的控制样品，测定时将标准偏差作为常数。在进行质量控制时，每次随机取出一个样品进行测定。在对不同浓度的控制样品进行累积超过 20 次的测定后，计算其平均浓度（$\bar{x}$）和标准偏差（S），按图 6-5 进行多样控制图的绘制。

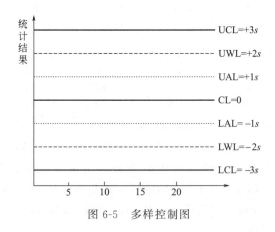

图 6-5　多样控制图

4. 加标回收控制图

一般绘制单值控制图时所需的数据必须是试样的加标回收结果，且不能在控制样品中进行加标回收测定。由于加标回收率是一个相对值，在较高浓度范围内，几乎不受不同试剂浓度的影响，所以，加标回收控制图的适应范围更宽。由于在痕量分析过程中，控制样品浓度改变对结果影响较大，因此，有时需建立不同浓度范围的控制图。为了避免形成"自我控制"状态，绘图所用的回收率必须符合方法规定。当合格率数据积累达到 20 个以上时，就可以进行加标回收控制图的绘制，而且在常规分析过程中也经常要进行加标回收率的测定，所以加标回收控制图并不需要额外增加测定的工作量。

【例 6-3】　利用累积双硫腙法测定某样品中汞的加标回收率，测定数据见表 6-5，绘制加标回收率控制图。

表 6-5 测定汞的加标加收结果　　　　　　　　　　　　　单位:%

编号	x	编号	x	编号	x	编号	x
1	100.3	6	107.4	11	99.2	16	97.5
2	98.2	7	101.0	12	104.5	17	104.0
3	100.8	8	103.5	13	100.0	18	98.1
4	92.5	9	95.0	14	99.2	19	103.0
5	97.5	10	101.0	15	100.8	20	99.4

解　由表 6-5 数据可以计算出，$\bar{x}=100.1$　$S=3.34$，UCL=110.12，UWL=106.78，UAL=103.44，CL=100.12，LAL=96.76，LWL=93.42，LCL=90.08。绘制质量控制图，如图 6-6 所示。

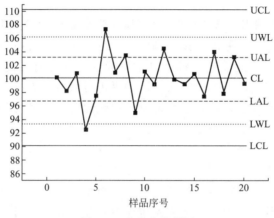

图 6-6　准确度控制图

三、质量控制图的使用

1. 控制状态与失控状态

控制图绘制好后通过观察点在图中的分布及变化趋势，可判断分析工作是否处于正常状态或生产过程是否处于受控状态。

(1) 控制状态

控制状态又称为正常状态、稳定状态。数据处于受控状态时，在质量控制图中的分布符合以下规律：

① 所有点均分布在上、下控制限内；

② 分布未见异常，没有连续多点出现在中心线的同一侧；

③ 长期观测发现，测定值沿中心线呈正态分布。上、下辅助线内数据点占总数据点 68% 左右，上、下警告线内的数据点占总数据点 95.5% 左右。

(2) 失控状态

失控状态又称异常状态、不稳定状态。主要表现为：a. 测定值超出控制界限或恰好落在控制限上；b. 分布异常。

分布异常可以归纳为以下几个情形：

① 连续 7 个点出现在中心线的同一侧。实际工作中，如有连续 5 个或 6 个点出现在中心线同一侧时就要特别警惕，一定要找出导致"失控"的原因并加以解决；

② 连续 11 个点中有 10 个点偏在中心线的一侧；

③ 连续 14 个点中有 12 个点偏在中心线的一侧；
④ 连续 17 个点中有 14 个点偏在中心线的一侧；
⑤ 出现 7 个以上连续上升或连续下降的点。

通常情况下应将均值控制图和极差控制图结合使用，如果在这两个控制图中均无超限点，且在均数控制图中沿中心线上下波动，说明仅存在随机误差，工作状态正常；如果均值控制图中数据在控制限之外或正好落在控制限上，说明存在系统误差或存在不能抵消的过失误差；如极差控制图中有超出控制限的点，说明存在大小悬殊或正负相反的过失误差；如遇均值控制图中有连续多点（5 个点以上）出现在中心线的一侧，说明存在某种不利的倾向，也属异常。要更仔细地分析控制图出现异常的原因，使生产或分析恢复正常。

2.控制图的解释

（1）单点超出

如出现超出上、下控制限的数据，一般认为这两个数据为可疑数据，需进行原因分析。如能找出数据发生偏差的确切原因，则可判定为其过程脱控，若找不出确切原因，虽然这两个数据点落在控制限外，不能简单定性为其过程脱控。因为有可能是随机误差造成的。此时，可以增加抽样样本容量，增加测定次数。如果仍有偶尔单点超出控制限外并无法确定原因时，有可能是影响因素过多，难以进行控制。一般情况下，随着测定次数的增加，平均值的波动变小的可能性不大，而标准偏差变小的可能性较大。一般而言，随着测定次数增加，控制状态的可信度会逐渐提高。

（2）链分析

如果过多数据点连续出现在中心的同一侧，或数据点分布有明显上升或下降趋势，这种情况下，通常可能伴随数据失控，可能有系统误差存在。此时，可以采取链分析进行过程是否受控分析。在控制图中，将点连成线后，跨过中心线的次数称为链数。它反映数据点在中心线两侧的分布情况。过多的点出现在同一侧，例如，由 11 个数据点组成的链中有 10 个点在同一侧，说明过程已失控。

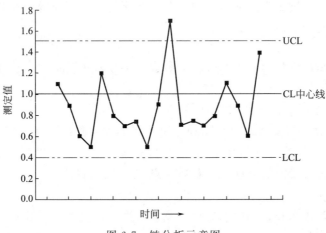

图 6-7　链分析示意图

图 6-7 为一数据产生过程的控制图，总共有 19 个数据点。折线穿越中心线次数为 8，即链数为 8。查链数对照表（见表 6-6），总数为 19 时合理的链数范围为 5~14，可以认为控制图没有提供脱控信号。

表 6-6 链数对照表

总数	链数的合理范围	总数	链数的合理范围	总数	链数的合理范围
<10	不能确定	28~29	9~20	48~49	17~32
10~11	3~8	30~31	10~21	50~59	18~33
12~13	3~10	32~33	11~22	60~69	22~39
14~15	4~11	34~35	11~25	70~79	26~45
16~17	5~12	36~37	12~25	80~89	31~50
18~19	5~14	38~39	13~26	90~99	35~56
20~21	6~15	40~41	14~27	100~109	39~62
22~23	7~16	42~43	15~28	110~119	44~67
24~25	8~17	44~45	13~30	120~129	48~73
26~27	8~19	46~47	16~31		

在计算链数时需要注意的是，总数中不包括那些正好落在中心线上的数据，而且在计算链数时，若某个点正好落在中心线上，其左右相邻的数据点都在中心线同侧，则不计为一个链数。链分析对于数据点在控制图上单向上升或下降的情况，也是可用的方法。

习 题

1. 某公司实验室对某原料中的铁含量进行分析测定（%）得到以下数据，试绘制其平均值控制图和极差控制图。

序号	x_1	x_2	$\bar{x}$	R	序号	x_1	x_2	$\bar{x}$	R
1	5.00	4.96	4.98	0.04	11	5.00	5.00	5.00	0.00
2	4.98	5.00	4.99	0.02	12	4.98	4.96	4.97	0.02
3	4.92	5.00	4.96	0.08	13	4.99	4.96	4.975	0.03
4	4.98	4.98	4.98	0.00	14	5.00	4.95	4.975	0.05
5	4.94	5.02	4.98	0.08	15	4.98	4.96	4.97	0.02
6	4.97	5.00	4.985	0.03	16	5.04	4.95	4.995	0.09
7	4.99	5.05	5.02	0.06	17	5.04	5.00	5.02	0.04
8	4.97	1.99	4.98	0.02	18	4.97	4.99	4.98	0.02
9	5.02	5.00	5.01	0.02	19	5.02	5.00	5.01	0.02
10	4.97	4.95	4.96	0.02	20	5.02	4.98	5.00	0.04

2. 用双硫腙法测定自来水中的痕量汞，加标量为 0.5mg/100mL，测定方法加标回收率，数据如下表所示，试绘制加标回收率控制图。

序号	加标回收率/%	序号	加标回收率/%	序号	加标回收率/%	序号	加标回收率/%
1	95.8	6	102.3	11	98.6	16	101.2
2	100.1	7	100.0	12	98.1	17	102.1
3	100.2	8	102.3	13	97.5	18	99.8
4	99.8	9	101.8	14	98.3	19	98.6
5	97.4	10	99.4	15	100.2	20	102.7

3. 用某浓度为 25mg/L 的质量控制水样，每天分析一次平等试样，共获得 20 个数据（吸光值 A），分别为：0.298、0.300、0.301、0.299、0.291、0.301、0.299、0.287、0.310、0.314、0.299、0.298、0.307、0.317、0.312、0.302、0.317、0.302、0.317 和 0.312，试作均数控制图并阐述如何利用其进行质量控制。

4. 浓度为 0.08mg/L 的汞标准液，每天分析平等样一次，连续测定 20 次，获得的试验数据如下表所示，试绘制均数-极差控制图（$\bar{x}$-R 图）。

序号	x_1	x_2	$\bar{x}$	R	序号	x_1	x_2	$\bar{x}$	R
1	0.157	0.156			11	0.150	0.155		
2	0.150	0.148			12	0.152	0.147		
3	0.151	0.150			13	0.144	0.146		
4	0.153	0.149			14	0.150	0.151		
5	0.147	0.150			15	0.151	0.153		
6	0.150	0.153			16	0.154	0.150		
7	0.149	0.147			17	0.149	0.152		
8	0.150	0.153			18	0.150	0.150		
9	0.148	0.155			19	0.148	0.149		
10	0.145	0.149			20	0.147	0.152		

第七章

试验数据的计算机处理技术

随着计算机的普及和统计软件的更新发展，用计算机进行试验后的数据统计处理成为一种常态，依赖传统手工计算的历史已经远去。利用计算机进行统计数据的处理具有处理速度快、准确度高，而且可以获得比传统手工计算更多的统计信息。目前，应用于试验数据的统计处理的软件很多，如 EXCEL、SAS（statistical analysis system）、DPS（date processing system）、SPSS（statistics package for social science）等。鉴于篇幅原因，本章仅对 EXCEL 和 PASW Statistics 18.0（SPSS 被 IBM 收购后名称变为 PASW Statistics）软件进行数据处理的简单介绍，有关软件的详细使用请参考软件帮助文件或参考相关的教材。

第一节　EXCEL 在试验数据处理中的应用

Microsoft Excel 是微软公司开发的基于 Windows 环境下的电子表格系统，是目前应用最为广泛的表格处理软件之一，具有强大的图表制作和数理统计功能，有强有力的数据管理功能，丰富的宏（macros）命令和函数。随着 Excel 版本的升级，Excel 的数据处理和图形处理功能也越来越智能化。Excel 在试验设计和数据处理中的应用主要集中在以下几个方面。

一、数据分析工具库介绍

Excel 的数据分析功能是非常强大的，而且提供了多种数据分析工具包，如统计分析、财务分析、工程分析、规划求解工具等。下面主要介绍"分析工具库"的安装与调用。

"分析工具库"的安装可通过点击 Excel "工具"中"加载宏"完成安装，如图 7-1（a）所示。

点击"加载宏"后，会弹出"加载宏"对话框，如图 7-1（b）所示，其中包括"Internet Assistant VBA"、"查阅向导"、"分析工具库"、"规划求解"、"条件求和向导"等内容。此处仅介绍"分析工具库"的使用。

勾选"分析工具库"且加载成功后，Excel "工具"菜单下会出现新增加的"数据分析"命令，如图 7-1（c）所示。点击"数据分析"命令后，即可显示"数据分析"对话框，如图 7-2 所示。"数据分析"工具可提供单因素方差分析、无（有）重复双因素的方差分析、相关分析、协方差、统计描述等 19 类不同的分析工具。

二、试验数据的表格与图表制作

1. 表格的使用

试验数据表格的建立是 Excel 进行数据统计处理的前提和基础，主要是生成试验数据和

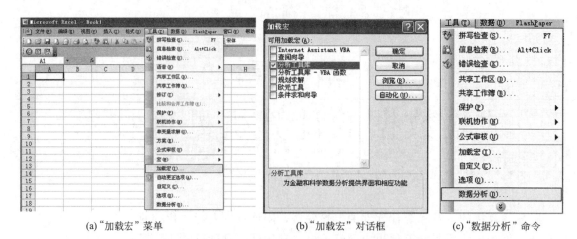

(a)"加载宏"菜单　　　　(b)"加载宏"对话框　　　　(c)"数据分析"命令

图 7-1　分析工具库安装

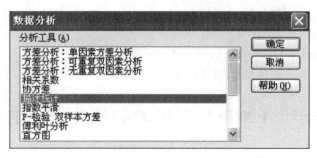

图 7-2　"数据分析"对话框

统计结果。表格中数据的输入可以采用手动输入，也可以对原始数据进行初步运算并整理成所需要的结果。

（1）数据输入基本方法

Excel 的数据类型有多种，如数值型、字符型和逻辑型等。数据输入时要根据数据类型选择合适的输入方式。如由数据和小数点组成时，试验数据的输入可以直接输入。通常 Excel 会将数据自动识别为数值型，普通数据的输入可以采取普通记数法或科学记数法。如输入"1234567"可以在对应的单元格中直接输入，也可以采取科学记数法即输入"1.234567E6"。如"0.0001"如果利用科学记数法则输入"1E－4"；如果是日期型数据，根据其格式不同输入方法会有所差异。如 8 月 8 日，则可以在相应单元格中输入"8/8"即可；负数的输入可以用"－"加数字或可以用（）的形式，如（88）表示－88；分数的输入为了和日期格式区别，在输入分数时，先在前方输入"0"和空格，然后再输入分数，如输入"0　1/3"则显示的是 1/3；文本型数据通常是指不以数字开头的字符串，可以是字母、汉字或非数字符号。如果希望将数字作为文本格式输入时，只需在数字输入之前先输入单引号"'"或输入"="。如输入年月日为"20120515"的文本型数字时，可以在相应单元格中输入"'20120515"或输入"=20120515"都是可以的。

（2）有规律数据的输入

如果数据是有规律的文本或数值时，可以用特殊的方法进行输入。如需要在相邻的几个单元格填充相同的数值或文本时，可以采取自动填充方法输入数据。该方法可以完成行或列的连续填充。

（3）等差数列的输入

如需要在 A1~A10 区域的单元格中输入从 0 开始的偶数，可以在 A1 单元格中输入 0，在 A2 单元格中输入 2，然后再选中 A1 和 A2，将鼠标移至 A2 的右下角，待出现"填充柄"后，即可往下拖曳至 A10，即可完成等差数据的自动数据填充。

2. 图表的制作

Excel 的图形制作功能比较强大，主要用于试验数据的初步整理和归纳、数据变化趋势的分析等方面。借助图表可以直观地观测变量之间的相互关系。

（1）折线图的绘制

【例 7-1】 如果在保持洗涤水流量不变的情况下进行滤渣的清洗，得到洗涤时间 t 与洗涤水浓度之间的试验数据（见表 7-1）。已知洗涤水浓度 c 与洗涤时间 t 之间的函数关系可以用 $c = c_0 e^{At}$ 表示。试用 Excel 绘制 c 与 t 之间关系的折线图。

表 7-1 试验数据

洗涤时间 t/min	1	2	3	4	5	6	7	8
洗涤水浓度 c/(g/L)	6.61	4.70	3.30	2.30	1.70	1.15	0.78	0.56

解 绘制过程：

① 在 Excel 表格中建立数据工作表格。

② 在 Excel "插入（I）" 菜单中点击 "图表（H）…"。选择 "XY 散点图" ［见图 7-(a)］，在子图表类型中选择第二种 ［见图 7-3(a)］。

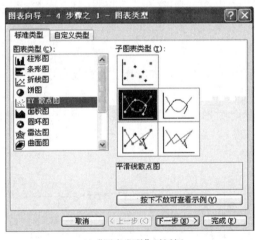

(a) "图表类型" 对话框　　　　　(b) "图表源数据" 对话框

图 7-3 "图表类型" 对话框和 "图表源数据" 对话框

③ 点击 "下一步"，并选中数据区域 ［见图 7-3(b)］。如果之前已选中待绘图的区域数据，进一步会直接自动生成图表。

④ 点击 "下一步" 会弹出 "图表选项" 对话框 ［见图 7-4(a)］，将横、纵坐标标题填入到相应的位置，如横坐标填入 "t，min"，纵坐标填入 "c，g/L"。

⑤ 点击 "完成"，即可得到绘制好的图形 ［见图 7-4(b)］。可以对绘制的图形进行修饰，如去掉表格中的网格线、背景、修改横、纵坐标字体与字号等。其他类型的图表制作基

本操作步骤类似，就不再赘述。

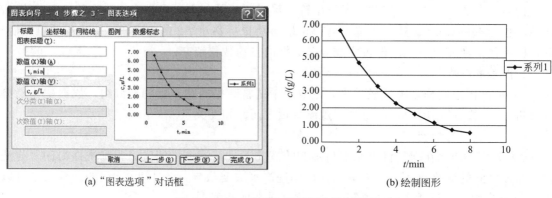

(a) "图表选项"对话框　　　　　(b) 绘制图形

图 7-4　"图表选项"对话框和绘制图形

(2) 多系列图形的制作

【例 7-2】　为了对比研究微波法和常规法在高吸水性树脂合成中保水性能的影响，测定了两种产品在 60℃条件下失水速率 v [kg 水/(kg 树脂·h)]，试验数据如表 7-2 所示。试利用 Excel 进行双系列图形的绘制。

表 7-2　试验数据

时间	0	1	2	3	4	5	6	7	8	9	10
微波法	0.0	3.0	5.5	13.3	15.5	12.3	11.9	11.7	11.6	11.4	11.1
常规法	0.0	23.0	23.3	23.6	22.9	23.0	22.9	22.5	22.4	22.5	22.3

解　绘制过程：

① 在 Excel 表格中建立数据工作表格。

② 在 Excel "插入（I）"菜单中点击"图表（H）…"。选择"XY 散点图"，在子图表类型中选择第二种。

③ 点击"下一步"，并选中数据区域，得到图形 [见图 7-5（a）]，由于本例的图形有

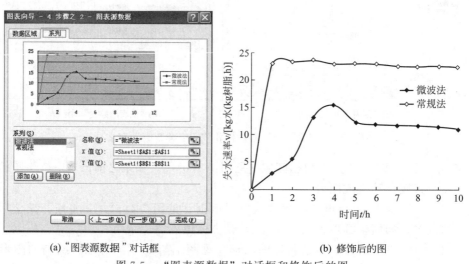

(a) "图表源数据"对话框　　　　　(b) 修饰后的图

图 7-5　"图表源数据"对话框和修饰后的图

两个系列，因此，需标示每一个系列的数据所对应的试验方法。如图 7-5（a）中系列 1 为微波法，系列 2 为常规法。

④ 然后再点"下一步"，将横、纵坐标填入到图中，然后点"完成"即可完成双系列图形的绘制。对得到的图可以进行修饰，如图 7-5（b）所示。

三、EXCEL 在方差分析中的应用

Excel 数据分析包可以提供方差分析、回归分析和相关系数分析等数理统计分析。利用 Excel 提供的方差分析工具和内置函数，可以快速、准确地完成方差分析。

1. 单因素试验方差分析

【例 7-3】 为考察温度变化对某化工产品合成的影响，选定 5 个不同温度，每一温度下重复 3 次试验，试验数据如表 7-3 所示。试用 Excel 数据分析包中的"单因素方差分析"工具分析温度的变化对产品得率是否有统计意义上的显著影响？

表 7-3　试验数据　　　　　　　　　　　　　　单位:%

试验次数	60℃	65℃	70℃	75℃	80℃
1	90	97	96	84	84
2	92	93	96	83	86
3	88	92	93	88	82

解 操作步骤：

① 将数据输入到 Excel 中，数据可以按行或列进行组织。

② 在"工具（T）"下拉菜单中选择"数据分析（O）…"子菜单并选择"方差分析：单因素方差分析"工具［见图 7-6（a）］，即可弹出"单因素方差分析对话框"［见图 7-6（b）］。

需要特别注意的是：首先，由于本例采取的是行组织方式，所以，在分组方式中选择"行分组"；其次，输入区域在选择时不要包含标题，而仅选中数据区域；最后，就是如果输入区域的第一行包含标志项，则需勾选"标志位于第一列"复选框，如果输入区域没有标志项，则该复选框不会被选中。本例输入区域包含温度标志列。

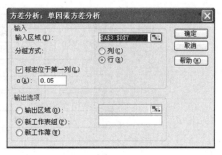

(a)"数据分析"对话框　　　　　　　　　　(b)"方差分析:单因素方差分析"对话框

图 7-6　"数据分析"对话框和"方差分析：单因素方差分析"对话框

③ 按上述要求填写后，点击"确定"，即可得到单因素方差分析的统计结果（见表 7-4）。从表 7-4 可以看出，$p=0.000299<0.01$，说明温度变化在统计上对产物合成的影响是极显著的。

表 7-4 "方差分析：单因素方差分析"统计分析结果

组	观测数	求和	平均	方差		
60℃	3	270	90	4		
65℃	3	282	94	7		
70℃	3	285	95	3		
75℃	3	255	85	7		
80℃	3	252	84	4		
方差分析						
差异源	SS	df	MS	F	P	F
组间	303.6	4	75.9	15.18	0.000299	3.47805
组内	50	10	5			
总计	353.6	14				

2. 无重复试验的双因素方差分析

【例 7-4】 为了考察 pH 和硫酸铜溶液的浓度对血清化验过程中的白蛋白和球蛋白是否有显著性的影响，对蒸馏水的 pH 设置 4 个不同水平，对硫酸铜溶液浓度也设置 3 个水平，并于不同组合下进行影响试验，以白蛋白与球蛋白之比为试验结果的综合评价指标，试验结果如表 7-5 所示。试利用无重复试验的双因素方差分析研究 pH 和硫酸铜溶液对血清化验中白蛋白和球蛋白是否有统计学上的显著性影响？

表 7-5 试验数据

pH	硫酸铜溶液浓度		
	B_1	B_2	B_3
A_1	3.5	2.3	2.0
A_2	2.6	2.0	1.9
A_3	2.0	1.5	1.2
A_4	1.4	0.8	0.3

解 操作步骤：

① 将数据输入到 Excel 中，数据组织格式如图 7-7 所示。

	A	B	C	D	E	F
1	pH	硫酸铜溶液浓度				
2		B_1	B_2	B_3		
3	A_1	3.5	2.3	2		
4	A_2	2.6	2	1.9		
5	A_3	2	1.5	1.2		
6	A_4	1.4	0.8	0.3		

图 7-7 数据格式

② 在"工具（T）"下拉菜单中选择"数据分析（O）…"子菜单，并选择"方差分析：无重复双因素方差分析"，即可弹出相应对话框。

值得特别注意的是，由于本例中没有包括标志行和列，因此，"标志"复选框不勾选。其他与单因素方差分析是一样的。点击确定后，即可得到"无重复双因素方差分析"统计结果（见表 7-6）。

表 7-6 "方差分析:无重复双因素分析"统计结果

SUMMARY	观测数	求和	平均	方差		
行 1	3	7.8	2.6	0.63		
行 2	3	6.5	2.166667	0.143333		
行 3	3	4.7	1.566667	0.163333		
行 4	3	2.5	0.833333	0.303333		
列 1	4	9.5	2.375	0.8025		
列 2	4	6.6	1.65	0.43		
列 3	4	5.4	1.35	0.616667		
方差分析						
差异源	SS	df	MS	F	P	F
行	5.289167	3	1.763056	40.94839	0.000217	4.757063
列	2.221667	2	1.110833	25.8	0.00113	5.143253
误差	0.258333	6	0.043056			
总计	7.769167	11				

3. 可重复试验的双因素方差分析

【例 7-5】 研究原料浓度与反应温度对某产品合成的影响,每一条件重复试验 2 次。试利用"可重复双因素方差分析"工具分析两个试验因素及交互作用对试验结果是否有显著性的影响。试验数据如表 7-7 所示。

表 7-7 试验数据

浓度/%	10℃	24℃	38℃	52℃
2	14	11	13	10
	10	11	9	12
3	9	10	7	6
	7	8	11	10
6	5	13	12	14
	11	14	13	10

解 操作步骤:
① 将数据输入到 Excel 中,数据组织格式如图 7-8(a)所示。

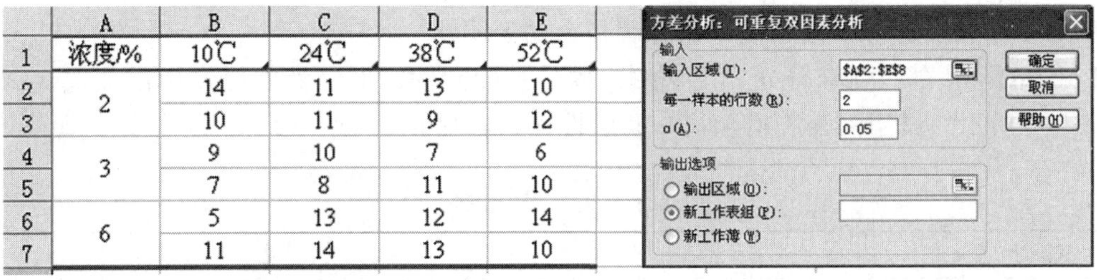

(a) 数据组织格式　　(b) "方差分析:可重复双因素分析"对话框

图 7-8　数据组织格式和"方差分析:可重复双因素分析"对话框

② 在"工具(T)"下拉菜单中选择"数据分析(O)…"子菜单并选择"方差分析:可重复双因素方差分析",即可弹出相应对话框[见图 7-8(b)]。

特别注意的是,在数据输入区域选择时,要将标题栏也一并选入,否则无法点击"确定"。本例"可重复双因素方差分析"结果如表 7-8 所示。

表 7-8 "可重复双因素方差分析"结果

SUMMARY	10℃	24℃	38℃	52℃	总计	
2						
观测数	2	2	2	2	8	
求和	24	22	22	22	90	
平均	12	11	11	11	11.25	
方差	8	0	8	2	2.785714	
4						
观测数	2	2	2	2	8	
求和	16	18	18	16	68	
平均	8	9	9	8	8.5	
方差	2	2	8	8	3.142857	
6						
观测数	2	2	2	2	8	
求和	16	27	25	24	92	
平均	8	13.5	12.5	12	11.5	
方差	18	0.5	0.5	8	8.857143	
总计						
观测数	6	6	6	6		
求和	56	67	65	62		
平均	9.333333	11.16667	10.83333	10.33333		
方差	9.866667	4.566667	5.766667	7.066667		
方差分析						
差异源	SS	df	MS	F	P	F
样本	44.33333	2	22.16667	4.092308	0.044153	3.885294
列	11.5	3	3.833333	0.707692	0.565693	3.490295
交互	27	6	4.5	0.830769	0.568369	2.99612
内部	65	12	5.416667			
总计	147.8333	23				

四、EXCEL 在回归分析中的应用

1. 在一元线性回归方程拟合中的应用

下面以图表法进行一元线性回归方程拟合的说明。

【例 7-6】 用邻二氮菲分光光度法测定铁,需配制铁标准溶液并绘制标准曲线。试验数据如表 7-9 所示,试用图表法拟合该一元线性回归方程。

表 7-9 试验数据

试验号	1	2	3	4	5	6
邻二氮菲浓度 $c/(\times 10^{-5} \text{mol/L})$	1.00	2.00	3.00	4.00	5.00	6.00
吸光度 A	0.110	0.210	0.338	0.436	0.668	0.869

解 操作步骤:

① 按散点图制作方法绘制该标准曲线,如图 7-9 (a) 所示。

② 选中图中标准曲线,点右键,选择"添加趋势线(R)…",然后点击图 7-9 (b)中"类型"右侧的"选项",并将"显示公式(E)"和"显示 R 平方值(R)"复选框全勾选,

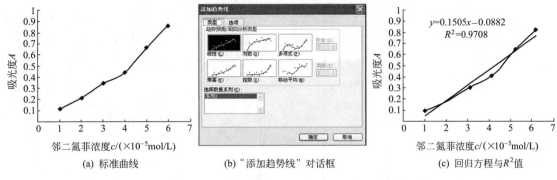

(a) 标准曲线　　　　　　(b) "添加趋势线"对话框　　　　　(c) 回归方程与R^2值

图 7-9　标准曲线、"添加趋势线"对话框和回归方程与R^2值图

然后点"确定",即可得到一元线性回归方程以及R^2值[见图7-9(c)]。经 Excel 一元线性拟合后,得到一元线性回归方程为$y=0.1505x-0.0882$,$R^2=0.9708$。

2. 在多元非线性回归方程拟合中的应用

【例 7-7】　为了提高某淀粉类高吸水性树脂的吸水性,在其他合成条件恒定的情况下,考察丙烯酸中和度(x_1,变化范围为 0.7~0.9)和交联剂用量(x_2,变化范围为 1~3mL)对试验指标(产品吸水倍率)的影响。试用二元二次回归正交组合设计拟合该非线性回归方程。已知所建立的回归方程模型为$y=a+b_1x_1+b_2x_2+b_{12}x_1x_2+b_{11}x_1^2+b_{22}x_2^2$。试利用 Excel 中的"回归"工具确定该回归方程中的回归系数。试验因素与编码水平如表 7-10 所示。试验安排及试验结果如表 7-11 所示。

表 7-10　试验因素与编码水平表

规范变量z_j	实际变量		规范变量z_j	实际变量	
	x_1	x_2/mL		x_1	x_2/mL
上星号臂 γ	0.900	3.00	下水平 -1	0.707	1.07
上水平 1	0.893	2.93	下星号臂 $-\gamma$	0.700	1.00
零水平 0	0.800	2.00	变化步长 Δ_j	0.093	0.93

表 7-11　试验安排

序号	z_1	z_2	丙烯酸中和度	交联剂用量	y
1	1	1	0.893	2.93	423
2	1	-1	0.893	1.07	486
3	-1	1	0.707	2.93	418
4	-1	-1	0.707	1.07	454
5	1.078	0	0.9	2	491
6	-1.078	0	0.7	2	472
7	0	1.078	0.8	3	428
8	0	-1.078	0.8	1	492
9	0	0	0.8	2	512
10	0	0	0.8	2	509

试利用 Excel 完成:(1) 因变量y与规范自变量之间的函数关系式;(2) 因变量y与自然变量之间的函数关系式。

解　根据二元二次回归正交设计的要求,将二次项z_1^2和z_2^2进行中心化,得到z_1'和z_2',二次项中心化结果如表 7-12 所示。

表 7-12　二元二次回归正交组合设计表及试验结果①

序号	z_1	z_2	$z_1 z_2$	z_1^2	z_2^2	z_1'	z_2'	y
1	1	1	1	1	1	0.368	0.368	423
2	1	−1	−1	1	1	0.368	0.368	486
3	−1	1	−1	1	1	0.368	0.368	418
4	−1	−1	1	1	1	0.368	0.368	454
5	1.078	0	0	1.162	0	0.530	−0.636	491
6	−1.078	0	0	1.162	0	0.530	−0.632	472
7	0	1.078	0	0	1.162	−0.632	0.530	428
8	0	−1.078	0	0	1.162	−0.632	0.530	492
9	0	0	0	0	0	−0.632	−0.632	512
10	0	0	0	0	0	−0.632	−0.632	509

① 设二次回归方程中的二次项 z_{ji}^2（$j=1, 2, \cdots, m_j$；$i=1, 2, \cdots, n$），其对应的编码用 z_{ji}' 表示，可以用下式对二次项的每个编码进行中心化处理：

$$z_{ji}' = z_{ji}^2 - \frac{1}{n}\sum_{i=1}^{n} z_{ji}^2$$

式中 z_{ji}' 是中心化后的编码，这样组合设计表中的 z_j^2 就变为了 z_j' 列。如 z_1^2 列的中心化为 z_1' 例，该列的和为6.324，所以：

$$z_{11}' = z_{11}^2 - \frac{1}{10}\sum_{i=1}^{10} z_{11}^2 = 1 - \frac{0.632}{10} = 0.3679$$

(1) 因变量 y 与规范自变量之间的函数关系式。

数据处理：根据要求，将试验数据输入到 Excel 中，如表 7-13 所示。

表 7-13　回归分析数据表

序号	A	B	C	D	E	F	G
1	试验号	z_1	z_2	$z_1 z_2$	z_1'	z_2'	y
2	1	1	1	1	0.368	0.368	423
3	2	1	−1	−1	0.368	0.368	486
4	3	−1	1	−1	0.368	0.368	418
5	4	−1	−1	1	0.368	0.368	454
6	5	1.078	0	0	0.53	−0.636	491
7	6	−1.078	0	0	0.53	0.632	472
8	7	0	1.078	0	−0.636	0.53	428
9	8	0	−1.078	0	−0.636	0.53	492
10	9	0	0	0	−0.632	−0.632	512
11	10	0	0	0	−0.632	−0.632	509

进入"回归分析"对话框（见图 7-10）。回归分析结果见表 7-14。

由表 7-14 回归分析结果，回归系数 z_1、z_2、$z_1 z_2$、z_1' 和 z_2' 回归系数依次为 468.50931（截距）、9.06083、−26.563494、−6.75、−23.266424 和 −41.695073，所以，回归方程表达式为：$y = 468.50931 + 9.06083 z_1 - 26.563494 z_2 - 6.75 z_1 z_2 - 23.266424 z_1' - 41.695073 z_2'$。

(2) 试求因变量 y 与自然变量之间的函数关系式。

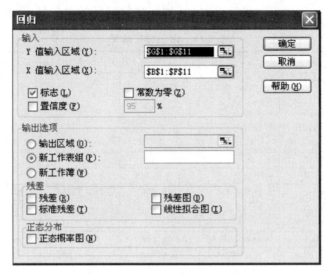

图 7-10 "回归分析"对话框

表 7-14 回归分析结果

回归统计						
回归系数	0.9978418					
R^2	0.9956883					
调整 R^2	0.9902986					
标准误差	3.5024931					
观测值	10					
方差分析						
	自由度 df	平方和 SS	均方和 MS	F 值	p 值	
回归分析	5	11331.43	2266.286	184.73966	8.099E-05	
残差	4	49.069832	12.267458			
总计	9	11380.5				
	系数	标准误差	t 统计量	p 值	下限 95%	上限 95%
截距	468.50931	1.1075859	423.00043	1.874E-10	465.43416	471.58446
z_1	9.06083	1.3927585	6.5056719	0.0028807	5.1939124	12.927748
z_2	−26.563494	1.3927578	−19.072587	4.452E-05	−30.43041	−22.696579
$z_1 z_2$	−6.75	1.7512466	−3.8543973	0.0182341	−11.61224	−1.8877601
z_1'	−23.266424	2.13108	−10.917668	0.0003997	−29.18325	−17.349597
z_2'	−41.695073	2.1290826	−19.583587	4.009E-05	−47.606354	−35.783792

首先,对原始数据进行适当处理,处理过程如表 7-15 所示。

表 7-15 原始数据及处理

序号	A	B	C	D	E	F	G
1	试验号	丙烯酸中和度 x_1	交联剂用量 x_2	$x_1 \times x_2$	$x_1 \times x_1$	$x_2 \times x_2$	y
2	1	0.893	2.93	2.616	0.797	8.585	423
3	2	0.893	1.07	0.956	0.797	1.145	486
4	3	0.707	2.93	2.072	0.5	8.585	418
5	4	0.707	1.07	0.756	0.5	1.145	454
6	5	0.9	2	1.8	0.81	4	491
7	6	0.7	2	1.4	0.49	4	472
8	7	0.8	3	2.4	0.64	9	428
9	8	0.8	1	0.8	0.64	1	492
10	9	0.8	2	1.6	0.64	4	512
11	10	0.8	2	1.6	0.64	4	509

进入"回归分析"对话框（见图 7-10），回归分析结果如表 7-16 所示。

表 7-16　回归分析结果

回归统计						
回归系数	0.9978375					
R^2	0.9956798					
调整 R^2	0.9902794					
标准误差	3.5059434					
观测值	10					
方差分析						
	自由度 df	平方和 SS	均方和 MS	F 值	p 值	
回归分析	5	11331.333	2266.2667	184.37466	8.13E−05	
残差	4	49.166555	12.291639			
总计	9	11380.5				
	系数	标准误差	t 统计量	p 值	下限 95%	上限 95%
截距	−1557.8308	161.96215	−9.6184867	0.0006532	−2007.5099	−1108.1518
丙烯酸中和度 x_1	4576.8746	400.97545	11.414351	0.0003361	3463.5883	5690.1609
交联剂用量 x_2	228.35499	19.129059	11.937597	0.0002821	175.24421	281.46577
$x_1 \times x_2$	−78.488372	20.383392	−3.8506041	0.0182932	−135.08174	−21.895004
$x_1 \times x_1$	−2704.7493	249.45332	−10.842707	0.0004105	−3397.3428	−2012.1559
$x_2 \times x_2$	−48.53766	2.4718491	−19.636174	3.967E−05	−55.400613	−41.674706

根据回归分析结果，得到方程为：

$$y = -1557.8308 + 4576.8746x_1 + 228.35499x_2 - 78.488372x_1x_2 - 2704.7493x_1^2 - 48.53766x_2^2$$

第二节　PASW Statistics 18.0 在试验数据处理中的应用

一、PASW Statistics 18.0 软件简介

SPSS 被 IBM 收购后改名为 PASW Statistics，我们现以 PASW Statistics 18.0 数据统计软件包（部分汉化版）为对象进行其在试验数据处理中的简单使用。

PASW Statistics 18.0 安装后，可以从 Windows 的开始菜单依次点击：开始→所有程序→SPSS Inc→PASW Statistics 18.0→PASW Statistics 18.0 启动程序，PASW Statistics 18.0 启动成功后初次启动的界面如图 7-11（a）所示。如果计算机上有 SPSS 原有数据文件，可以选择"打开现有的数据源"。通常为"*.sav"的格式文件，也可以选择"打开其他文件类型"，只要与软件关联的文件都可以打开。启动后工作界面如图 7-11（b）所示。

1. PASW Statistics 18.0 的菜单

菜单栏中共有 11 个选项，分别为文件、编辑、视图、数据、转换、分析、直销、图形、实用程序、窗口和帮助选项，各菜单详细功能如图 7-12 所示。

2. PASW Statistics 18.0 的窗口

PASW Statistics 18.0 启动后，除主窗口外，另外还有两个窗口：一个是数据管理窗口，默认是激活的。数据管理窗口采取电子表格形式；另一个是结果输出窗口，标题名称为"*输出 1［文档 1］"。启动时为非激活状态，当完成一项数据统计后，才在该窗口显示出处理过程提示和统计结果。

3. PASW Statistics 18.0 的基本操作

（1）数据的输入

(a) 启动界面　　　　　　　　　　　　　(b) 启动后工作界面

图 7-11　PASW Statistics 18.0 启动界面和启动后工作界面

图 7-12　PASW Statistics 18.0 菜单选项及详细功能

① 定义变量　对变量名、变量类型、变量宽度、小数点位数、标签、值等进行定义。在变量视图窗口进行操作，如图 7-13（a）所示。

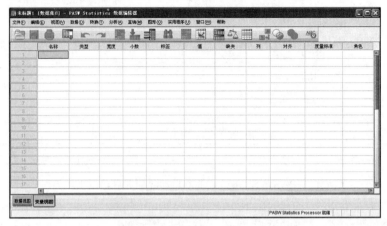

(a) 变量定义窗口

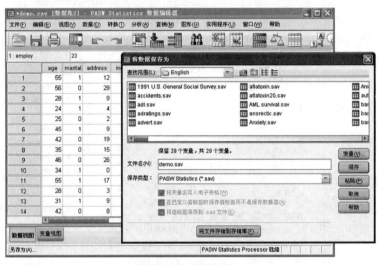

(b) 数据视图窗口及保存窗口

图 7-13　变量定义窗口、数据视图窗口和数据保存窗口

② 变量的输入、编辑与保存　定义变量后就可以在数据视图中进行数据的输入，数据视图窗口及数据保存窗口如图 7-13（b）所示。数据输入后可以对数据进行增加、删除、合并、分割、排序、加权、行列互换、汇总和保存等操作。PASW Statistics 18.0 在进行数据保存时，可以选择 32 种保存格式，默认选择 *.sav 格式。

③ 打开已有数据文件　选择点击"打开"按钮或点击文件→打开，也可以按"Ctrl＋O"进行快捷打开，显示"打开数据"对话框。选择要打开的文件类型和文件名，双击或单击"打开"即可。

(2) 分析工具栏

① 统计分析栏　位于主菜单中分析下拉菜单中，其下包含 23 个二级菜单，包括报告、描述统计、表、比较均值、一般线性模型、广义线性模型、混合模型、相关和回归等。

② 图形分析栏　位于主菜单中的图形下拉菜单中，其下包括图表构建程序、图形画板

模板选择程序以及旧对话框三个子菜单。其中旧对话框可提供条形图、3-D 条形图、线图、散点图、直方图和误差条形图等 11 种常见统计图形。

(3) 结果输出

数据在统计分析或图形分析后，结果会输出到新窗口——PASW Statistics 查看器，如图 7-14 所示。

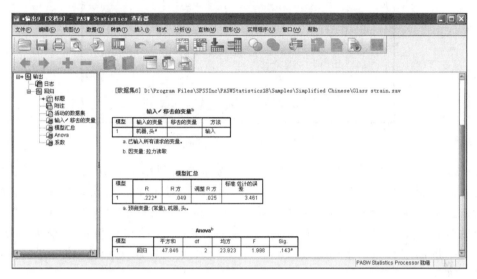

图 7-14　结果输出窗口

二、在平均值检验的应用

1. 分组求均值（means 过程）

若存在两组或两组以上数据时，means 过程可分组分别求出它们的平均值和标准偏差等。

【**例 7-8**】　如某高中学生进行体检时测定了血红蛋白值（HGB,%），对样本进行描述性统计分析，试分析性别和年龄对 HGB 均数和标准偏差的影响，试验数据如表 7-17 所示。

表 7-17　体检结果 HGB 值

编号	性别	年龄	HGB 值	编号	性别	年龄	HGB 值	编号	性别	年龄	HGB 值	编号	性别	年龄	HGB 值
1	女	18	12.83	11	男	18	13.66	21	女	16	11.36	31	男	16	13.65
2	男	16	15.50	12	男	18	10.57	22	女	16	12.78	32	女	16	9.87
3	女	18	12.25	13	男	16	12.56	23	男	18	15.09	33	女	18	10.09
4	女	17	10.06	14	女	17	9.87	24	女	18	8.67	34	女	18	12.55
5	男	16	10.88	15	女	17	8.99	25	女	17	8.56	35	男	18	16.04
6	男	18	9.65	16	女	17	11.35	26	女	18	12.56	36	男	18	13.78
7	女	16	8.36	17	男	17	14.65	27	女	17	11.56	37	女	17	11.67
8	男	18	11.66	18	女	17	12.40	28	男	16	14.67	38	男	17	10.98
9	女	18	8.54	19	女	16	8.05	29	男	16	7.88	39	女	16	8.78
10	女	17	7.78	20	男	18	14.03	30	男	18	12.35	40	男	16	11.35

解　启动 PASW Statistics 18.0 后对性别、年龄和 HGB 分别进行定义。性别中男性定义为 1，女性定义为 2；年龄中 16 岁的定义为 1，17 岁的定义为 2，18 岁的定义为 3；性别和年龄变量小数位数定义为 0，而 HGB 小数位数定义为 2 位。

统计分析过程：

(1) 数据全部输入后，打开"分析"菜单，选择"比较均值 M"，然后选择"均值"，弹出"均值"对话框，如图 7-15 所示。

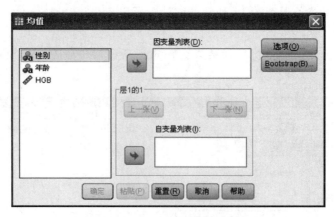

图 7-15　"均值"对话框

（2）选中 HGB，然后点右边的箭头，将其选择进入到因变量列表，同样操作将性别选择进入到自变量列表。然后选择"下一张（N）"进入第二层次，按上述相同操作，将年龄选择进入第二层的自变量列表。统计分析前，可以点击"选项（O）…"进行统计项目的选择，如可以选择均值、标准偏差、方差、合计和均值的标准误差等参数。并勾选第一层的统计量"Anova 表和 eta（A）"和"线性相关检验（T）"。输出结果如表 7-18～表 7-20 所示。

表 7-18　样本处理结果摘要

HGB*性别*年龄	已包含		已排除		总计	
	N	百分比	N	百分比	N	百分比
	40	100.0%	0	.0%	40	100.0%

表 7-19　统计分析报告

性别	年龄	均值	N	标准偏差	合计	方差
男	16 岁	12.4088	8	2.40054	99.27	5.763
	17 岁	12.4250	4	1.59262	49.70	2.536
	18 岁	12.9811	9	2.09335	116.83	4.382
	总计	12.6571	21	2.05740	265.80	4.233
女	16 岁	9.0333	6	1.35416	54.20	1.834
	17 岁	10.0650	6	1.21202	60.39	1.469
	18 岁	11.0700	7	1.91580	77.49	3.670
	总计	10.1095	19	1.69892	192.08	2.886
总计	16 岁	10.9621	14	2.61019	153.47	6.813
	17 岁	11.0090	10	1.77393	110.09	3.147
	18 岁	12.1450	16	2.18266	194.32	4.764
	总计	11.4470	40	2.27222	457.88	5.163

表 7-20　方差分析表[①]

样本	方差分析来源	偏差平方和	自由度	均方差	F 值	p
HGB*性别	组间(性别间)	64.744	1	64.744	18.009	.000
	组内(年龄间)	136.612	38	3.595		
	总计	201.356	39			

① 分组变量性别是字符串，因此无法计算线性检验。

由表 7-19 所列数据可以知道,男性平均 HGB 为 12.6571,标准偏差和平均值分别为 2.05740 和 4.233。HGB 总和为 265.80;女性对应数据分别为 10.1095、1.69892、2.886 和 192.08。

2. 两组数据的 t 检验

【例 7-9】 分别测定得到 14 例老年性慢性支气管炎病人和 11 例健康人的尿中 17 酮类固醇排出量(mg/dL),试验数据如表 7-21 所示,试分析两组均数是否有统计意义上的显著性差异?

表 7-21 测定结果

来源	测定结果													
病 人	2.90	5.41	5.48	4.60	4.03	5.10	4.97	4.24	4.36	2.72	2.37	2.09	7.10	5.92
健康人	5.18	8.79	3.14	6.46	3.72	6.64	5.60	4.57	7.71	4.99	4.01			

解 启动 PASW Statistics 18.0 后对数据进行分组定义,将病人组定义为 1,健康组定义为 2。然后进行数据的输入,如图 7-16(a)所示。

(a)"数据输入"窗口　　　　　　　　　　(b)"独立样本 t 检验"对话框

图 7-16 "数据输入"对话框和"独立样本 t 检验"对话框

统计分析过程:

(1) 数据全部输入后,打开"分析"菜单,选择"比较均值 M",然后选择"独立样本 T-检验",弹出"独立样本 T-检验"对话框,如图 7-16(b)所示。

(2) 将"检测结果"添加到"检测变量 T"中,然后将"组"添加到"分组变量"。特别要注意的是,当"组"添加到"分组变量后",显示的是"组(??)",说明没有定义组。此时,可以点"定义组(D)…"对组进行定义(与前面数据输入时组的定义要一致)。然后点"确定"即可得到统计检验结果,如表 7-22 和表 7-23 所示。

表 7-22 分组统计结果分析

组	N	均值	标准偏差	均值的标准误差
病人	14	4.3779	1.44989	.38750
健康人	11	5.5282	1.73540	.52324

表 7-23 独立样本平均值 t 检验[①]

齐性下估计	均值方程的 t 检验						
	t	自由度	显著性(双尾)	均值差	标准误差	95% 置信区间	
						下限	上限
方差齐性	−1.807	23	.084	−1.15032	.63675	−2.46755	.16690
方差非齐性	−1.767	19.472	.093	−1.15032	.65111	−2.51088	.21023

① 方差一致性检验结果,$F=0.440$,$p=0.514$,即方差齐性。

本例中，经方差检验方差为齐性检验，$|t|=1.807$，$p=0.084$（双尾），即 95% 概率下二者差异统计学显著。

3. 配对样本 t 检验

【例 7-10】 某研究机构欲研究饲料中缺乏维生素 E 与肝中维生素 A 含量的关系。将大白鼠按性别、体重等配为 8 对。配对中的其中一只喂正常饲料，而另一只则喂缺乏维生素 E 的饲料。喂养一段时间后处死并测定其肝脏中维生素 A 的含量（μmol/L），测定结果如表 7-24 所示。试问饲料中的维生素 E 对肝脏中维生素 A 的含量是否有影响？

表 7-24 大白鼠肝脏中的维生素 A 的含量   单位：μmol/L

配对序号	大白鼠肝脏中的维生素 A 的含量		配对序号	大白鼠肝脏中的维生素 A 的含量	
	正常饲料组	维生素 E 缺乏组		正常饲料组	维生素 E 缺乏组
1	37.2	25.7	5	39.8	34.0
2	20.9	25.1	6	39.3	28.3
3	31.4	18.8	7	36.1	26.2
4	41.4	33.5	8	31.9	18.3

解 启动 PASW Statistics 18.0 后对数据进行分组定义。将正常饲料组定义为 x_1，维生素 E 缺乏组定义为 x_2。然后进行数据的输入，如图 7-17（a）所示。

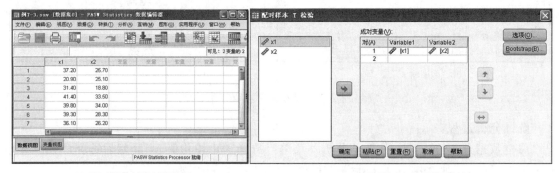

(a) 配对样本 t 检验试验数据　　　　　(b) "配对样本 T-检验"对话框

图 7-17 配对样本 t 检验试验数据和"配对样本 T-检验"对话框

统计分析过程：

（1）数据全部输入后，打开"分析"菜单，选择"比较均值 M"，然后选择"配对样本 T-检验"，弹出"配对样本 T-检验"对话框，如图 7-17（b）所示。

（2）统计分析结果如表 7-25 和表 7-26 所示。表 7-25 为分组统计描述，显示变量 x_1 和 x_2 的均数、样本容量、标准偏差和均值标准偏差等相关数据。相关性分析（数据略）相关系数为 0.586，相关系数的显著性检验表明 $p=0.127$，所以说两变量相关关系不成立。

表 7-25 配对样本统计结果

定义变量	均值	n	标准偏差	均值标准误差
x_1	34.7500	8	6.64852	2.35061
x_2	26.2375	8	5.82064	2.05791

表 7-26　配对比较 t 检验结果

配对差异					t	自由度	p（双侧）
均值	标准偏差	均值标准误差	95%置信区间				
			下限	上限			
8.51250	5.71925	2.02206	3.73109	13.29391	4.210	7	.004

表 7-26 中配对数据检验结果 $t=4.21$，$p=0.004$，具有统计学意义的高度显著性差异，即缺乏维生素 E 对大白鼠肝脏中的维生素 A 的含量有显著影响。

三、在方差分析中的应用

1. 单因素方差分析

【例 7-11】 有机合成中催化剂的种类对合成收率（%）有一定的影响，为考察不同催化剂对收率的影响，分别用 5 种不同的催化剂独立进行试验，每种催化剂重复试验 4 次，试验数据如表 7-27 所示。

表 7-27　不同催化剂对收率的影响

催化剂	1	2	3	4	5
产物收率/%	0.8600	0.8000	0.8300	0.7600	0.9600
	0.8900	0.8300	0.9000	0.8100	0.9500
	0.9100	0.8800	0.9400	0.8400	0.9300
	0.9000	0.8400	0.8500	0.8200	0.9400
平均收率/%	0.8900	0.8375	0.8800	0.8075	0.9450

解　启动 PASW Statistics 18.0 后对数据进行分组定义。将催化剂组定为数值型，组类别为 1、2、3、4 和 5，收率也定义为数值型，小数点位数为 4 位。然后录入相应数据。

统计分析过程：

（1）数据全部输入后，打开"分析"菜单，选择"比较均值 M"，然后选择"单因素 ANOVA…"，弹出"单因素 ANOVA…"对话框。"单因素方差分析"菜单和"单因素方差分析"对话框分别如图 7-18（a）和图 7-18（b）所示。

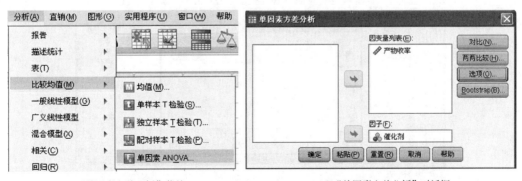

(a)"单因素方差分析"菜单　　(b)"单因素方差分析"对话框

图 7-18　"单因素方差分析"菜单和"单因素方差分析"对话框

(2) 选择"产物收率"添加到"因变量列表（E）"中，将"催化剂"添加到"因子（F）"中，然后点击"确定"，即可得到单因素方差分析统计结果，如表 7-28 所示。

表 7-28 单因素方差分析表

方差来源	偏差平方和	自由度	均方	F 值	p 值
组间	.044	4	.011	10.343	.000
组内	.016	15	.001		
总数	.060	19			

2. 两因素方差分析

【例 7-12】 为研究温度和催化剂对有机合成收率的影响，选择 4 个温度（A）和 3 种催化剂（B）甲、乙和丙分别进行了正交试验，试验安排及试验结果如表 7-29 所示。

表 7-29 试验安排与结果

因素 B	因素 A			
	70℃	80℃	90℃	100℃
甲	61,63 (124)	64,66 (130)	65,66 (131)	69,68 (137)
乙	63,64 (127)	66,67 (133)	67,69 (136)	68,71 (139)
丙	65,67 (132)	67,68 (135)	69,70 (139)	72,74 (146)

解 启动 PASW Statistics 18.0 后对数据进行分组定义。定义"收率"、"温度"和"催化剂"均为数值型。"温度"定义 4 个水平，即 1、2、3 和 4，分别对应 70℃、80℃、90℃ 和 100℃。"催化剂"定义为 1、2 和 3，分别对应催化剂甲、乙和丙。数据定义如图 7-19 (a) 所示。定义完后即可录入相应数据。

统计分析过程：

(1) 数据全部输入后，打开"分析"菜单，选择"一般线性模型（G）"，然后选择"单变量（U）…"[见图 7-19 (b)]。弹出"单变量"对话框 [见图 7-19 (c)]。将"收

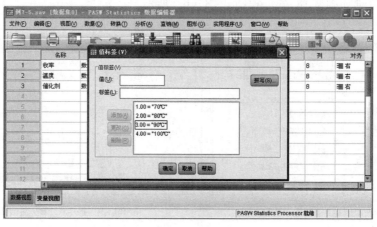

(a) 数据定义示意

(b)"两因素方差分析统计"对话框激活

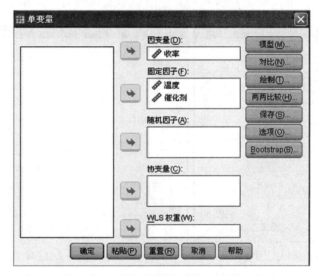

(c)"单变量"对话框

图 7-19 数据定义示意图

率"添加到"因变量(D)",将"温度"和"催化剂"添加到"固定因子",然后点击"确定",即可得到方差分析统计结果,如表 7-30 所示。

表 7-30 方差分析表

方差分析来源	偏差平方和	自由度	均方差	F 值	p
温度	132.125	3	44.042	30.200	.000
催化剂	56.583	2	28.292	19.400	.000
温度×催化剂	4.750	6	.792	.543	.767
随机误差	17.500	12	1.458		
总计	108081.000	24			
校正的总计	210.958	23			

$R^2=0.917$ Adj$R^2=0.841$

(2) 根据方差分析结果明显可以看出,两因素影响均高度显著,而因素间交互作用不明显（$p=0.767>0.05$）。

3. 正交试验与方差分析

【例 7-13】 如苯酚合成工艺条件试验，各因素设置与水平安排如表 7-31 所示。根据试验结果求出最佳加工工艺条件。

表 7-31 苯酚合成因素及水平

因素	低水平	高水平	因素	低水平	高水平	因素	低水平	高水平
反应温度(x_1)	300℃	320℃	反应时间(x_2)	20min	30min	压力(x_3)	200atm	300atm
催化剂(x_4)	甲	乙	加碱量(x_5)	80L	100L			

注：1atm=101325Pa。

解 启动 PASW Statistics 18.0，打开数据→正交设计 H→生成（G）…→弹出"生成正交设计"对话框［见图 7-20（a）］。然后分别对各因素定义水平，如图 7-20（b）所示。注意将数据文件下的"创建新数据文件"勾选，可根据需要改变存储目录。然后再定义一个因变量（x），并将试验结果填在 x 所在列，注意试验安排组合，结果如图 7-20（c）所示。

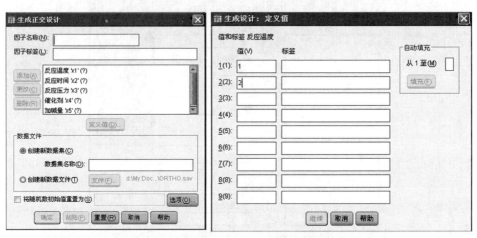

(a) "生成正交设计"对话框　　　　(b) "生成设计：定义值"对话框

(c) 正交试验安排与试验结果

图 7-20 "生成正交设计"、"生成设计：定义值"和正交试验安排与试验结果图

统计分析过程：

(1) 待数据全部输入完成后，打开"分析"菜单，选择"一般线性模型（G）"，然后选择"单变量（M）…"。弹出"单变量"对话框［见图 7-21（a）］。将"x"添加到"因变量（D）"，将"x_1"、"x_2"、"x_3"、"x_4"、和"x_5"添加到"固定因子（F）"。单击"模型（M）…"［见图 7-21（b）］。单变量的"选项（O）"含有大量参数［见图 7-21（c）］，可根据需要进行选取（本例不选取任何参数）。

(a)"单变量"对话框　　　　(b)"单变量：模型"对话框　　　　(c)"单变量：选项"对话框

图 7-21　"单变量"、"单变量：模型"和"单变量：选项"对话框

(2) 正交试验结果统计分析结果如表 7-32 所示。

表 7-32　正交试验结果统计分析结果（因变量：x）

方差分析来源	偏差平方和	自由度	均方差	F 值	p
温度	42.781	1	42.781	1369.000	0.017
温度×时间	0.911	1	0.911	29.160	0.117
时间	18.301	1	18.301	585.640	0.026
催化剂	0.061	1	0.061	1.960	0.395
加碱量	4.061	1	4.061	129.960	0.056
压力	1.201	1	1.201	38.440	0.102
随机误差	0.031	1	0.031		
总和	67.349	7			

四、在回归分析中的应用

1. 一元线性回归

【例 7-14】 在电化学中经常需要研究某些材料的腐蚀时间与腐蚀深度两个量之间的关系，将腐蚀时间作为横坐标 x，把腐蚀深度作为因变量 y，试验数据如表 7-33 所示。试求 x 与 y 的线性回归方程。

表 7-33　试验数据

时间 x/min	3	5	10	20	30	40	50	60	65	90	120
腐蚀深度/μm	40	60	80	130	160	170	190	250	250	290	460

解　启动 PASW Statistics 18.0，分别定义时间（x）和腐蚀深度（y）为数值型变量，然后输入数据。

统计分析过程：

(1) 点击"分析"菜单，选择"相关（C）"→"双变量（B）…"，打开"双变量相关"

对话框［见图 7-22 (a)］。双变量相关的相关系数类型有三种：Pearson 为通常所指的相关关系（γ）；Kendall's tau-b 为非参数资料的相关系数；Spearman 为非正态分布资料的 Pearson 相关系数替代值。本例选择 Pearson 分布。显著性检验选择双侧检验［见图 7-22 (a)］。

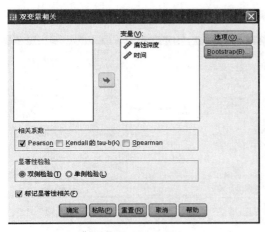 

(a) "双变量相关"对话框　　　　　　　(b) "双变量相关性"分析对话框

图 7-22　"双变量相关"和"双变量相关性"分析对话框

(2) 点击"选项"弹出"双变量相关"统计指标框［见图 7-22 (b)］。本例要求计算均值、标准偏差、交叉乘积偏差和协方差，所以均勾选。点"继续"退出，然后点"确定"，得到回归分析结果（见表 7-34 和表 7-35）。

表 7-34　描述性统计结果

变量	均值	标准偏差	N
腐蚀深度	189.0909	121.03343	11
时间	44.8182	37.09938	11

表 7-35　相关性分析

变量	各相关参数	腐蚀深度	时间
腐蚀深度	Pearson 相关性	1	0.985[①]
	显著性(双侧)		0.000
	平方和与交叉乘积	146490.909	44248.182
	协方差	14649.091	4424.818
	n	11	11
时间	Pearson 相关性	0.985[①]	1
	显著性(双侧)	0.000	
	平方与交叉乘积的和	44248.182	13763.636
	协方差	4424.818	1376.364
	n	11	11

① 显著性水平 $\alpha=0.01$ 下相关性显著（双侧）。

2. 二元线性回归

【例 7-15】　某小学从各年级中随机挑选 12 名学生，测定 3 个指标（一律按 4 舍 5 入取整数），样本数据如表 7-36 所示。

表7-36 样本数据

指标	1	2	3	4	5	6	7	8	9	10	11	12
身高 x_1/cm	147	149	139	152	141	140	145	138	142	132	151	147
年龄 x_2/岁	9	11	7	12	9	8	11	10	11	7	13	10
体重 y/kg	34	41	23	37	25	28	47	27	26	21	46	38

解 启动 PASW Statistics 18.0，分别定义身高（x_1）、年龄（x_2）为数值型变量，小数位数为 1 位。定义变量名为体重（y），然后输入原始数据。

统计分析过程：

(1) 点击"分析"菜单，选择"回归（R）"→"线性（L）…"[见图 7-23（a）]，弹出"线性回归"对话框[见图 7-23（b）]。

(a) 统计对话框激活

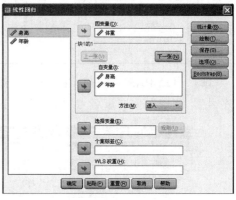
(b) "线性回归"对话框

图 7-23 统计对话框激活和"线性回归"对话框

(2) 在对话框左边选择"体重"作为因变量，选择"身高"和"体重"作为自变量。"方法"下拉菜单中有 5 个选项，分别为"全部入选法（Enter）"、"逐步法（Stepwise）"、"强制剔除法（Remove）"、"向后法（Backward）"和"向前法（Forward）"。本实例采用第一种方法。点击确定即获得统计分析结果（见表 7-37～表 7-39）。

表 7-37 统计结果

模型	R	R^2	Adj R^2	标准误差
1	0.842	0.709	0.644	5.36321

表 7-38 方差分析

模型	偏差来源	偏差平方和	自由度	均方差	F 值	p
1	回归	629.373	2	314.687	10.940	0.004
	残差	258.877	9	28.764		
	总计	888.250	11			

表 7-39 相关分析

模型	变量	非标准化系数		标准系数	t	p
		b	标准误差			
1	（常量）	−104.770	54.418		−1.925	0.086
	身高	0.855	0.452	0.565	1.892	0.091
	年龄	1.506	1.414	0.318	1.065	0.315

本实例中 x_1、x_2 为自变量，y 为因变量，采取全部入选法建立回归方程。回归方程的复相关系数为 0.842，决定系数（γ^2）为 0.709。方差分析发现，$F=10.940$，$p=0.004$，回归方程有效，回归方程为 $y=-104.77+0.855x_1+1.506x_2$。

五、在质量控制图绘制中的应用

PASW Statistics 18.0 通过调用"分析"菜单下的"质量控制"中的控制图。

【**例 7-16**】 现有用二乙氨基二硫代甲酸银法测定砷的空白试验值 20 个，如表 7-40 所示，利用 PASW Statistics 18.0 绘制空白试验值控制图。

表 7-40 二乙氨基二硫代甲酸银法测定砷的空白试验值

序号	x_i	序号	x_i	序号	x_i	序号	x_i	序号	x_i
1	0.006	5	0.011	9	0.013	13	0.012	17	0.010
2	0.015	6	0.010	10	0.015	14	0.014	18	0.012
3	0.010	7	0.005	11	0.012	15	0.010	19	0.006
4	0.015	8	0.010	12	0.015	16	0.005	20	0.005

解 启动 PASW Statistics 18.0，激活数据管理窗口，定义变量名：测定次序变量名为"序号"，测定数据变量名为"数据"，小数点位数为 3 位，如图 7-24（a）所示。

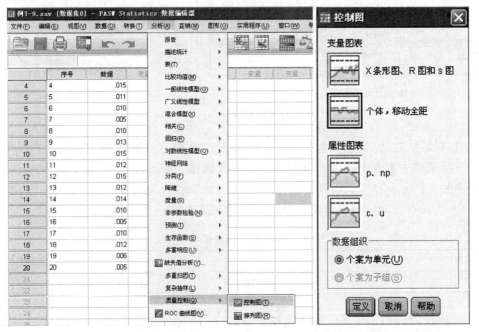

(a) 质量控制图数据及菜单　　　　　(b) "控制图"对话框

图 7-24 质量控制图数据及菜单和"控制图"对话框

操作步骤：

（1）调用"分析（A）"菜单中的"质量控制（Q）"下的"控件图（T）"，弹出"控制图"对话框，如图 7-24（b）所示。X 条形图、R 图和 S 是均数控制图和极差（标准偏差）控制图。均数控制图又称为 $\bar{x}$ 图，用于控制重复测定的准确度；极差控制图，又称 R 图，可以用于控制例数较少时重复测定的精确度。标准偏差控制图，又称 S 图，用于控制例数较多时重复测定的精确度。单值控制图，根据允许区间的原理绘制，适用于单个测定值的控制。p，np：率的控制图，根据率的二项分布原理绘制，适用于率的控制。c，u：数据控制图，根据组中非一致测定值绘制,各组例数相等时用 u 图,不相等时用 c 图,适用于属性资料的质量控制。

(2) 本实例选用单值控制图,将左侧变量例表中的"数据"添加到"过程度量",将"序号"添加到"标注子组"[见图 7-25(a)],然后点击"确定",质量控制图如图 7-25(b) 所示。

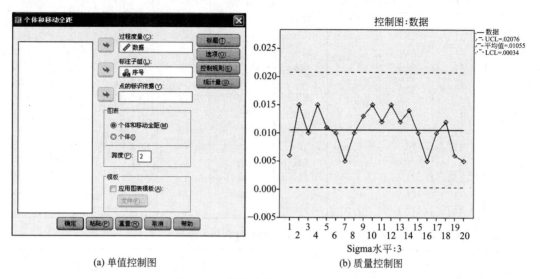

(a) 单值控制图　　　(b) 质量控制图

图 7-25　单值控制图和质量控制图

习　　题

1. 用分光分度法测定酚浓度(mg/L)与吸光度之间的关系,试验数据如下表。试利用 Excel 绘制酚浓度与吸光度之间的散点图。

酚浓度/(mg/L)	0.005	0.010	0.015	0.020	0.025	0.030	0.035	0.040	0.045
吸光度 A	0.018	0.034	0.047	0.098	0.112	0.121	0.130	0.039	0.161

2. 用分光光度法测定 Fe^{2+} 浓度(x)结果如下,试拟合该标准曲线方程。

x/(mg/L)	10	20	30	40	50
y	0.13	0.19	0.28	0.41	0.52

试用 Excel 拟合该线性回归方程。

3. 用二甲酚橙分光光度法测定某样品中的微量锆,为了优化测定条件,对显色剂用量(x_1)和酸度(x_2)进行了试验,以吸光度 A 为试验效果的评价指标,试验结果具有望大属性。试验安排及试验结果如下表所示。已知回归模型为二元二次方程,试用 Excel 计算出回归方程,并对回归方程进行因素的显著性分析。根据回归方程预测最优条件下吸光度为多少?

序号	显色剂用量(x_1)	酸度(x_2)	吸光度	序号	显色剂用量(x_1)	酸度(x_2)	吸光度
1	0.1	0.5	0.375	8	0.8	0.7	0.394
2	0.2	0.3	0.287	9	0.9	1.1	0.326
3	0.3	1.0	0.478	10	1.0	0.9	0.421
4	0.4	0.6	0.359	11	1.1	1.3	0.468
5	0.5	0.1	0.348	12	1.2	0.8	0.402
6	0.6	0.2	0.408	13	1.3	1.2	0.482
7	0.7	0.4	0.487				

4. 试根据某一系列玻璃析晶上限温度 T 与其中的 3 个主要成分 Na_2O（X_1）、SiO_2（X_2）和 CaO（X_3）组成之间的数据如下，已知温度 T 与 X_1、X_2 和 X_3 之间的回归方程满足回归方程：$T=a+b_1X_1+b_{12}X_1X_2+b_3X_3$，试利用 Excel 回归分析工具确定回归系数（$\alpha=0.05$）。

序号	X_1/%	X_2/%	X_3/%	T/℃	序号	X_1/%	X_2/%	X_3/%	T/℃
1	11	70.0	7.0	1008	14	13	72.0	6.0	1004
2	11	70.0	7.0	1120	15	13	72.0	9.0	1078
3	11	70.0	7.0	1162	16	13	72.0	8.0	1120
4	11	75.0	8.0	965	17	13	72.0	9.0	982
5	11	75.0	6.0	980	18	13	72.0	9.0	990
6	11	75.0	9.0	856	19	13	72.0	6.0	986
7	11	75.0	8.0	1087	20	13	73.0	9.0	974
8	11	75.0	8.0	1054	21	13	73.0	8.0	961
9	11	75.0	6.0	954	22	13	73.0	8.0	1008
10	11	71.0	9.0	987	23	13	73.0	6.0	1196
11	11	71.0	8.0	941	24	13	73.0	6.0	975
12	11	71.0	9.0	962	25	13	73.0	9.0	908
13	13	72.0	8.0	996					

5. 某产品的单位生产成本 y 与产量 x 有关，根据生产数据得到如下结果：

x/kt	289	298	316	320	330	330	335	325	347
y/元	43.0	41.8	42.3	39.8	39.2	37.9	38.1	37.5	36.8

已知 x 与 y 存在线性关系，（1）利用 Excel 绘制 x 与 y 的散点关系图；（2）利用线性回归方法求出一元线性回归方程并对方程进行显著性检验；（3）当 $x=296$ 时，预测 y 值。

6. 已知某矿物中的 Mn 的浸出效率（%）与浸取温度有关，为了考察温度对浸取效率的影响，设置 5 个温度水平，每个温度条件下重复测定 3 次，试验结果如下表。试利用 Excel 数据分析包中的单因素方差分析分析温度对 Mn 浸出效率是否有显著性的影响？

试验次数	60℃	70℃	80℃	90℃	100℃
1	62	68	76	87	94
2	60	69	75	88	93
3	60	70	76	88	92

7. 研究反应温度与反应时间对某产品合成收率（%）的影响，每次试验重复 2 次，试验数据如下表。试利用"可重复双因素方差分析"分析两因素及交互作用对产品合成的影响。

反应温度	反应时间			
	60min	90min	120min	150min
60	50	68	74	72
	51	70	76	70
80	68	76	86	68
	67	78	88	66
100	70	81	90	42
	72	80	91	40

8. 分别测定 14 例服药患者和 11 例非服药组（健康人）的尿样中 17 酮类固醇排出量（mg/dL），试验数据如下表所示，试利用 PASW Stastistics 分析两组均数是否有显著性的差异？

来源	测定结果													
患者	3.00	5.20	5.62	4.41	4.36	3.25	4.45	4.08	4.36	2.47	2.06	2.65	8.07	6.15
健康人	5.10	8.67	3.47	6.22	3.02	6.82	6.48	4.14	7.66	4.87	3.51			

9. 欲研究精氨酸对大白鼠增重的影响，将小鼠按性别和体重等配为 8 对。配对中的其中一只喂正常饲料，而另一只则喂无精氨酸的饲料。喂养一段时间后称体重 (g)，试验结果如下表所示。试用 PASW Stastistics 分析饲料中精氨酸对大白增重是否有显著性的影响？

配对序号	大白鼠体重		配对序号	大白鼠肝脏中维生素 A 的含量	
	正常饲料组	精氨酸缺乏组		正常饲料组	精氨酸缺乏组
1	15.0	12.5	5	16.5	15.2
2	25.1	24.2	6	18.6	16.4
3	30.7	30.5	7	26.8	23.7
4	19.6	18.2	8	26.7	22.4

10. 经测定得到以下数据，试利用 PASW Stastistics 绘制平均值控制图和极差控制图。

序号	$\bar{x}$	R	序号	$\bar{x}$	R	序号	$\bar{x}$	R	序号	$\bar{x}$	R
1	4.98	0.04	6	4.985	0.03	11	5.00	0.00	16	4.995	0.09
2	4.99	0.02	7	5.02	0.06	12	4.97	0.02	17	5.02	0.04
3	4.96	0.08	8	4.98	0.02	13	4.975	0.03	18	4.98	0.02
4	4.98	0.00	9	5.01	0.02	14	4.975	0.05	19	5.01	0.02
5	4.98	0.08	10	4.96	0.02	15	4.97	0.02	20	5.00	0.04

附 表

附表 1　t 分布临界值表（双侧）

$$P[-\infty, -t] + P[t, \infty] = \alpha$$

f	α												
	0.9	0.8	0.7	0.6	0.5	0.4	0.3	0.2	0.1	0.05	0.02	0.01	0.001
1	0.158	0.325	0.510	0.727	1.000	1.376	1.963	3.078	6.314	12.706	31.821	63.657	636.619
2	0.142	0.289	0.445	0.617	0.816	1.061	1.386	1.886	2.920	4.303	6.965	9.925	31.598
3	0.137	0.277	0.424	0.584	0.765	0.978	1.250	1.638	2.353	3.182	4.541	5.841	12.924
4	0.134	0.271	0.414	0.569	0.741	0.941	1.190	1.533	2.132	2.776	3.747	4.604	8.610
5	0.132	0.267	0.408	0.559	0.727	0.920	1.158	1.476	2.015	2.571	3.365	4.032	6.859
6	0.131	0.265	0.404	0.563	0.718	0.906	1.134	1.440	1.943	2.447	3.143	3.707	5.595
7	0.130	0.263	0.402	0.549	0.711	0.896	1.119	1.145	1.895	2.365	2.998	3.499	5.405
8	0.129	0.262	0.399	0.546	0.706	0.889	1.108	1.397	1.860	2.306	2.896	3.355	5.041
9	0.129	0.261	0.398	0.543	0.703	0.883	1.100	1.383	1.833	2.262	2.821	3.250	4.781
10	0.129	0.260	0.397	0.542	0.700	0.879	1.093	1.372	1.812	2.228	2.764	3.169	4.578
11	0.129	0.260	0.396	0.540	0.697	0.876	1.088	1.363	1.796	2.201	2.718	3.106	4.437
12	0.128	0.259	0.395	0.539	0.695	0.873	1.083	1.359	1.782	2.179	2.681	3.055	4.318
13	0.128	0.259	0.394	0.538	0.694	0.870	1.079	1.356	1.771	2.160	2.650	3.012	4.221
14	0.128	0.258	0.393	0.537	0.692	0.868	1.076	1.345	1.761	2.145	2.624	2.977	4.140
15	0.128	0.258	0.393	0.536	0.691	0.866	1.074	1.341	1.753	2.131	2.602	2.947	4.073
16	0.128	0.258	0.392	0.535	0.690	0.865	1.071	1.337	1.746	2.120	2.583	2.921	4.015
17	0.128	0.257	0.392	0.534	0.685	0.863	1.069	1.333	1.740	2.110	2.567	2.898	3.965
18	0.127	0.257	0.392	0.534	0.688	0.862	1.067	1.330	1.734	2.101	2.552	2.878	3.922
19	0.127	0.257	0.391	0.533	0.688	0.861	1.066	1.328	1.729	2.093	2.539	2.861	3.883
20	0.127	0.257	0.391	0.533	0.687	0.860	1.064	1.325	1.722	2.086	2.528	2.845	3.850
21	0.127	0.257	0.391	0.532	0.686	0.958	1.063	1.323	1.721	2.080	2.518	2.831	3.819
22	0.127	0.256	0.390	0.532	0.686	0.858	1.061	1.321	1.717	2.074	2.508	2.819	3.792
23	0.127	0.256	0.390	0.532	0.685	0.858	1.060	1.319	1.714	2.066	2.500	2.807	3.767
24	0.127	0.256	0.390	0.531	0.685	0.857	1.059	1.318	1.711	2.064	2.492	2.797	3.745
25	0.127	0.256	0.390	0.531	0.684	0.856	1.058	1.316	1.708	2.060	2.485	2.787	3.725
26	0.127	0.256	0.390	0.531	0.684	0.856	1.058	1.315	1.706	2.056	2.479	2.779	3.707
27	0.127	0.256	0.389	0.531	0.684	0.855	1.057	1.314	1.703	2.052	2.473	2.771	3.690
28	0.127	0.256	0.389	0.530	0.683	0.855	1.056	1.313	1.701	2.048	2.467	2.763	3.674
29	0.127	0.256	0.389	0.530	0.683	0.854	1.055	1.311	1.699	2.045	2.462	2.756	3.659
30	0.127	0.256	0.389	0.530	0.683	0.854	1.055	1.310	1.697	2.042	2.457	2.750	6.464
40	0.126	0.255	0.388	0.529	0.681	0.851	1.050	1.303	1.684	2.021	2.423	2.704	3.551
60	0.126	0.254	0.387	0.527	0.679	0.848	1.046	1.299	1.671	2.000	2.390	2.660	3.465
120	0.126	0.254	0.386	0.526	0.677	0.845	1.041	1.289	1.658	1.980	2.358	2.617	3.373
∞	0.126	0.253	0.385	0.524	0.674	0.842	1.036	1.282	1.645	1.960	2.326	2.576	3.291

附表 2 F 分布临界值表

$\alpha = 0.10$

f_2 \ f_1	1	2	3	4	5	6	7	8	9	10	12	15	20	24	30	40	60	120	∞
1	39.86	49.50	53.59	55.83	57.24	58.20	58.91	59.44	59.86	60.19	60.71	61.22	61.74	62.00	62.26	62.53	62.79	63.06	63.33
2	8.53	9.00	9.16	9.24	9.29	9.33	9.35	9.37	9.38	9.39	9.41	9.42	9.44	9.45	9.46	9.47	9.47	9.48	9.49
3	5.54	5.46	5.36	5.32	5.31	5.28	5.27	5.25	5.24	5.23	5.22	5.20	5.18	5.18	5.17	5.16	5.15	5.14	5.13
4	4.54	4.32	4.19	4.11	4.05	4.01	3.98	3.95	3.94	3.92	3.90	3.87	3.84	3.83	3.82	3.80	3.79	3.78	3.76
5	4.06	3.78	3.62	3.52	3.45	3.40	3.37	3.34	3.32	3.30	3.27	3.24	3.21	3.19	3.17	3.16	3.14	3.12	3.10
6	3.78	3.46	3.29	3.18	3.11	3.05	3.01	2.98	2.96	2.94	2.90	2.87	2.84	2.82	2.80	2.78	2.76	2.74	2.72
7	3.59	3.26	3.07	2.96	2.88	2.83	2.78	2.75	2.72	2.70	2.67	2.63	2.59	2.58	2.56	2.54	2.51	2.49	2.47
8	3.46	3.11	2.92	2.81	2.73	2.67	2.62	2.59	2.56	2.54	2.50	2.46	2.42	2.40	2.38	2.36	2.34	2.32	2.29
9	3.36	3.01	2.81	2.69	2.61	2.55	2.51	2.47	2.44	2.42	2.38	2.34	2.30	2.28	2.25	2.23	2.21	2.18	2.16
10	3.29	2.92	2.73	2.61	2.52	2.46	2.41	2.38	2.35	2.32	2.28	2.24	2.20	2.18	2.16	2.13	2.11	2.08	2.06
11	3.23	2.86	2.66	2.54	2.45	2.39	2.34	2.30	2.27	2.25	2.21	2.17	2.12	2.10	2.08	2.05	2.03	2.00	1.97
12	3.18	2.81	2.61	2.48	2.39	2.33	2.38	2.24	2.21	2.19	2.15	2.10	2.06	2.04	2.01	1.99	1.96	1.93	1.90
13	3.14	2.76	2.56	2.43	2.35	2.28	2.23	2.20	2.16	2.14	2.10	2.05	2.01	1.98	1.96	1.93	1.90	1.88	1.85
14	3.10	2.73	2.52	2.39	2.31	2.24	2.19	2.15	2.12	2.10	2.05	2.01	1.96	1.94	1.91	1.89	1.86	1.83	1.80
15	3.07	2.70	2.49	2.36	2.27	2.21	2.16	2.12	2.09	2.06	2.02	1.97	1.92	1.90	1.87	1.85	1.82	1.79	1.76
16	3.05	2.67	2.46	2.33	2.24	2.18	2.13	2.09	2.06	2.03	1.99	1.94	1.89	1.87	1.84	1.81	1.78	1.75	1.72
17	3.03	2.64	2.44	2.31	2.22	2.15	2.10	2.06	2.03	2.00	1.96	1.91	1.86	1.84	1.78	1.75	1.72	1.69	1.69
18	3.01	2.62	2.42	2.29	2.20	2.13	2.08	2.04	2.00	1.98	1.93	1.89	1.84	1.81	1.78	1.75	1.72	1.69	1.66
19	2.99	2.61	2.40	2.27	2.18	2.11	2.06	2.02	1.98	1.96	1.91	1.86	1.81	1.79	1.76	1.73	1.70	1.67	1.63
20	2.97	2.59	2.38	2.25	2.16	2.09	2.04	2.00	1.96	1.94	1.89	1.84	1.79	1.77	1.74	1.71	1.68	1.64	1.61
21	2.96	2.57	2.36	2.23	2.14	2.08	2.02	1.98	1.95	1.92	1.87	1.83	1.78	1.75	1.72	1.69	1.66	1.62	1.59
22	2.95	2.56	2.35	2.22	2.13	2.06	2.01	1.97	1.93	1.90	1.86	1.81	1.76	1.73	1.70	1.67	1.64	1.60	1.57
23	2.94	2.55	2.34	2.21	2.11	2.05	1.99	1.95	1.92	1.89	1.84	1.80	1.74	1.72	1.69	1.66	1.62	1.59	1.55
24	2.93	2.54	2.33	2.19	2.10	2.04	1.98	1.94	1.91	1.88	1.83	1.78	1.73	1.70	1.67	1.64	1.61	1.57	1.53
25	2.92	2.53	2.32	2.18	2.09	2.02	1.97	1.93	1.89	1.87	1.82	1.77	1.72	1.69	1.66	1.63	1.59	1.56	1.52
26	2.91	2.52	2.31	2.17	2.08	2.01	1.96	1.92	1.88	1.86	1.81	1.76	1.71	1.68	1.65	1.61	1.58	1.54	1.50
27	2.90	2.51	2.30	2.17	2.07	2.00	1.95	1.91	1.87	1.85	1.80	1.75	1.70	1.67	1.64	1.60	1.57	1.53	1.49
28	2.89	2.50	2.29	2.16	2.06	2.00	1.94	1.90	1.87	1.84	1.79	1.74	1.69	1.66	1.63	1.59	1.56	1.52	1.48
29	2.89	2.50	2.28	2.15	2.06	1.99	1.93	1.89	1.86	1.83	1.78	1.73	1.68	1.65	1.62	1.58	1.55	1.51	1.47
30	2.88	2.49	2.28	2.14	2.05	1.98	1.93	1.88	1.85	1.82	1.77	1.72	1.67	1.64	1.61	1.57	1.54	1.50	1.46
40	2.84	2.44	2.23	2.09	2.00	1.93	1.87	1.83	1.79	1.76	1.71	1.66	1.61	1.57	1.54	1.51	1.47	1.42	1.38
60	2.79	2.39	2.18	2.04	1.95	1.87	1.82	1.77	1.74	1.71	1.66	1.60	1.54	1.51	1.48	1.44	1.40	1.35	1.29
120	2.75	2.35	2.13	1.99	1.90	1.82	1.77	1.72	1.68	1.65	1.60	1.55	1.48	1.45	1.41	1.37	1.32	1.36	1.19
∞	2.71	2.30	2.08	1.94	1.85	1.17	1.72	1.67	1.63	1.60	1.55	1.49	1.42	1.38	1.34	1.30	1.24	1.17	1.00

$\alpha = 0.01$

$f_2 \backslash f_1$	1	2	3	4	5	6	7	8	9	10	12	15	20	24	30	40	60	120	∞
1	4052	4999	5403	5625	5764	5859	5928	5981	6022	6056	6106	6157	6209	6235	6261	6287	6313	6339	6366
2	98.49	99.01	99.17	99.25	99.30	99.33	99.36	99.36	99.39	99.40	99.42	99.43	99.45	99.46	99.47	99.47	99.48	99.49	99.50
3	34.12	30.81	29.46	28.71	28.24	27.91	27.67	27.49	27.35	27.23	27.05	26.87	26.69	26.60	26.50	26.41	26.32	26.22	26.12
4	21.20	18.00	16.69	15.98	15.52	15.21	14.98	14.80	14.66	14.55	14.37	14.20	14.02	13.93	13.84	13.75	13.65	13.56	13.46
5	16.26	13.27	12.06	11.39	10.97	10.67	10.46	10.29	10.16	10.05	9.89	9.72	9.55	9.47	9.38	9.29	9.20	9.11	9.02
6	13.74	10.92	9.78	9.15	8.75	8.47	8.26	8.10	7.98	7.87	7.72	7.56	7.40	7.31	7.23	7.14	7.06	6.97	6.88
7	12.25	9.55	8.45	7.85	7.46	7.19	6.99	6.84	6.72	6.62	6.47	6.31	6.16	6.07	5.99	5.91	5.82	5.74	5.65
8	11.26	8.65	7.59	7.01	6.63	6.37	6.18	6.03	5.91	5.81	5.67	5.52	5.39	5.28	5.20	5.12	5.03	4.95	4.86
9	10.56	8.02	6.99	6.42	6.06	5.80	5.61	5.47	5.35	5.26	5.11	4.96	4.81	4.73	4.65	4.57	4.48	4.40	4.31
10	10.04	7.56	6.55	5.99	5.64	5.39	5.20	5.06	4.94	4.85	4.71	4.56	4.41	4.33	4.25	4.17	4.08	4.00	3.91
11	9.65	7.20	6.22	5.67	5.32	5.07	4.89	4.74	4.63	4.54	4.40	4.25	4.10	4.02	3.94	3.86	3.78	3.69	3.60
12	9.33	6.93	5.95	5.41	5.06	4.82	4.64	4.50	4.39	4.30	4.16	4.01	3.86	3.78	3.70	3.62	3.54	3.45	3.36
13	9.07	6.70	5.74	5.20	4.86	4.62	4.44	4.30	4.19	4.10	3.96	3.82	3.66	3.59	3.51	3.43	3.34	3.25	3.16
14	8.86	6.51	5.56	5.03	4.69	4.46	4.28	4.14	4.03	3.94	3.80	3.66	3.51	3.43	3.35	3.27	3.18	3.09	3.00
15	8.68	6.36	5.42	4.89	4.56	4.32	4.14	4.00	3.89	3.80	3.67	3.52	3.37	3.29	3.21	3.13	3.05	2.96	2.87
16	8.53	6.23	5.29	4.77	4.44	4.20	4.03	3.89	3.78	3.69	3.55	3.41	3.26	3.18	3.10	3.02	2.93	2.84	2.75
17	8.40	6.11	5.18	4.67	4.34	4.10	3.93	3.79	3.68	3.59	3.45	3.31	3.16	3.08	3.00	2.92	2.83	2.75	2.65
18	8.28	6.01	5.09	4.58	4.25	4.01	3.84	3.71	3.60	3.51	3.37	3.23	3.08	3.00	2.92	2.84	2.75	2.66	2.57
19	8.18	5.93	5.01	4.50	4.17	3.94	3.77	3.63	3.52	3.43	3.30	3.15	3.00	2.92	2.84	2.76	2.67	2.58	2.49
20	8.10	5.85	4.94	4.43	4.10	3.87	3.70	3.56	3.46	3.37	3.23	3.09	2.94	2.86	2.78	2.69	2.61	2.52	2.42
21	8.02	5.78	4.87	4.37	4.04	3.81	3.64	3.51	3.40	3.31	3.17	3.03	2.88	2.80	2.72	2.64	2.55	2.46	2.36
22	7.94	5.72	4.82	4.31	3.99	3.76	3.59	3.45	3.35	3.26	3.12	2.98	2.83	2.75	2.67	2.58	2.50	2.40	2.31
23	7.88	5.66	4.76	4.26	3.94	3.71	3.54	3.41	3.30	3.21	3.07	2.93	2.78	2.70	2.62	2.54	2.45	2.35	2.26
24	7.82	5.61	4.72	4.22	3.90	3.67	3.50	3.36	3.26	3.17	3.03	2.89	2.74	2.66	2.58	2.49	2.40	2.31	2.21
25	7.77	5.57	4.68	4.18	3.86	3.63	0.46	3.32	3.22	3.13	2.99	2.85	2.70	2.62	2.54	2.45	2.36	2.27	2.17
26	7.72	5.53	4.64	4.14	3.82	3.59	3.42	3.29	3.18	3.09	2.96	2.81	2.66	2.58	2.50	2.42	2.33	2.23	2.13
27	7.68	5.49	4.60	4.11	3.78	3.56	3.39	3.26	3.15	3.06	2.93	2.78	2.63	2.55	2.47	2.38	2.29	2.20	2.10
28	7.64	5.45	4.57	4.07	3.75	3.53	3.36	3.23	3.12	3.03	2.90	2.75	2.60	2.52	2.44	2.35	2.26	2.17	2.06
29	7.60	5.42	4.54	4.04	3.73	3.50	3.33	3.20	3.09	3.00	2.87	2.73	2.57	2.49	2.41	2.33	2.23	2.14	2.03
30	7.56	5.39	4.51	4.02	3.70	3.47	3.30	3.17	3.07	2.98	2.84	2.70	2.55	2.47	2.39	2.30	2.21	2.11	2.01
40	7.31	5.18	4.31	3.83	3.51	3.29	3.12	2.99	2.89	2.80	2.66	2.52	2.37	2.29	2.20	2.11	2.02	1.92	1.80
60	7.08	4.98	4.13	3.65	3.34	3.12	2.95	2.82	2.72	2.63	2.50	2.35	2.20	2.12	2.03	1.94	1.84	1.73	1.60
120	6.85	4.79	3.95	3.48	3.17	2.96	2.79	2.66	2.56	2.47	2.34	2.19	2.03	1.95	1.86	1.76	1.66	1.53	1.38
∞	6.64	4.60	3.78	3.32	3.02	2.80	2.64	2.51	2.41	2.32	2.18	2.04	1.88	1.79	1.70	1.59	1.47	1.32	1.00

附表

$\alpha = 0.05$

f_2 \ f_1	1	2	3	4	5	6	7	8	9	10	12	15	20	24	30	40	60	120	∞
1	161.4	199.5	215.7	224.6	230.2	234.0	236.8	238.9	240.5	241.9	243.9	245.9	248.0	249.0	250.1	251.1	252.2	253.3	254.3
2	18.51	19.00	19.16	19.25	19.30	19.33	19.35	19.37	19.38	19.40	19.41	19.43	19.45	19.45	19.46	19.47	19.48	19.49	19.50
3	10.13	9.55	9.28	9.12	9.01	8.94	8.89	8.84	8.81	8.79	8.74	8.70	8.66	8.64	8.62	8.59	8.57	8.55	8.53
4	7.71	6.94	6.59	6.39	6.26	6.16	6.09	6.04	6.00	5.96	5.91	5.86	5.80	5.77	5.75	5.72	5.69	5.66	5.63
5	6.61	5.79	5.41	5.19	5.05	4.95	4.88	4.82	4.77	4.74	4.68	4.62	4.56	4.53	4.50	4.46	4.43	4.40	4.36
6	5.99	5.14	4.76	4.53	4.39	4.28	4.21	4.15	4.10	4.06	4.00	3.94	3.87	3.84	3.81	3.77	3.74	3.70	3.67
7	5.59	4.74	4.35	4.12	3.97	3.87	3.79	3.73	3.68	3.64	3.57	3.51	3.44	3.41	3.38	3.34	3.30	3.27	3.23
8	5.32	4.46	4.07	3.84	3.69	3.58	3.50	3.44	3.39	3.35	3.28	3.22	3.15	3.12	3.08	3.04	3.01	2.97	2.93
9	5.12	4.26	3.86	3.63	3.48	3.37	3.29	3.23	3.18	3.14	3.07	3.01	2.94	2.90	2.86	2.83	2.79	2.75	2.71
10	4.96	4.10	3.71	3.48	3.33	3.22	3.14	3.07	3.02	2.98	2.91	2.85	2.77	2.74	2.70	2.66	2.62	2.58	2.54
11	4.84	3.98	3.59	3.36	3.20	3.09	3.01	2.95	2.90	2.85	2.79	2.72	2.65	2.61	2.57	2.53	2.49	2.45	2.40
12	4.75	3.88	3.49	3.26	3.11	3.00	2.91	2.85	2.80	2.75	2.69	2.62	2.54	2.50	2.47	2.43	2.38	2.34	2.30
13	4.67	3.80	3.41	3.18	3.02	2.92	2.83	2.77	2.71	2.67	2.60	2.53	2.46	2.42	2.38	2.34	2.30	2.25	2.21
14	4.60	3.74	3.34	3.11	2.96	2.85	2.76	2.70	2.65	2.60	2.53	2.46	2.39	2.35	2.31	2.27	2.22	2.18	2.13
15	4.54	3.68	3.29	3.06	2.90	2.79	2.71	2.64	2.59	2.54	2.48	2.40	2.33	2.29	2.25	2.20	2.16	2.11	2.07
16	4.49	3.63	3.24	3.01	2.85	2.74	2.66	2.59	2.54	2.49	2.42	2.35	2.28	2.24	2.19	2.15	2.11	2.06	2.01
17	4.45	3.59	3.20	2.96	2.81	2.70	2.61	2.55	2.49	2.45	2.38	2.31	2.23	2.19	2.15	2.10	2.06	2.01	1.96
18	4.41	3.55	3.16	2.93	2.77	2.66	2.58	2.51	2.46	2.41	2.34	2.27	2.19	2.15	2.11	2.06	2.02	1.97	1.92
19	4.38	3.52	3.13	2.90	2.74	2.63	2.54	2.48	2.42	2.37	2.31	2.23	2.16	2.11	2.07	2.03	1.98	1.93	1.88
20	4.35	3.49	3.10	2.87	2.71	2.60	2.51	2.45	2.39	2.35	2.28	2.20	2.12	2.08	2.04	1.99	1.95	1.90	1.84
21	4.32	3.47	3.07	2.84	2.68	2.57	2.49	2.42	2.37	2.32	2.25	2.18	2.10	2.05	2.01	1.96	1.92	1.87	1.81
22	4.30	3.44	3.05	2.82	2.66	2.55	2.46	2.40	2.34	2.30	2.23	2.15	2.07	2.03	1.98	1.94	1.89	1.84	1.78
23	4.28	3.42	3.03	2.80	2.64	2.53	2.44	2.38	2.32	2.27	2.20	2.13	2.05	2.00	1.96	1.91	1.86	1.81	1.76
24	4.26	3.40	3.01	2.78	2.62	2.51	2.42	2.36	2.30	2.25	2.18	2.11	2.03	1.98	1.94	1.89	1.84	1.79	1.73
25	4.24	3.38	2.99	2.76	2.60	2.49	2.40	2.34	2.28	2.24	2.16	2.09	2.01	1.96	1.92	1.87	1.82	1.77	1.71
26	4.22	3.37	2.98	2.74	2.59	2.47	2.39	2.32	2.27	2.22	2.15	2.07	1.99	1.95	1.90	1.85	1.80	1.75	1.69
27	4.21	3.35	2.96	2.73	2.57	2.46	2.37	2.30	2.25	2.20	2.13	2.06	1.97	1.93	1.88	1.84	1.79	1.73	1.67
28	4.20	3.34	2.95	2.71	2.56	2.44	2.36	2.29	2.24	2.19	2.12	2.04	1.96	1.91	1.87	1.82	1.77	1.71	1.65
29	4.18	3.33	2.93	2.70	2.54	2.43	2.35	2.28	2.22	2.18	2.10	2.03	1.94	1.90	1.85	1.81	1.75	1.70	1.64
30	4.17	3.32	2.92	2.69	2.53	2.42	2.33	2.27	2.21	2.16	2.09	2.01	1.93	1.89	1.84	1.79	1.71	1.68	1.62
40	4.08	3.23	2.84	2.61	2.45	2.34	2.25	2.18	2.12	2.08	2.00	1.92	1.84	1.79	1.74	1.69	1.64	1.58	1.51
60	4.00	3.15	2.76	2.52	2.37	2.25	2.17	2.10	2.04	1.99	1.92	1.84	1.75	1.70	1.65	1.59	1.53	1.47	1.39
120	3.92	3.07	2.68	2.45	2.29	2.17	2.09	2.02	1.96	1.91	1.83	1.75	1.66	1.61	1.55	1.50	1.43	1.35	1.25
∞	3.84	2.99	2.60	2.37	2.21	2.10	2.01	1.94	1.88	1.83	1.75	1.67	1.57	1.52	1.46	1.39	1.32	1.22	1.00

$$\alpha = 0.025$$

f_2 \ f_1	1	2	3	4	5	6	7	8	9	10	12	15	20	24	30	40	60	120	∞
1	647.8	799.5	864.2	899.6	921.8	937.1	948.2	956.7	963.3	968.6	976.7	984.9	993.1	997.2	1001	1006	1010	1014	1018
2	38.51	39.00	39.17	39.25	39.30	39.33	39.36	39.37	39.39	39.40	39.41	39.43	39.45	39.46	39.46	39.47	39.48	39.49	39.50
3	17.44	16.04	15.44	15.10	14.88	14.73	14.62	14.54	14.47	14.42	14.34	14.25	14.17	14.12	14.08	14.04	13.99	13.95	13.90
4	12.22	10.65	9.98	9.60	9.36	9.20	9.07	8.98	8.90	8.84	8.75	8.66	8.56	8.51	8.46	8.41	8.36	8.31	8.26
5	10.01	8.43	7.76	7.39	7.15	6.98	6.85	6.76	6.68	6.62	6.52	6.43	6.33	6.28	6.23	6.18	6.12	6.07	6.02
6	8.81	7.26	6.60	6.23	5.99	5.82	5.70	5.60	5.52	5.46	5.37	5.27	5.17	5.12	5.07	5.01	4.96	4.90	4.85
7	8.07	6.54	5.89	5.52	5.29	5.12	4.99	4.90	4.82	4.76	4.67	4.57	4.47	4.42	4.36	4.31	4.25	4.20	4.14
8	7.57	6.06	5.42	5.05	4.82	4.65	4.53	4.43	4.36	4.30	4.20	4.10	4.00	3.95	3.89	3.84	3.78	3.73	3.67
9	7.21	5.71	5.08	4.72	4.48	4.32	4.20	4.10	4.03	3.96	3.87	3.77	3.67	3.61	3.56	3.51	3.45	3.39	3.33
10	6.94	5.46	4.83	4.47	4.24	4.07	3.95	3.85	3.78	3.72	3.62	3.52	3.42	3.37	3.31	3.26	3.20	3.14	3.08
11	6.72	5.26	4.63	4.28	4.04	3.88	3.76	3.66	4.59	3.53	3.43	3.33	3.23	3.17	3.12	3.06	3.00	2.94	2.88
12	6.55	5.10	4.47	4.12	3.89	3.73	3.61	3.51	3.44	3.37	3.28	3.18	3.07	3.02	2.96	2.91	2.85	2.79	2.72
13	6.41	4.97	4.35	4.00	3.77	3.60	3.48	3.39	3.31	3.25	3.15	3.05	2.95	2.89	2.84	2.78	2.72	2.66	2.60
14	6.30	4.86	4.24	3.89	3.66	3.50	3.38	3.29	3.21	3.15	3.05	2.95	2.84	2.79	2.73	2.67	2.61	2.55	2.49
15	6.20	4.77	4.15	3.80	3.58	3.41	3.29	3.20	3.12	3.06	2.96	2.86	2.76	2.70	2.64	2.59	2.52	2.46	2.40
16	6.12	4.69	4.08	3.73	3.50	3.34	3.22	3.12	3.05	2.99	2.89	2.79	2.68	2.63	2.57	2.51	2.45	2.38	2.32
17	6.04	4.62	4.01	3.66	3.44	3.28	3.16	3.06	2.98	2.92	2.82	2.72	2.62	2.56	2.50	2.44	2.38	2.32	2.25
18	5.98	4.56	3.95	3.61	3.38	3.22	3.10	3.01	2.93	2.87	2.77	2.67	2.56	2.50	2.44	2.38	2.32	2.26	2.19
19	5.92	4.51	3.90	3.56	3.33	3.17	3.05	2.96	2.88	2.82	2.72	2.62	2.51	2.45	2.39	2.33	2.27	2.20	2.13
20	5.87	4.46	3.86	3.51	3.29	3.13	3.01	2.91	2.84	2.77	2.68	2.57	2.46	2.41	2.35	2.29	2.22	2.16	2.09
21	5.83	4.42	3.82	3.48	3.25	3.09	2.97	2.87	2.80	2.73	2.64	2.53	2.42	2.37	2.31	2.25	2.18	2.11	2.04
22	5.79	4.38	3.78	3.44	3.22	3.05	2.93	2.84	2.76	2.70	2.60	2.50	2.39	2.33	2.27	2.21	2.14	2.08	2.00
23	5.75	4.35	3.75	3.41	3.18	3.02	2.90	2.81	2.73	2.67	2.57	2.47	2.36	2.30	2.24	2.18	2.11	2.04	1.97
24	5.72	4.32	3.72	3.38	3.15	2.99	2.87	2.78	2.70	2.64	2.54	2.44	2.33	2.27	2.21	2.15	2.08	2.01	1.94
25	5.69	4.29	3.69	3.35	3.13	2.97	2.85	2.75	2.68	2.61	2.51	2.41	2.30	2.24	2.18	2.12	2.05	1.98	1.91
26	5.66	4.27	3.67	3.33	3.10	2.94	2.82	2.73	2.65	2.59	2.49	2.39	2.28	2.22	2.16	2.09	2.03	1.95	1.88
27	5.63	4.24	3.65	3.31	3.08	2.92	2.80	2.71	2.63	2.57	2.47	2.36	2.25	2.19	2.13	2.07	2.00	1.93	1.85
28	5.61	4.22	3.63	3.29	3.06	2.90	2.78	2.69	2.61	2.55	2.45	2.34	2.23	2.17	2.11	2.05	1.98	1.91	1.83
29	5.59	4.20	3.61	3.27	3.04	2.88	2.76	2.67	2.59	2.53	2.43	2.32	2.21	2.15	2.09	2.03	1.96	1.89	1.81
30	5.57	4.18	3.59	3.25	3.03	2.87	2.75	2.65	2.57	2.51	2.41	2.31	2.20	2.14	2.07	2.01	1.94	1.87	1.79
40	5.42	4.05	3.46	3.13	2.90	2.74	2.62	2.53	2.45	2.39	2.29	2.18	2.07	2.01	1.94	1.88	1.80	1.72	1.64
60	5.29	3.93	3.34	3.01	2.79	2.63	2.51	2.41	2.33	2.27	2.17	2.06	1.94	1.88	1.82	1.74	1.67	1.58	1.48
120	5.15	3.80	3.23	2.89	2.67	2.52	2.39	2.30	2.22	2.16	2.05	1.94	1.82	1.76	1.69	1.61	1.53	1.43	1.31
∞	5.02	3.69	3.12	2.79	2.57	2.41	2.29	2.19	2.11	2.05	1.94	1.83	1.77	1.64	1.57	1.48	1.39	1.27	1.00

附表 3 标准正态分布表

$$\Phi(x) = \int_{-\infty}^{x} \frac{1}{\sqrt{2\pi}} e^{\frac{t^2}{2}} dt = p(X \leqslant x) \quad \Phi(-x)=1-\Phi(x)$$

x	0.00	0.01	0.02	0.03	0.04	0.05	0.06	0.07	0.08	0.09
0.0	0.5000	0.5040	0.5080	0.5120	0.5160	0.5199	0.5239	0.5279	0.5319	0.5359
0.1	0.5398	0.5438	0.5478	0.5517	0.5557	0.5596	0.5636	0.5675	0.5714	0.5753
0.2	0.5793	0.5832	0.5871	0.5910	0.5948	0.5987	0.6026	0.6064	0.6103	0.6141
0.3	0.6179	0.6217	0.6255	0.6293	0.6331	0.6368	0.6404	0.6443	0.6480	0.6517
0.4	0.6554	0.6591	0.6628	0.6664	0.6700	0.6736	0.6772	0.6808	0.6844	0.6879
0.5	0.6915	0.6950	0.6985	0.7019	0.7054	0.7088	0.7123	0.7157	0.7190	0.7224
0.6	0.7257	0.7291	0.7324	0.7357	0.7389	0.7422	0.7454	0.7486	0.7517	0.7549
0.7	0.7580	0.7611	0.7642	0.7673	0.7703	0.7734	0.7764	0.7794	0.7823	0.7852
0.8	0.7881	0.7910	0.7939	0.7967	0.7995	0.8023	0.8051	0.8078	0.8106	0.8133
0.9	0.8159	0.8186	0.8212	0.8238	0.8264	0.8289	0.8355	0.8340	0.8365	0.8389
1.0	0.8413	0.8438	0.8461	0.8485	0.8508	0.8531	0.8554	0.8577	0.8599	0.8621
1.1	0.8643	0.8665	0.8686	0.8708	0.8729	0.8749	0.8770	0.8790	0.8810	0.8830
1.2	0.8849	0.8869	0.8888	0.8907	0.8925	0.8944	0.8962	0.8980	0.8997	0.9015
1.3	0.9032	0.9049	0.9066	0.9082	0.9099	0.9115	0.9131	0.9147	0.9162	0.9177
1.4	0.9192	0.9207	0.9222	0.9236	0.9251	0.9265	0.9279	0.9292	0.9306	0.9319
1.5	0.9332	0.9345	0.9357	0.9370	0.9382	0.9394	0.9406	0.9418	0.9430	0.9441
1.6	0.9452	0.9463	0.9474	0.9484	0.9495	0.9505	0.9515	0.9525	0.9535	0.9535
1.7	0.9554	0.9564	0.9573	0.9582	0.9591	0.9599	0.9608	0.9616	0.9625	0.9633
1.8	0.9641	0.9648	0.9656	0.9664	0.9672	0.9678	0.9686	0.9693	0.9700	0.9706
1.9	0.9713	0.9719	0.9726	0.9732	0.9738	0.9744	0.9750	0.9756	0.9762	0.9767
2.0	0.9772	0.9778	0.9783	0.9788	0.9793	0.9798	0.9803	0.9808	0.9812	0.9817
2.1	0.9821	0.9826	0.9830	0.9834	0.9838	0.9842	0.9846	0.9850	0.9854	0.9857
2.2	0.9861	0.9864	0.9868	0.9871	0.9874	0.9878	0.9881	0.9884	0.9887	0.9890
2.3	0.9893	0.9896	0.9898	0.9901	0.9904	0.9906	0.9909	0.9911	0.9913	0.9916
2.4	0.9918	0.9920	0.9922	0.9925	0.9927	0.9929	0.9931	0.9932	0.9934	0.9936
2.5	0.9938	0.9940	0.9941	0.9943	0.9945	0.9946	0.9948	0.9949	0.9951	0.9952
2.6	0.9953	0.9955	0.9956	0.9957	0.9959	0.9960	0.9961	0.9962	0.9963	0.9964
2.7	0.9965	0.9966	0.9967	0.9968	0.9969	0.9970	0.9971	0.9972	0.9973	0.9974
2.8	0.9974	0.9975	0.9976	0.9977	0.9977	0.9978	0.9979	0.9979	0.9980	0.9981
2.9	0.9981	0.9982	0.9982	0.9983	0.9984	0.9984	0.9985	0.9985	0.9986	0.9986
x	0.0	0.1	0.2	0.3	0.4	0.5	0.6	0.7	0.8	0.9
3.0	0.9987	0.9990	0.9993	0.9995	0.9997	0.9998	0.9998	0.9999	0.9999	1.0000

注：本表最后一行自左至右依次是 $\Phi(3.0)$、…、$\Phi(3.9)$ 的值。

附表4 χ^2分布临界值表

k \ α	0.995	0.99	0.975	0.95	0.90	0.75	0.25	0.10	0.05	0.025	0.01	0.005
1	—	—	0.001	0.004	0.016	0.102	1.323	2.706	3.841	5.024	6.635	7.879
2	0.010	0.020	0.051	0.103	0.211	0.575	2.773	4.605	5.991	7.378	9.210	10.597
3	0.072	0.115	0.216	0.352	0.584	1.213	4.108	6.251	7.815	9.348	11.345	12.838
4	0.207	0.297	0.484	0.711	1.064	1.923	5.385	7.779	9.488	11.143	13.277	14.860
5	0.412	0.554	0.831	1.145	1.610	2.675	6.626	9.236	11.071	12.833	15.086	16.750
6	0.676	0.872	1.237	1.635	2.204	3.455	7.841	10.645	12.592	14.449	16.812	18.548
7	0.989	1.239	1.690	2.167	2.833	4.255	9.037	12.017	14.067	16.013	18.475	20.278
8	1.344	1.646	2.180	2.733	3.490	5.071	10.219	13.362	15.507	17.535	20.090	21.955
9	1.735	2.088	2.700	3.325	4.168	5.899	11.389	14.684	16.919	19.023	21.666	23.589
10	2.156	2.558	3.247	3.940	4.865	6.737	12.549	15.987	18.307	20.483	23.209	25.188
11	2.603	3.053	3.816	4.575	5.578	7.584	13.701	17.275	19.675	21.920	24.725	26.757
12	3.074	3.571	4.404	5.226	6.304	8.438	14.845	18.549	21.026	23.337	26.217	28.299
13	3.565	4.107	5.009	5.892	7.042	9.299	15.984	19.812	22.362	24.736	27.688	29.819
14	4.075	4.660	5.629	6.571	7.790	10.165	17.117	21.064	23.685	26.119	29.141	31.319
15	4.601	5.229	6.262	7.261	8.547	11.037	18.245	22.307	24.966	27.488	30.578	32.801
16	5.142	5.812	6.908	7.962	9.312	11.912	19.369	23.542	26.296	28.845	32.000	34.267
17	5.697	6.408	7.564	8.672	10.085	12.792	20.489	24.769	27.587	30.191	33.409	35.718
18	6.265	7.015	8.231	9.390	10.865	13.675	21.605	25.989	28.869	31.526	34.805	37.156
19	6.844	7.633	8.907	10.117	11.651	14.562	22.718	27.204	30.144	32.852	36.191	38.582
20	7.434	8.260	9.591	10.851	12.443	15.452	23.828	28.412	31.410	34.170	37.566	39.997
21	8.034	8.897	10.283	11.591	13.240	16.344	24.935	29.615	32.671	35.479	38.932	41.401
22	8.643	9.542	10.982	12.338	14.042	17.240	26.039	30.813	33.924	36.781	40.289	42.796
23	9.260	10.196	11.689	13.091	14.848	18.137	27.141	32.007	35.172	38.076	41.638	44.181
24	9.886	10.856	12.401	13.848	15.659	19.037	28.241	33.196	36.415	39.364	42.980	45.559
25	10.520	11.524	13.120	14.611	16.473	19.939	29.339	34.382	37.652	40.646	44.314	46.928
26	11.160	12.198	13.844	15.379	17.292	20.843	30.435	35.563	38.885	41.923	45.642	48.290
27	11.808	12.879	14.573	16.151	18.114	21.749	31.528	36.741	40.113	43.194	46.963	49.645
28	12.461	13.565	15.308	16.928	18.939	22.657	32.620	37.916	41.337	44.461	48.278	50.993
29	13.121	14.257	16.047	17.708	19.768	23.567	33.711	39.087	42.557	45.722	49.588	52.336
30	13.787	14.954	16.791	18.493	20.599	24.478	34.800	40.256	43.773	46.979	50.892	53.672
31	14.458	15.655	17.539	19.281	21.434	25.390	35.887	41.422	44.985	48.232	52.191	55.003
32	15.134	16.362	18.291	20.072	22.271	26.304	36.973	42.585	46.194	49.480	53.486	56.328
33	15.815	17.074	19.047	20.867	23.110	27.219	38.058	43.745	47.400	50.725	54.776	57.648
34	16.501	17.789	19.806	21.664	23.952	28.136	39.141	44.903	48.602	51.966	56.061	58.964
35	17.192	18.509	20.569	22.465	24.797	29.054	40.223	46.059	49.802	53.203	57.342	60.275
36	17.887	19.233	21.336	23.269	25.643	29.973	41.304	47.212	50.998	54.437	58.619	61.581
37	18.586	19.960	22.106	24.075	26.492	30.893	42.383	48.363	52.192	55.668	59.892	62.883
38	19.289	20.691	22.878	24.884	27.343	31.815	43.462	49.513	53.384	56.896	61.162	64.181
39	19.996	21.426	23.654	25.695	28.196	32.737	44.539	50.660	54.572	58.120	62.428	65.476
40	20.707	22.164	24.433	26.509	29.051	33.660	45.616	51.805	55.758	59.342	63.691	66.766
41	21.421	22.906	25.215	27.326	29.907	34.585	46.692	52.949	56.942	60.561	64.950	68.053
42	22.138	23.650	25.999	28.144	30.765	35.510	47.766	54.090	58.124	61.777	66.206	69.336
43	22.859	24.398	26.785	28.965	31.625	36.436	48.840	55.230	59.304	62.990	67.459	70.616
44	23.584	25.148	27.575	29.987	32.487	37.363	49.913	56.369	60.481	64.201	68.710	71.893
45	24.311	25.901	28.366	30.612	33.350	38.291	50.985	57.505	61.656	65.410	69.957	73.166

附表5 多重比较5%（上）和1%（下）q值表（双尾）

自由度	\multicolumn{19}{c}{检验极差的平均数个数}
	2	3	4	5	6	7	8	9	10	11	12	13	14	15	16	17	18	19	20
1	17.97	26.98	32.82	37.08	40.41	43.12	45.40	47.36	49.07	50.29	51.96	53.20	54.33	55.36	56.32	57.22	58.04	58.83	59.56
	90.03	135.00	164.03	185.60	202.20	215.80	227.20	237.00	245.60	253.2	260.0	266.2	271.8	277.0	281.8	286.3	290.4	294.3	298.0
2	6.08	8.33	9.80	10.88	11.74	12.44	13.03	13.54	13.99	14.39	14.75	15.08	15.38	15.65	15.91	16.14	16.37	16.57	16.77
	14.04	19.02	22.29	24.72	26.63	28.20	29.53	30.68	31.69	32.59	33.40	34.13	34.81	35.43	36.00	36.53	37.03	37.50	37.95
3	4.50	5.91	6.82	7.50	8.04	8.48	8.85	9.18	9.46	9.72	9.95	10.15	10.35	10.52	10.69	10.84	10.98	11.11	11.24
	8.26	10.62	12.17	13.33	14.24	15.00	15.64	16.20	16.69	17.13	17.53	17.89	18.22	18.52	18.81	19.07	19.32	19.55	19.77
4	3.93	5.04	5.76	6.29	6.71	7.05	7.35	7.60	7.83	8.03	8.21	8.37	8.52	8.66	8.79	8.91	9.03	9.13	9.23
	6.51	8.12	9.17	9.96	10.58	11.10	11.55	11.93	12.27	12.57	12.84	13.09	13.32	13.53	13.73	13.91	14.08	14.24	14.40
5	3.64	4.6	5.22	5.67	6.03	6.33	6.58	6.8	6.99	7.17	7.32	7.47	7.60	7.72	7.83	7.93	8.03	8.12	8.21
	5.70	6.98	7.80	8.42	8.91	9.32	9.67	9.97	10.24	10.48	10.70	10.89	11.08	11.24	11.40	11.55	11.68	11.81	11.93
6	3.46	4.34	4.90	5.30	5.63	5.90	6.12	6.32	6.49	6.65	6.79	6.92	7.03	7.14	7.24	7.34	7.43	7.51	7.59
	5.24	6.33	7.03	7.56	7.97	8.32	8.61	8.87	9.10	9.30	9.48	9.65	9.81	9.95	10.08	10.21	10.32	10.43	10.54
7	3.34	4.16	4.63	5.06	5.36	5.61	5.82	6.00	6.16	6.30	6.43	6.55	6.66	6.76	6.85	6.94	7.02	7.10	7.17
	4.95	5.92	6.54	7.01	7.37	7.68	7.94	8.17	8.37	8.55	8.71	8.86	9.00	9.12	9.24	9.35	9.46	9.55	9.65
8	3.26	4.04	4.53	4.89	5.17	5.40	5.6	5.77	5.92	6.05	6.18	6.29	6.39	6.48	6.57	6.65	6.73	6.80	6.87
	4.75	5.64	6.20	6.62	6.96	7.24	7.47	7.68	7.86	8.03	8.18	8.31	8.44	8.55	8.66	8.76	8.85	8.94	9.03
9	3.20	3.95	4.41	4.76	5.02	5.24	5.43	5.59	5.74	5.87	5.98	6.09	6.19	6.28	6.36	6.44	6.51	6.58	6.64
	4.60	5.43	5.96	6.35	6.66	6.91	7.13	7.33	7.49	7.65	7.78	7.91	8.03	8.13	8.23	8.33	8.41	8.49	8.57
10	3.15	3.88	4.33	4.65	4.91	5.12	5.30	5.46	5.60	5.72	5.83	5.93	6.03	6.11	6.19	6.27	6.34	6.40	6.47
	4.48	5.27	5.77	6.14	6.43	6.67	6.87	7.05	7.21	7.36	7.49	7.60	7.71	7.81	7.91	7.99	8.08	8.15	8.23
11	3.11	3.82	4.26	4.57	4.82	5.03	5.20	5.35	5.49	5.61	5.71	5.81	5.90	5.98	6.06	6.13	6.20	6.27	6.33
	4.39	5.15	5.62	5.97	6.25	6.48	6.67	6.84	6.99	7.13	7.25	7.36	7.46	7.56	7.65	7.73	7.81	7.88	7.95
12	3.08	3.77	4.20	4.51	4.75	4.95	5.12	5.27	5.39	5.51	5.61	5.71	5.80	5.88	5.95	6.02	6.09	6.15	6.21
	4.32	5.05	5.50	5.84	6.10	6.32	6.51	6.67	6.81	6.94	7.06	7.17	7.26	7.36	7.44	7.52	7.59	7.66	7.73
13	3.06	3.73	4.15	4.45	4.69	4.88	5.05	5.19	5.32	5.43	5.53	5.63	5.71	5.79	5.86	5.93	5.99	6.05	6.11
	4.26	4.96	5.40	5.73	5.98	6.19	6.37	6.53	6.67	6.79	6.90	7.01	7.10	7.19	7.27	7.35	7.42	7.48	7.55
14	3.03	3.70	4.11	4.41	4.64	4.83	4.99	5.13	5.25	5.36	5.46	5.55	5.64	5.71	5.79	5.85	5.91	5.97	6.03
	4.21	4.89	5.32	5.63	5.88	6.08	6.26	6.41	6.54	6.66	6.77	6.87	6.96	7.05	7.13	7.20	7.27	7.33	7.39
15	3.01	3.67	4.08	4.37	4.59	4.78	4.94	5.08	5.20	5.31	5.40	5.49	5.57	5.65	5.72	5.78	5.85	5.90	5.96
	4.17	4.84	5.25	5.56	5.80	5.99	6.16	6.31	6.44	6.55	6.66	6.76	6.84	6.93	7.00	7.07	7.14	7.20	7.26
16	3.00	3.65	4.05	4.33	4.56	4.74	4.90	5.03	5.15	5.26	5.35	5.44	5.52	5.59	5.66	5.73	5.79	5.84	5.90
	4.13	4.79	5.19	5.49	5.72	5.92	6.08	6.22	6.35	6.46	6.56	6.66	6.74	6.82	6.90	6.97	7.03	.09	7.15
17	2.98	3.63	4.02	4.30	4.52	4.70	4.86	4.99	5.11	5.21	5.31	5.39	5.47	5.54	5.61	5.67	5.73	5.79	5.84
	4.10	4.74	5.14	5.43	5.66	5.85	6.01	6.15	6.27	6.38	6.48	6.57	6.66	6.73	6.81	6.87	6.94	7.00	7.05
18	2.97	3.61	4.00	4.28	4.49	4.67	4.82	4.96	5.07	5.17	5.27	5.35	5.43	5.50	5.57	5.63	5.69	5.74	5.79
	4.07	4.70	5.09	5.38	5.60	5.79	5.94	6.08	6.20	6.31	6.41	6.50	6.58	6.65	6.73	6.79	6.85	6.91	6.97
19	2.96	3.59	3.98	4.25	4.47	4.65	4.79	4.92	5.04	5.14	5.23	5.31	5.39	5.46	5.53	5.59	5.65	5.70	5.75
	4.05	4.67	5.05	5.33	5.55	5.73	5.89	6.02	6.14	6.25	6.34	6.43	6.51	6.58	6.65	6.72	6.78	6.84	6.89
20	2.95	3.58	3.96	4.23	4.45	4.62	4.77	4.90	5.01	5.11	5.20	5.28	5.36	5.43	5.49	5.55	5.61	5.66	5.71
	4.02	4.64	5.02	5.29	5.51	5.69	5.84	5.97	6.09	6.19	6.28	6.37	6.45	6.52	6.59	6.65	6.71	6.77	6.82
24	2.92	3.53	3.90	4.17	4.37	4.564	4.68	4.81	4.92	5.01	5.10	5.18	5.25	5.32	5.38	5.44	5.49	5.55	5.59
	3.96	4.55	4.91	5.17	5.37	5.54	5.69	5.81	5.92	6.02	6.11	6.19	6.26	6.33	6.39	6.45	6.51	6.56	6.61
30	2.89	3.49	3.85	4.10	4.30	4.46	4.60	4.72	4.82	4.92	5.00	5.08	5.15	5.21	5.27	5.33	5.38	5.43	5.47
	3.89	4.45	4.80	5.05	5.24	5.40	5.54	5.65	5.76	5.85	5.93	6.01	6.08	6.14	6.20	6.26	6.31	6.36	6.41
40	2.86	3.44	3.79	4.04	4.23	4.39	4.52	4.63	4.73	4.82	4.90	4.98	5.04	5.11	5.16	5.22	5.27	5.31	5.36
	3.82	4.37	4.7	4.93	5.11	5.26	5.39	5.50	5.60	5.69	5.76	5.83	5.90	5.96	6.02	6.07	6.12	6.16	6.21
60	2.83	3.40	3.74	3.98	4.16	4.31	4.44	4.55	4.65	4.73	4.81	4.88	4.94	5.00	5.06	5.11	5.15	5.20	5.24
	3.76	4.28	4.59	4.82	4.99	5.13	5.25	5.36	5.45	5.53	5.60	5.67	5.73	5.78	5.84	5.89	5.93	5.97	6.01
120	2.8	3.36	3.68	3.92	4.10	4.24	4.36	4.47	4.56	4.64	4.71	4.78	4.84	4.90	4.95	5.00	5.04	5.09	5.13
	3.7	4.20	4.50	4.71	4.87	5.01	5.12	5.21	5.30	5.37	5.44	5.50	5.56	5.61	5.66	5.71	5.75	5.79	5.83
∞	2.77	3.31	3.63	3.86	4.03	4.17	4.29	4.39	4.47	4.55	4.62	4.68	4.74	4.80	4.85	4.89	4.93	4.97	5.01
	3.64	4.12	4.40	4.60	4.76	4.88	4.99	5.08	5.16	5.23	5.29	5.35	5.40	5.45	5.49	5.54	5.57	5.61	5.56

附表 6　Duncan's 新复极差检验 5%（上）和 1%（下） SSR 值表（双尾）

自由度 f	显著性水平	\multicolumn{13}{c}{检验极差的平均数个数}
		2	3	4	5	6	7	8	9	10	12	14	16	18	20
1	0.05	18.0	18.0	18.0	18.0	18.0	18.0	18.0	18.0	18.0	18.0	18.0	18.0	18.0	18.0
	0.01	90.0	90.0	90.0	90.0	90.0	90.0	90.0	90.0	90.0	90.0	90.0	90.0	90.0	90.0
2	0.05	6.09	6.09	6.09	6.09	6.09	6.09	6.09	6.09	6.09	6.09	6.09	6.09	6.09	6.09
	0.01	14.0	14.0	14.0	14.0	14.0	14.0	14.0	14.0	14.0	14.0	14.0	14.0	14.0	14.0
3	0.05	4.50	4.50	4.50	4.50	4.50	4.50	4.50	4.50	4.50	4.50	4.50	4.50	4.50	4.50
	0.01	8.26	8.50	8.60	8.70	8.80	8.90	8.90	9.00	9.00	9.00	9.10	9.20	9.30	9.30
4	0.05	3.93	4.01	4.02	4.02	4.02	4.02	4.02	4.02	4.02	4.02	4.02	4.02	4.02	4.02
	0.01	6.51	6.80	6.90	7.00	7.10	7.10	7.20	7.20	7.30	7.30	7.40	7.40	7.50	7.50
5	0.05	3.64	3.74	3.79	3.83	3.83	3.83	3.83	3.83	3.83	3.83	3.83	3.83	3.83	3.83
	0.01	5.70	5.96	6.11	6.18	6.26	6.33	6.40	6.44	6.50	6.60	6.60	6.70	6.70	6.80
6	0.05	3.46	3.58	3.64	3.68	3.68	3.68	3.68	3.68	3.68	3.68	3.68	3.68	3.68	3.68
	0.01	5.24	5.51	5.65	5.73	5.81	5.88	5.95	6.00	6.00	6.10	6.20	6.20	6.30	6.30
7	0.05	3.35	3.47	3.54	3.58	3.60	3.61	3.61	3.61	3.61	3.61	3.61	3.61	3.61	3.61
	0.01	4.95	5.22	5.37	5.45	5.53	5.61	5.69	5.73	5.80	5.80	5.90	5.90	6.00	6.00
8	0.05	3.26	3.39	3.47	3.52	3.55	3.56	3.56	3.56	3.56	3.56	3.56	3.56	3.56	3.56
	0.01	4.74	5.00	5.14	5.23	5.32	5.40	5.47	5.51	5.50	5.60	5.70	5.70	5.80	5.80
9	0.05	3.20	3.34	3.41	3.47	3.50	3.52	3.52	3.52	3.52	3.52	3.52	3.52	3.52	3.52
	0.01	4.60	4.86	4.99	5.08	5.17	5.25	5.32	5.36	5.40	5.50	5.50	5.60	5.70	5.70
10	0.05	3.15	3.30	3.37	3.43	3.46	3.47	3.47	3.47	3.47	3.47	3.47	3.47	3.47	3.48
	0.01	4.48	4.73	4.88	4.96	5.06	5.13	5.20	5.24	5.28	5.36	5.42	5.48	5.54	5.55
11	0.05	3.11	3.27	3.35	3.39	3.43	3.44	3.45	3.46	3.46	3.46	3.46	3.46	3.47	3.48
	0.01	4.39	4.63	4.77	4.86	4.94	5.01	5.06	5.12	5.15	5.24	5.28	5.34	5.38	5.39
12	0.05	3.08	3.23	3.33	3.36	3.40	3.42	3.44	3.44	3.46	3.46	3.46	3.46	3.47	3.48
	0.01	4.32	4.55	4.68	4.76	4.84	4.92	4.96	5.02	5.07	5.13	5.17	5.22	5.24	5.26
13	0.05	3.06	3.21	3.30	3.35	3.38	3.41	3.42	3.44	3.45	3.45	3.46	3.46	3.47	3.47
	0.01	4.26	4.48	4.62	4.69	4.74	4.84	4.88	4.96	4.98	5.04	5.08	5.13	5.14	5.15
14	0.05	3.03	3.18	3.27	3.33	3.37	3.39	3.41	3.42	3.44	3.45	3.46	3.46	3.47	3.47
	0.01	4.21	4.42	4.55	4.63	4.70	4.78	4.83	4.87	4.91	4.96	5.00	5.04	5.06	5.07
15	0.05	3.01	3.16	3.25	3.31	3.36	3.38	3.40	3.42	3.43	3.44	3.45	3.46	3.47	3.47
	0.01	4.17	4.37	4.50	4.58	4.64	4.72	4.77	4.81	4.84	4.90	4.94	4.97	4.99	5.00
16	0.05	3.00	3.15	3.23	3.30	3.34	3.37	3.39	3.41	3.43	3.44	3.45	3.46	3.47	3.47
	0.01	4.13	4.34	4.45	4.54	4.60	4.67	4.72	4.76	4.79	4.84	4.88	4.91	4.93	4.94
17	0.05	2.98	3.13	3.22	3.28	3.33	3.36	3.38	3.40	3.42	3.44	3.45	3.46	3.47	3.47
	0.01	4.10	4.30	4.41	4.50	4.56	4.63	4.68	4.72	4.75	4.80	4.83	4.86	4.88	4.89
18	0.05	2.97	3.12	3.21	3.27	3.32	3.35	3.37	3.39	3.41	3.43	3.45	3.46	3.47	3.47
	0.01	4.07	4.27	4.38	4.46	4.53	4.59	4.64	4.68	4.71	4.76	4.79	4.82	4.84	4.85
19	0.05	2.96	3.11	3.19	3.26	3.31	3.35	3.37	3.39	3.41	3.43	3.44	3.46	3.47	3.47
	0.01	4.05	4.24	4.35	4.43	4.50	4.56	4.61	4.64	4.67	4.72	4.76	4.79	4.81	4.82
20	0.05	2.95	3.10	3.18	3.25	3.30	3.34	3.36	3.38	3.40	3.43	3.44	3.46	3.46	3.47
	0.01	4.02	4.22	4.33	4.40	4.47	4.53	4.58	4.61	4.65	4.69	4.73	4.76	4.78	4.79
22	0.05	2.93	3.08	3.17	3.24	3.29	3.32	3.35	3.37	3.39	3.42	3.44	3.45	3.46	3.47
	0.01	3.99	4.17	4.28	4.36	4.42	4.48	4.53	4.57	4.60	4.65	4.68	4.71	4.74	4.75
24	0.05	2.92	3.07	3.15	3.22	3.28	3.31	3.34	3.37	3.38	3.41	3.43	3.45	3.46	3.67
	0.01	3.96	4.14	4.24	4.33	4.39	4.44	4.49	4.53	4.57	4.62	4.62	4.67	4.70	4.72
26	0.05	2.91	3.06	3.14	3.21	3.27	3.30	3.34	3.36	3.38	3.41	3.43	3.45	3.46	3.47
	0.01	3.93	4.11	4.21	4.30	4.36	4.41	4.46	4.50	4.53	4.58	4.60	4.65	4.67	4.69
28	0.05	2.90	3.04	3.13	3.20	3.26	3.30	3.33	3.35	3.37	3.40	3.43	3.45	3.46	3.47
	0.01	3.91	4.08	4.18	4.28	4.34	4.39	4.43	4.47	4.51	4.56	4.58	4.62	4.65	4.67
30	0.05	2.89	3.04	3.12	3.20	3.25	3.29	3.32	3.35	3.37	3.40	3.42	3.44	3.46	3.47
	0.01	3.89	4.06	4.16	4.22	4.32	4.36	4.41	4.45	4.48	4.54	4.56	4.61	4.63	4.65
40	0.05	2.86	3.01	3.10	3.17	3.22	3.27	3.30	3.33	3.35	3.39	3.40	3.44	3.46	3.47
	0.01	3.82	3.99	4.10	4.17	4.24	4.30	4.34	4.37	4.41	4.46	4.50	4.54	4.57	4.59
60	0.05	2.83	2.98	3.08	3.14	3.20	3.24	3.28	3.31	3.33	3.37	3.40	3.43	3.45	3.47
	0.01	3.76	3.92	4.03	4.12	4.17	4.23	4.27	4.31	4.34	4.39	4.44	4.47	4.50	4.53
100	0.05	2.80	2.95	3.05	3.12	3.18	3.22	3.26	3.29	3.32	3.36	3.40	3.42	3.45	3.47
	0.01	3.71	3.96	3.98	4.06	4.11	4.17	4.21	4.25	4.29	4.35	4.38	4.42	4.45	4.48
∞	0.05	2.77	2.92	3.02	3.09	3.15	3.19	2.23	3.26	3.29	3.34	3.38	3.41	3.44	3.47
	0.01	3.64	3.80	3.90	3.98	4.04	4.09	4.14	4.17	4.20	4.26	4.31	4.34	4.38	4.41

附录7 γ 和 R 的 5%（上）和 1%（下）临界值

自由度 f	变数的个数 2	3	4	5
1	0.997	0.999	0.999	0.999
	1.000	1.000	1.000	1.000
2	0.950	0.975	0.983	0.987
	0.990	0.995	0.997	0.997
3	0.878	0.930	0.950	0.961
	0.959	0.977	0.983	0.987
4	0.811	0.881	0.912	0.930
	0.917	0.949	0.962	0.970
5	0.754	0.836	0.874	0.898
	0.875	0.917	0.937	0.949
6	0.707	0.795	0.839	0.867
	0.834	0.886	0.911	0.927
7	0.666	0.758	0.807	0.838
	0.798	0.855	0.885	0.904
8	0.632	0.726	0.777	0.811
	0.765	0.827	0.860	0.882
9	0.602	0.697	0.750	0.786
	0.735	0.800	0.837	0.861
10	0.576	0.671	0.726	0.763
	0.708	0.776	0.814	0.840
11	0.553	0.648	0.703	0.741
	0.684	0.753	0.793	0.821
12	0.532	0.627	0.683	0.722
	0.661	0.732	0.773	0.802
13	0.514	0.608	0.664	0.703
	0.641	0.712	0.755	0.785
14	0.497	0.590	0.646	0.686
	0.623	0.694	0.737	0.768
15	0.482	0.574	0.630	0.670
	0.606	0.677	0.721	0.752
16	0.468	0.559	0.615	0.655
	0.590	0.662	0.706	0.738
17	0.456	0.545	0.601	0.641
	0.575	0.647	0.691	0.724
18	0.444	0.532	0.587	0.628
	0.561	0.633	0.678	0.710
19	0.433	0.520	0.575	0.615
	0.549	0.620	0.665	0.697
20	0.423	0.509	0.563	0.604
	0.537	0.607	0.652	0.685
21	0.413	0.498	0.552	0.593
	0.526	0.596	0.641	0.674
22	0.404	0.488	0.542	0.582
	0.515	0.585	0.630	0.663
23	0.396	0.479	0.532	0.572
	0.505	0.574	0.619	0.653
24	0.388	0.470	0.523	0.562
	0.496	0.565	0.609	0.643
25	0.381	0.462	0.514	0.553
	0.487	0.555	0.600	0.633
26	0.374	0.454	0.506	0.545
	0.479	0.546	0.590	0.624
27	0.367	0.446	0.498	0.536
	0.471	0.538	0.582	0.615
28	0.361	0.439	0.490	0.529
	0.463	0.529	0.573	0.607
29	0.355	0.432	0.483	0.521
	0.456	0.522	0.565	0.598
30	0.349	0.425	0.476	0.514
	0.449	0.514	0.558	0.591
35	0.325	0.397	0.445	0.482
	0.418	0.481	0.523	0.556
40	0.304	0.373	0.419	0.455
	0.393	0.454	0.494	0.526
45	0.288	0.353	0.397	0.432
	0.372	0.430	0.470	0.501
50	0.273	0.336	0.379	0.412
	0.354	0.410	0.449	0.479
60	0.250	0.308	0.348	0.380
	0.325	0.377	0.414	0.442
70	0.232	0.286	0.324	0.354
	0.302	0.351	0.386	0.413
80	0.217	0.269	0.304	0.332
	0.283	0.330	0.363	0.389
90	0.205	0.254	0.288	0.315
	0.267	0.312	0.343	0.368
100	0.195	0.241	0.274	0.299
	0.254	0.297	0.327	0.351
125	0.174	0.216	0.246	0.269
	0.228	0.267	0.294	0.316
150	0.159	0.198	0.225	0.247
	0.208	0.244	0.269	0.290
200	0.138	0.172	0.196	0.215
	0.181	0.212	0.235	0.253
300	0.113	0.141	0.160	0.176
	0.148	0.174	0.192	0.208
400	0.098	0.122	0.139	0.153
	0.128	0.151	0.167	0.180
500	0.088	0.109	0.124	0.137
	0.115	0.135	0.150	0.162
1000	0.062	0.077	0.088	0.097
	0.081	0.096	0.106	0.115

附表 8 常用正交表

（1）2水平表

$L_8(2^7)$

试验号	1	2	3	4	5	6	7	试验号	1	2	3	4	5	6	7
1	1	1	1	1	1	1	1	5	2	1	2	1	2	1	2
2	1	1	1	2	2	2	2	6	2	1	2	2	1	2	1
3	1	2	2	1	1	2	2	7	2	2	1	1	2	2	1
4	1	2	2	2	2	1	1	8	2	2	1	2	1	1	2

$L_{12}(2^{11})$

试验号	1	2	3	4	5	6	7	8	9	10	11	试验号	1	2	3	4	5	6	7	8	9	10	11
1	1	1	1	1	1	1	1	1	1	1	1	7	2	1	2	2	1	1	2	2	1	2	1
2	1	1	1	1	1	2	2	2	2	2	2	8	2	1	2	1	2	2	2	1	1	1	2
3	1	1	2	2	2	1	1	1	2	2	2	9	2	1	1	2	2	2	1	2	2	1	1
4	1	2	1	2	2	1	2	2	1	1	2	10	2	2	2	1	1	1	1	2	2	1	2
5	1	2	2	1	2	2	1	2	1	2	1	11	2	2	1	2	1	2	1	1	1	2	2
6	1	2	2	2	1	2	2	1	2	1	1	12	2	2	1	1	2	1	2	1	2	2	1

$L_{16}(2^{15})$ 二列间交互作用表

1	2	3	4	5	6	7	8	9	10	11	12	13	14	15
(1)	3	2	5	4	7	6	9	8	11	10	13	12	15	14
	(2)	1	6	7	4	5	10	11	8	9	14	15	12	13
		(3)	7	6	5	4	11	10	9	8	15	14	13	12
			(4)	1	2	3	12	13	14	15	8	9	10	11
				(5)	3	2	13	12	15	14	9	8	11	10
					(6)	1	14	15	12	13	10	11	8	9
						(7)	15	14	13	12	11	10	9	8
							(8)	1	2	3	4	5	6	7
								(9)	3	2	5	4	7	6
									(10)	1	6	7	4	5
										(11)	7	6	5	4
											(12)	1	2	3
												(13)	3	2
													(14)	1

$L_{16}(2^{15})$

试验号	1	2	3	4	5	6	7	8	9	10	11	12	13	14	15
1	1	1	1	1	1	1	1	1	1	1	1	1	1	1	1
2	1	1	1	1	1	1	1	2	2	2	2	2	2	2	2
3	1	1	1	2	2	2	2	1	1	1	1	2	2	2	2
4	1	1	1	2	2	2	2	2	2	2	2	1	1	1	1
5	1	2	2	1	1	2	2	1	1	2	2	1	1	2	2
6	1	2	2	1	1	2	2	2	2	1	1	2	2	1	1

附　表

续表

试验号	列号														
	1	2	3	4	5	6	7	8	9	10	11	12	13	14	15
7	1	2	2	2	2	1	1	1	1	2	2	2	2	1	1
8	1	2	2	2	2	1	1	2	2	1	1	1	1	2	2
9	2	1	2	1	2	1	2	1	2	1	2	1	2	1	2
10	2	1	2	1	2	1	2	2	1	2	1	2	1	2	1
11	2	1	2	2	1	2	1	1	2	1	2	2	1	2	1
12	2	1	2	2	1	2	1	2	1	2	1	1	2	1	2
13	2	2	1	1	2	2	1	1	2	2	1	1	2	2	1
14	2	2	1	1	2	2	1	2	1	1	2	2	1	1	2
15	2	2	1	2	1	1	2	1	2	2	1	2	1	1	2
16	2	2	1	2	1	1	2	2	1	2	1	2	2	1	1

（2）3 水平表

$L_9(3^4)$

试验号	列号				试验号	列号			
	1	2	3	4		1	2	3	4
1	1	1	1	1	6	2	3	1	2
2	1	2	2	2	7	3	1	3	2
3	1	3	3	3	8	3	2	1	3
4	2	1	2	3	9	3	3	2	1
5	2	2	3	1					

$L_{18}(3^7)$

试验号	列号							试验号	列号						
	1	2	3	4	5	6	7		1	2	3	4	5	6	7
1	1	1	1	1	1	1	1	10	1	1	3	3	2	2	1
2	1	2	2	2	2	2	2	11	1	2	1	1	3	3	2
3	1	3	3	3	3	3	3	12	1	3	2	2	1	1	3
4	2	1	1	2	2	3	3	13	2	1	2	3	1	3	2
5	2	2	2	3	3	1	1	14	2	2	3	1	2	1	3
6	2	3	3	1	1	2	2	15	2	3	1	2	3	2	1
7	3	1	2	1	3	2	3	16	3	1	3	2	3	1	2
8	3	2	3	2	1	3	1	17	3	2	1	3	1	2	3
9	3	3	1	3	2	1	2	18	3	3	2	1	2	3	1

$L_{27}(3^{13})$

试验号	列号												
	1	2	3	4	5	6	7	8	9	10	11	12	13
1	1	1	1	1	1	1	1	1	1	1	1	1	1
2	1	1	1	1	2	2	2	2	2	2	2	2	2
3	1	1	1	1	3	3	3	3	3	3	3	3	3
4	1	2	2	2	1	1	1	2	2	2	3	3	3
5	1	2	2	2	2	2	2	3	3	3	1	1	1
6	1	2	2	2	3	3	3	1	1	1	2	2	2
7	1	3	3	3	1	1	1	3	3	3	2	2	2
8	1	3	3	3	2	2	2	1	1	1	3	3	3

续表

试验号	列 号												
	1	2	3	4	5	6	7	8	9	10	11	12	13
9	1	3	3	3	3	3	3	2	2	2	1	1	1
10	2	1	2	3	1	2	3	1	2	3	1	2	3
11	2	1	2	3	2	3	1	2	3	1	2	3	1
12	2	1	2	3	3	1	2	3	1	2	3	1	2
13	2	2	3	1	1	2	3	2	3	1	3	1	2
14	2	2	3	1	2	3	1	3	1	2	1	2	3
15	2	2	3	1	3	1	2	1	2	3	2	3	1
16	2	3	1	2	1	2	3	3	1	2	2	3	1
17	2	3	1	2	2	3	1	1	2	3	3	1	2
18	2	3	1	2	3	1	2	2	3	1	1	2	3
19	3	1	3	2	1	3	2	1	3	2	1	3	2
20	3	1	3	2	2	1	3	2	1	3	2	1	3
21	3	1	3	2	3	2	1	3	2	1	3	2	1
22	3	2	1	3	1	3	2	2	1	3	3	2	1
23	3	2	1	3	2	1	3	3	2	1	1	3	2
24	3	2	1	3	3	2	1	1	3	2	2	1	3
25	3	3	2	1	1	1	2	3	3	2	1	2	1	3
26	3	3	2	1	2	1	3	1	3	2	3	2	1
27	3	3	2	1	3	2	1	2	1	3	1	3	2

$L_{27}(3^{13})$ 二列间交互作用表

列 号													
1	2	3	4	5	6	7	8	9	10	11	12	13	
(1)	3	2	2	6	5	5	9	8	8	13	11	11	
	4	4	3	7	7	6	10	10	9	13	13	12	
	(2)	1	1	8	9	10	5	6	7	5	6	7	
		3	3	11	12	13	11	12	13	8	9	10	
		(3)	1	9	10	8	7	5	6	6	7	5	
			2	13	11	12	12	13	11	10	8	9	
			(4)	10	8	9	6	7	5	7	5	6	
				12	13	11	13	11	12	9	10	8	
				(5)	1	1	2	3	4	1	4	3	
					7	6	11	13	12	8	10	9	
					(6)	1	4	2	3	3	2	4	
						5	13	12	11	10	9	8	
						(7)	3	4	2	4	3	2	
							12	11	13	9	8	10	
							(8)	1	1	2	3	4	
								10	9	5	7	6	
								(9)	1	4	2	3	
									8	7	6	5	
									(10)	3	4	2	
										6	5	7	
										(11)	1	1	
											13	12	
											(12)	1	
												11	

(3) 4 水平表

$L_{16}(4^5)$

试验号	列号					试验号	列号				
	1	2	3	4	5		1	2	3	4	5
1	1	1	1	1	1	9	3	1	3	4	2
2	1	2	2	2	2	10	3	2	4	3	1
3	1	3	3	3	3	11	3	3	1	2	4
4	1	4	4	4	4	12	3	4	2	1	3
5	2	1	2	3	4	13	4	1	4	2	3
6	2	2	1	4	3	14	4	2	3	1	4
7	2	3	4	1	2	15	4	3	2	4	1
8	2	4	3	2	1	16	4	4	1	3	2

注：任意两列的交互作用出现在其他三列。

$L_{32}(4^9)$

试验号	列号									试验号	列号								
	1	2	3	4	5	6	7	8	9		1	2	3	4	5	6	7	8	9
1	1	1	1	1	1	1	1	1	1	17	1	1	4	1	4	2	3	2	3
2	1	2	2	2	2	2	2	2	2	18	1	2	3	2	3	1	4	1	4
3	1	3	3	3	3	3	3	3	3	19	1	3	2	3	2	4	1	4	1
4	1	4	4	4	4	4	4	4	4	20	1	4	1	4	1	3	2	3	2
5	2	1	1	2	2	3	3	4	4	21	2	1	4	2	3	4	1	3	2
6	2	2	2	1	1	4	4	3	3	22	2	2	3	1	4	3	2	4	1
7	2	3	3	4	4	1	1	2	2	23	2	3	2	4	1	2	3	1	4
8	2	4	4	3	3	2	2	1	1	24	2	4	1	3	2	1	4	2	3
9	3	1	2	3	4	1	2	3	4	25	3	1	3	3	1	2	4	4	2
10	3	2	1	4	3	2	1	4	3	26	3	2	4	4	2	1	3	3	1
11	3	3	4	1	2	3	4	1	2	27	3	3	1	1	3	4	2	2	4
12	3	4	3	2	1	4	3	2	1	28	3	4	2	2	4	3	1	1	3
13	4	1	2	4	3	4	2	1	29	4	1	3	4	2	4	2	1	3
14	4	2	1	3	4	3	1	2	30	4	2	4	3	1	3	1	2	4
15	4	3	4	2	1	2	4	3	31	4	3	1	2	4	2	4	3	1
16	4	4	3	1	2	1	3	4	32	4	4	2	1	3	1	3	4	2

(4) 5 水平表

$L_{25}(5^6)$

试验号	列号						试验号	列号						试验号	列号					
	1	2	3	4	5	6		1	2	3	4	5	6		1	2	3	4	5	6
1	1	1	1	1	1	1	10	2	5	1	2	3	4	19	4	4	2	5	3	1
2	1	2	2	2	2	2	11	3	1	3	5	2	4	20	4	5	3	1	4	3
3	1	3	3	3	3	3	12	3	2	4	1	3	5	21	5	1	5	4	3	2
4	1	4	4	4	4	4	13	3	3	5	2	4	1	22	5	2	1	5	4	3
5	1	5	5	5	5	5	14	3	4	1	3	5	2	23	5	3	2	1	5	4
6	2	1	2	3	4	5	15	3	5	2	4	1	3	24	5	4	3	2	1	5
7	2	2	3	4	5	1	16	4	1	4	2	5	3	25	5	5	4	3	2	1
8	2	3	4	5	1	2	17	4	2	5	3	1	4							
9	2	4	5	1	2	3	18	4	3	1	4	2	5							

$$L_{50}(5^{11})$$

试验号	列号											试验号	列号										
	1	2	3	4	5	6	7	8	9	10	11		1	2	3	4	5	6	7	8	9	10	11
1	1	1	1	1	1	1	1	1	1	1	1	26	1	1	1	4	5	4	3	2	5	2	3
2	1	2	2	2	2	2	2	2	2	2	2	27	1	2	2	5	1	5	4	3	1	3	4
3	1	3	3	3	3	3	3	3	3	3	3	28	1	3	3	1	2	1	5	4	2	4	5
4	1	4	4	4	4	4	4	4	4	4	4	29	1	4	4	2	3	2	1	5	3	5	1
5	1	5	5	5	5	5	5	5	5	5	5	30	1	5	5	3	4	3	2	1	4	1	2
6	2	1	2	3	4	5	1	2	3	4	5	31	2	1	2	1	3	3	2	4	5	5	4
7	2	2	3	4	5	1	2	3	4	5	1	32	2	2	3	2	4	4	3	5	1	1	5
8	2	3	4	5	1	2	3	4	5	1	2	33	2	3	4	3	5	5	4	1	2	2	1
9	2	4	5	1	2	3	4	5	1	2	3	34	2	4	5	4	1	1	5	2	3	3	2
10	2	5	1	2	3	4	5	1	2	3	4	35	2	5	1	5	2	2	1	3	4	4	3
11	3	1	3	5	2	4	4	1	3	5	2	36	3	1	3	3	1	2	5	5	4	2	4
12	3	2	4	1	3	5	2	4	1	3	?	37	3	2	4	4	2	3	1	1	5	3	5
13	3	3	5	2	4	1	1	3	5	2	4	38	3	3	5	5	3	4	2	2	1	4	1
14	3	4	1	3	5	2	2	4	1	3	5	39	3	4	1	1	4	5	3	3	2	5	2
15	3	5	2	4	1	3	3	5	2	4	1	40	3	5	2	2	5	1	4	4	3	1	3
16	4	1	4	2	5	3	5	3	1	4	2	41	4	1	4	5	4	1	2	5	2	3	3
17	4	2	5	3	1	4	1	4	2	5	3	42	4	2	5	1	5	2	3	1	3	4	4
18	4	3	1	4	2	5	2	5	3	1	4	43	4	3	1	2	1	3	4	2	4	5	5
19	4	4	2	5	3	1	3	1	4	2	5	44	4	4	2	3	2	4	5	3	5	1	1
20	4	5	3	1	4	2	4	2	5	3	1	45	4	5	3	4	3	5	1	4	1	2	2
21	5	1	5	4	3	2	4	3	2	1	5	46	5	1	5	2	2	5	3	4	4	3	1
22	5	2	1	5	4	3	5	4	3	2	1	47	5	2	1	3	3	1	4	5	5	4	2
23	5	3	2	1	5	4	1	5	4	3	2	48	5	3	2	4	4	2	5	1	1	5	3
24	5	4	3	2	1	5	2	1	5	4	3	49	5	4	3	5	5	3	1	2	2	1	4
25	5	5	4	3	2	1	3	2	1	5	4	50	5	5	4	1	1	4	2	3	3	2	5

（5）混合水平表

$$L_8(4\times 2^4)$$

试验号	列号					试验号	列号				
	1	2	3	4	5		1	2	3	4	5
1	1	1	1	1	1	5	3	1	2	1	2
2	1	2	2	2	2	6	3	2	1	2	1
3	2	1	1	2	2	7	4	1	2	2	1
4	2	2	2	1	1	8	4	2	1	1	2

$$L_{12}(3\times 2^4)$$

试验号	列号					试验号	列号				
	1	2	3	4	5		1	2	3	4	5
1	1	1	1	1	1	7	2	2	1	1	1
2	1	1	1	2	2	8	2	2	1	2	2
3	1	2	2	1	2	9	3	1	2	1	2
4	1	2	2	2	1	10	3	1	1	2	1
5	2	1	2	1	1	11	3	2	1	1	2
6	2	1	2	2	2	12	3	2	2	2	1

附 表

$L_{16}(4^2 \times 2^9)$

试验号	列号											试验号	列号										
	1	2	3	4	5	6	7	8	9	10	11		1	2	3	4	5	6	7	8	9	10	11
1	1	1	1	1	1	1	1	1	1	1	1	9	3	1	2	1	2	2	1	2	2	1	2
2	1	2	1	1	1	2	2	2	2	2	2	10	3	2	2	1	2	1	2	1	1	2	1
3	1	3	2	2	2	1	1	1	2	2	2	11	3	3	1	2	1	2	1	2	1	2	1
4	1	4	2	2	2	2	2	2	1	1	1	12	3	4	1	2	1	1	2	1	2	1	2
5	2	1	1	2	2	1	2	2	1	2	2	13	4	1	2	2	1	2	2	1	2	2	1
6	2	2	1	2	2	2	1	1	2	1	1	14	4	2	2	1	1	1	2	2	1	1	2
7	2	3	2	1	1	1	2	2	2	1	1	15	4	3	1	2	2	1	1	1	1	1	2
8	2	4	2	1	1	2	1	1	1	2	2	16	4	4	1	2	1	1	2	2	2	2	1

$L_{16}(4^3 \times 2^6)$

试验号	列号									试验号	列号										
	1	2	3	4	5	6	7	8	9		1	2	3	4	5	6	7	8	9	10	11
1	1	1	1	1	1	1	1	1	1	9	3	1	3	1	2	2	2	2	1	9	3
2	1	2	2	1	1	2	2	2	2	10	3	2	4	1	2	1	1	1	2	10	3
3	1	3	3	2	2	1	1	2	2	11	3	3	1	2	1	2	2	1	2	11	3
4	1	4	4	2	2	2	2	1	1	12	3	4	2	2	1	1	1	2	1	12	3
5	2	1	2	2	1	1	2	1	2	13	4	1	4	2	1	1	2	2	2	13	4
6	2	2	1	2	2	2	1	2	1	14	4	2	3	2	1	2	1	1	1	14	4
7	2	3	4	1	1	2	2	1	2	15	4	3	2	1	2	1	1	1	2	15	4
8	2	4	3	1	1	1	1	2	1	16	4	4	1	1	2	2	1	2	1	16	4

$L_{16}(4^4 \times 2^3)$

试验号	列号							试验号	列号							试验号	列号						
	1	2	3	4	5	6	7		1	2	3	4	5	6	7		1	2	3	4	5	6	7
1	1	1	1	1	1	1	1	7	2	3	4	1	1	1	2	13	4	1	4	2	2	1	2
2	1	2	2	2	1	2	2	8	2	4	3	2	1	2	1	14	4	2	3	1	2	2	1
3	1	3	3	3	2	1	2	9	3	1	3	4	1	1	2	15	4	3	2	4	1	1	2
4	1	4	4	4	2	2	1	10	3	2	4	3	1	2	1	16	4	4	1	3	1	2	1
5	2	1	2	3	2	1	1	11	3	3	1	2	2	1	2								
6	2	2	1	4	2	2	2	12	3	4	2	1	2	2	2								

$L_{16}(8 \times 2^8)$

试验号	列号									试验号	列号									试验号	列号								
	1	2	3	4	5	6	7	8	9		1	2	3	4	5	6	7	8	9		1	2	3	4	5	6	7	8	9
1	1	1	1	1	1	1	1	1	1	7	4	1	1	1	2	2	1	1	1	13	7	1	2	2	1	1	2	2	1
2	1	2	2	2	2	2	2	2	2	8	4	2	2	2	1	1	2	2	2	14	7	2	1	1	2	2	1	1	2
3	2	1	1	1	2	2	2	2	2	9	5	1	2	1	1	2	1	2	2	15	8	1	2	1	2	1	1	1	2
4	2	2	2	2	1	1	1	1	1	10	5	2	1	2	2	1	2	1	1	16	8	2	1	2	1	2	1	2	1
5	3	1	1	1	1	1	2	2	2	11	6	1	1	2	2	2	1	2	1										
6	3	2	2	2	2	2	1	1	1	12	6	2	1	2	1	1	2	1	2										

$L_{18}(2 \times 3^7)$

试验号	列号								试验号	列号								试验号	列号							
	1	2	3	4	5	6	7	8		1	2	3	4	5	6	7	8		1	2	3	4	5	6	7	8
1	1	1	1	1	1	1	1	1	7	1	3	1	2	1	3	2	3	13	2	2	1	2	3	1	3	2
2	1	1	2	2	2	2	2	2	8	1	3	2	3	2	1	3	1	14	2	2	2	3	1	2	1	3
3	1	1	3	3	3	3	3	3	9	1	3	3	1	3	2	1	2	15	2	2	3	1	2	3	2	1
4	1	2	1	1	2	2	3	3	10	2	1	1	3	3	2	2	1	16	2	3	1	3	2	3	1	2
5	1	2	2	2	3	3	1	1	11	2	1	2	1	1	3	3	2	17	2	3	2	1	3	1	2	3
6	1	2	3	3	1	1	2	2	12	2	1	3	2	2	1	1	3	18	2	3	3	2	1	2	3	1

$$L_{18}(6\times 3^6)$$

试验号	列号							试验号	列号							试验号	列号						
	1	2	3	4	5	6	7		1	2	3	4	5	6	7		1	2	3	4	5	6	7
1	1	1	1	1	1	1	1	7	3	1	2	1	3	2	3	13	5	1	2	3	1	3	2
2	1	2	2	2	2	2	2	8	3	2	3	2	1	3	1	14	5	2	3	1	2	1	3
3	1	3	3	3	3	3	3	9	3	3	1	3	2	1	2	15	5	3	1	2	3	2	1
4	2	1	1	2	2	3	3	10	4	1	3	3	2	2	1	16	6	1	3	2	3	1	2
5	2	2	2	3	3	1	1	11	4	2	1	1	3	3	2	17	6	2	1	3	1	2	3
6	2	3	3	1	1	2	2	12	4	3	2	2	1	1	3	18	6	3	2	1	2	3	1

$$L_{32}(2^1\times 4^9)$$

试验号	列号										试验号	列号										试验号	列号									
	1	2	3	4	5	6	7	8	9	10		1	2	3	4	5	6	7	8	9	10		1	2	3	4	5	6	7	8	9	10
1	1	1	1	1	1	1	1	1	1	1	12	1	3	4	3	2	1	4	3	2	1	23	2	2	3	2	4	1	2	3	1	4
2	1	1	2	2	2	2	2	2	2	2	13	1	4	1	2	4	3	1	2	4	3	24	2	2	4	1	3	2	1	4	2	3
3	1	1	3	3	3	3	3	3	3	3	14	1	4	2	1	3	4	2	1	3	4	25	2	3	1	3	1	2	3	4	4	2
4	1	1	4	4	4	4	4	4	4	4	15	1	4	3	4	1	2	4	3	1	2	26	2	3	2	4	2	1	4	3	3	1
5	1	2	1	1	2	2	3	3	4	4	16	1	4	4	3	2	1	3	4	2	1	27	2	3	3	1	3	4	2	1	2	4
6	1	2	2	2	1	1	4	4	3	3	17	2	1	1	4	1	4	2	3	2	3	28	2	3	4	2	4	3	1	2	1	3
7	1	2	3	3	4	4	1	1	2	2	18	2	1	2	3	2	3	1	4	1	4	29	2	4	1	3	4	2	2	1	1	3
8	1	2	4	4	3	3	2	2	1	1	19	2	1	3	2	3	2	4	1	4	1	30	2	4	2	4	3	1	1	2	2	4
9	1	3	1	2	3	4	1	2	3	4	20	2	1	4	1	4	1	3	2	3	2	31	2	4	3	1	2	4	4	3	3	1
10	1	3	2	1	4	3	2	1	4	3	21	2	2	1	4	2	3	4	1	3	2	32	2	4	4	2	1	3	3	4	4	2
11	1	3	3	4	1	2	3	4	1	2	22	2	2	2	3	1	4	3	2	4	1											

$$L_{24}(3\times 4\times 2^4)$$

试验号	列号						试验号	列号						试验号	列号					
	1	2	3	4	5	6		1	2	3	4	5	6		1	2	3	4	5	6
1	1	1	1	1	1	1	9	2	1	1	1	1	2	17	3	1	1	1	1	2
2	1	2	1	1	2	2	10	2	2	1	1	2	1	18	3	2	1	1	2	1
3	1	3	1	2	2	1	11	2	3	1	2	2	2	19	3	3	1	2	2	2
4	1	4	1	2	1	2	12	2	4	1	2	1	1	20	3	4	1	2	1	1
5	1	1	2	2	2	2	13	2	1	2	2	2	1	21	3	1	2	2	2	1
6	1	2	2	2	1	1	14	2	2	2	2	1	2	22	3	2	2	2	1	2
7	1	3	2	1	1	2	15	2	3	2	1	1	1	23	3	3	2	1	1	1
8	1	4	2	1	2	1	16	2	4	2	1	2	2	24	3	4	2	1	2	2

$$L_{32}(8\times 4^6\times 2^6)$$

试验号	列号														试验号	列号													
	1	2	3	4	5	6	7	8	9	10	11	12	13			1	2	3	4	5	6	7	8	9	10	11	12	13
1	1	1	1	1	1	1	1	1	1	1	1	1	1	17	5	1	4	3	1	2	3	2	2	2	2	2	1
2	1	2	2	2	2	2	2	1	1	2	2	2	2	18	5	2	3	4	2	1	4	2	1	1	1	1	2
3	1	3	3	3	3	3	3	2	1	1	2	2	2	19	5	3	2	1	3	4	1	1	1	2	2	1	2
4	1	4	4	4	4	4	4	2	2	2	1	1	1	20	5	4	1	2	4	3	2	1	1	1	1	2	1
5	2	1	1	2	3	3	4	1	2	1	2	2	2	21	6	1	4	3	1	2	4	1	1	2	1	2	2
6	2	2	2	1	4	1	3	1	2	2	1	1	1	22	6	2	3	4	1	1	3	2	1	1	2	2	1
7	2	3	3	4	1	4	2	2	2	1	1	1	2	23	6	3	2	1	1	3	4	2	2	1	1	1	1
8	2	4	4	3	2	3	1	2	1	1	2	2	1	24	6	4	1	2	1	4	3	1	2	2	2	2	2
9	3	1	3	1	2	4	2	1	2	1	1	1	1	25	7	1	2	3	4	2	2	1	1	1	1	2	1
10	3	2	4	2	1	4	1	2	1	1	2	2	1	26	7	2	1	4	3	3	1	1	1	2	2	1	2
11	3	3	1	3	4	1	4	2	2	1	1	1	2	27	7	3	4	1	4	2	2	2	2	2	2	1	2
12	3	4	2	4	3	2	3	1	2	2	1	2	1	28	7	4	3	2	3	1	1	1	2	2	2	2	1
13	4	1	3	2	4	4	1	2	1	2	1	1	2	29	8	1	3	4	4	1	2	1	2	1	2	1	2
14	4	2	4	1	3	3	2	2	1	1	2	1	1	30	8	2	4	3	3	2	1	2	1	2	1	1	1
15	4	3	1	4	2	2	3	2	1	2	1	1	1	31	8	3	1	2	2	3	4	1	1	1	2	1	1
16	4	4	2	3	1	1	2	2	1	2	2	2	2	32	8	4	2	1	1	4	3	2	1	2	1	2	2

附表 9 均匀设计表

(1) $U_5(5^3)$

列号 试验号	1	2	3	列号 试验号	1	2	3
1	1	2	4	4	4	3	1
2	2	4	3	5	5	5	5
3	3	1	2				

$U_5(5^4)$ 的使用表

因素数	列 号			D
2	1	2		0.3100
3	1	2	34	0.4570

(2) $U_6^*(6^4)$

列号 试验号	1	2	3	4	列号 试验号	1	2	3	4
1	1	2	3	6	4	4	1	5	3
2	2	4	6	5	5	5	3	1	2
3	3	6	2	4	6	6	5	4	1

$U_6^*(6^4)$ 的使用表

因素数	列 号				D
2	1	3			0.1875
3	1	2	3		0.2656
4	1	2	3	4	0.2990

(3) $U_7(7^4)$

列号 试验号	1	2	3	4	列号 试验号	1	2	3	4
1	1	2	3	6	5	5	3	1	2
2	2	4	6	5	6	6	5	4	1
3	3	6	2	4	7	7	7	7	7
4	4	1	5	3					

$U_7(7^4)$ 的使用表

因素数	列 号				D
2	1	3			0.2398
3	1	2	3		0.3721
4	1	2	3	4	0.4760

(4) $U_7^*(7^4)$

列号 试验号	1	2	3	4	列号 试验号	1	2	3	4
1	1	3	5	7	5	5	7	1	3
2	2	6	2	6	6	6	2	6	2
3	3	1	7	5	7	7	5	3	1
4	4	4	4	4					

$U_7^*(7^4)$ 的使用表

因素数	列 号			D
2	1	3		0.1582
3	2	3	4	0.2132

（5） **$U_8^*(8^5)$**

列号\试验号	1	2	3	4	5	列号\试验号	1	2	3	4	5
1	1	2	4	7	8	5	5	1	2	8	4
2	2	4	8	5	7	6	6	3	5	6	3
3	3	6	3	3	6	7	7	5	1	4	2
4	4	8	7	1	5	8	8	7	6	2	1

$U_8^*(8^5)$ 的使用表

因素数	列 号				D
2	1	3			0.1445
3	1	3	4		0.2000
4	1	2	3	5	0.2709

（6） **$U_9(9^6)$**

列号\试验号	1	2	3	4	5	6	列号\试验号	1	2	3	4	5	6
1	1	2	4	5	7	8	6	6	3	5	3	6	3
2	2	4	8	1	5	7	7	7	5	1	8	4	2
3	3	6	3	6	3	6	8	8	7	6	4	2	1
4	4	8	7	2	1	5	9	9	9	9	9	9	9
5	5	1	2	7	8	4							

$U_9(9^6)$ 的使用表

因素数	列 号					
2	1	3				
3	1	3	5			
4	1	2	3	5		
5	1	2	3	4	5	
6	1	2	3	4	5	5

（7） **$U_9^*(9^4)$**

列号\试验号	1	2	3	4	列号\试验号	1	2	3	4
1	1	3	7	9	6	6	8	2	4
2	2	6	4	8	7	7	1	9	3
3	3	9	1	7	8	8	4	6	2
4	4	2	8	6	9	9	7	3	1
5	5	5	5	5					

$U_9^*(9^4)$ 的使用表

因素数	列 号			D
2	1	2		0.1574
3	2	3	4	0.1980

附 表

(8) $U_{10}^*(10^8)$

列号 试验号	1	2	3	4	5	6	7	8	列号 试验号	1	2	3	4	5	6	7	8
1	1	2	3	4	5	7	9	10	6	6	1	7	2	8	9	10	5
2	2	4	6	8	10	3	7	9	7	7	3	10	6	2	5	8	4
3	3	6	9	1	4	10	5	8	8	8	5	2	10	7	1	6	3
4	4	8	1	5	9	6	3	7	9	9	7	5	3	1	8	4	2
5	5	10	4	9	3	2	1	6	10	10	9	8	7	6	4	2	1

$U_{10}^*(10^8)$ 的使用表

因素数	列　号						D
2	1	6					0.1125
3	1	5	6				0.1681
4	1	3	4	5			0.2236
5	1	4	4	5	7		0.2414
6	1	2	3	5	6	8	0.2994

(9) $U_{11}(11^6)$

列号 试验号	1	2	3	4	5	6	列号 试验号	1	2	3	4	5	6
1	1	2	3	5	7	10	7	7	3	10	2	5	4
2	2	4	6	10	3	9	8	8	5	2	7	1	3
3	3	6	9	4	10	8	9	9	7	5	1	8	2
4	4	8	1	9	6	7	10	10	9	8	6	4	1
5	5	10	4	3	2	6	11	11	11	11	11	11	11
6	6	1	7	8	9	5							

$U_{11}(11^6)$ 的使用表

因素数	列　号						D
2	1	5					0.1632
3	1	4	5				0.2649
4	1	3	4	5			0.3528
5	1	2	3	4	5		0.4286
6	1	2	3	4	5	6	0.4942

$U_{11}(11^6)$ 的使用表

因素数	列　号				D
2	1	2			0.1136
3	2	3	4		0.2307

(10) $U_{11}^*(11^4)$

列号 试验号	1	2	3	4	列号 试验号	1	2	3	4
1	1	5	7	11	7	7	11	1	5
2	2	10	2	10	8	8	4	8	4
3	3	3	9	9	9	9	9	3	3
4	4	8	4	8	10	10	2	10	2
5	5	1	11	7	11	11	7	5	1
6	6	6	6	6					

$U_{12}^*(12^{10})$ 的使用表

因素数			列　号					D
2	1	5						0.1163
3	1	6	9					0.1838
4	1	6	7	9				0.2233
5	1	3	4	8	10			0.2272
6	1	2	6	7	8	9		0.2670
7	1	2	6	7	8	9	10	0.2768

（11）　　$U_{13}(13^8)$

列号＼试验号	1	2	3	4	5	6	7	8
1	1	2	5	6	8	9	10	12
2	2	4	10	12	3	5	7	11
3	3	6	2	5	11	1	4	10
4	4	8	7	11	6	10	1	9
5	5	10	12	4	1	6	11	8
6	6	12	4	10	9	2	8	7
7	7	1	9	3	4	11	5	6
8	8	3	1	9	12	7	2	5
9	9	5	6	2	7	3	12	4
10	10	7	11	8	2	12	9	3
11	11	9	3	1	10	8	6	2
12	12	11	8	7	5	4	3	1
13	13	13	13	13	13	13	13	13

$U_{13}(13^8)$ 的使用表

因素数			列　号				D
2	1	3					0.1405
3	1	4	7				0.2308
4	1	4	5	7			0.3107
5	1	4	5	6	7		0.3814
6	1	2	4	5	6	7	0.4439
7	1	2	4	5	6	7	8	0.4992

（12）　　$U_{13}^*(13^4)$

列号＼试验号	1	2	3	4	列号＼试验号	1	2	3	4
1	1	5	9	11	8	8	12	2	4
2	2	10	4	8	9	9	3	11	1
3	3	1	13	5	10	10	8	6	12
4	4	6	8	2	11	11	13	1	9
5	5	11	3	13	12	12	4	10	6
6	6	2	12	10	13	13	9	5	3
7	7	7	7	7					

$U_{13}^*(13^4)$ 的使用表

因素数		列　号			D
2	1	3			0.0962
3	1	3	4		0.1442
4	1	2	3	4	0.2076

附 表

(13) $U_{14}^*(14^5)$

列号\试验号	1	3	4	6	8	列号\试验号	1	3	4	6	8
1	1	4	7	11	13	8	8	2	11	13	14
2	2	8	14	7	11	9	9	6	3	9	12
3	3	12	6	3	9	10	10	10	10	5	10
4	4	1	13	14	7	11	11	14	2	1	8
5	5	5	5	10	5	12	12	3	9	12	6
6	6	9	12	6	3	13	13	7	1	8	4
7	7	13	4	2	1	14	14	11	8	4	2

$U_{14}^*(14^5)$ 的使用表

因素数	列 数				D
2	1	4			0.0957
3	1	2	3		0.1455
4	1	2	3	5	0.2091

(14) $U_{15}(15^5)$

列号\试验号	1	2	3	4	5	列号\试验号	1	2	3	4	5
1	1	4	7	11	13	9	9	6	3	9	12
2	2	8	14	7	11	10	10	10	10	5	10
3	3	12	6	3	9	11	11	14	2	1	8
4	4	1	13	14	7	12	12	3	9	12	6
5	5	5	5	10	5	13	13	7	1	8	4
6	6	9	12	6	3	14	14	11	8	4	2
7	7	13	4	2	1	15	15	15	15	15	15
8	8	2	11	13	14						

$U_{15}(15^5)$ 的使用表

因素数	列 数				D
2	1	4			0.1233
3	1	2	3		0.2043
4	1	2	3	5	0.2772

$U_{15}(15^5)$ 的使用表

因素数	列 数					D
2	1	3				0.0833
3	1	2	6			0.1361
4	1	2	4	6		0.1551
5	2	3	4	5	7	0.2272

(15) $U_{15}^*(15^7)$

列号\试验号	1	2	3	4	5	列号\试验号	1	2	3	4	5	列号\试验号	1	2	3	4	5
1	1	5	7	9	11	6	6	14	10	6	2	11	11	7	13	3	9
2	2	10	14	2	10	7	7	3	1	15	13	12	12	12	4	12	4
3	3	15	5	11	1	8	8	8	8	8	8	13	13	1	11	5	15
4	4	4	12	4	12	9	9	13	15	1	3	14	14	6	2	14	10
5	5	9	3	13	7	10	10	2	6	10	14	15	15	11	9	7	5

列号\试验号	1	2	3	4	5
1	13	15	5		
2	11	9	4		
3	15	9	3		
4	10	6	2		
5	5	3	1		

(16) $U_{16}^*(16^{12})$

列号\试验号	1	2	3	4	5	6	7	8	9	10	11	12	列号\试验号	1	2	3	4	5	6	7	8	9	10	11	12
1	1	2	4	5	6	8	9	10	13	14	15	16	9	9	1	2	11	3	4	13	5	15	7	16	8
2	2	4	8	10	12	16	1	3	9	11	13	15	10	10	3	6	16	9	12	5	15	11	4	14	7
3	3	6	12	15	1	7	10	13	5	8	11	14	11	11	5	10	4	15	3	14	8	7	1	12	6
4	4	8	16	3	7	15	2	6	1	5	9	13	12	12	7	14	9	4	11	6	1	3	15	10	5
5	5	10	3	8	13	6	11	16	14	2	7	12	13	13	9	1	14	10	2	15	11	16	12	8	4
6	6	12	7	13	2	14	3	9	10	16	5	11	14	14	11	5	2	16	10	7	4	12	9	6	3
7	7	14	11	1	8	5	12	2	6	13	3	10	15	15	13	9	7	5	1	16	14	8	6	4	2
8	8	16	15	6	14	13	4	12	2	10	1	9	16	16	15	13	12	11	9	8	7	4	3	2	1

$U_{16}^*(16^{12})$ 的使用表

因素数	列 数						D
2	1	8					0.0908
3	1	4	6				0.1262
4	1	4	5	6			0.1705
5	1	4	5	6	9		0.2070
6	1	3	5	8	10	11	0.2518
7	1	2	3	6	9	11	12	0.2769

(17) $U_{17}(17^8)$

列号\试验号	1	2	3	4	5	6	7	8	列号\试验号	1	2	3	4	5	6	7	8
1	1	4	6	9	10	11	14	15	10	10	6	9	5	15	8	4	14
2	2	8	12	1	3	5	11	13	11	11	10	15	14	8	2	1	12
3	3	12	1	10	13	16	8	11	12	12	14	4	6	1	13	15	10
4	4	16	7	2	6	10	5	9	13	13	1	10	15	11	7	12	8
5	5	3	13	11	16	4	2	7	14	14	5	16	7	4	1	9	6
6	6	7	2	3	9	15	16	5	15	15	9	5	16	14	12	6	4
7	7	11	8	12	2	9	13	3	16	16	13	11	8	7	6	3	2
8	8	15	14	4	12	3	10	1	17	17	17	17	17	17	17	17	17
9	9	2	3	13	5	14	7	16									

$U_{17}(17^8)$ 的使用表

因素数	列 数						D
2	1	6					0.1099
3	1	5	8				0.1832
4	1	5	7	8			0.2501
5	1	2	5	7	8		0.3111
6	1	2	3	5	7	8	0.3667
7	1	2	3	4	5	7	8	0.4174

(18) $U_{17}^*(17^5)$

列号\试验号	1	2	3	4	5	列号\试验号	1	2	3	4	5	列号\试验号	1	2	3	4	5
1	1	7	1	13	17	7	7	13	5	1	11	13	13	1	17	7	5
2	2	14	4	8	16	8	8	2	16	14	10	14	14	8	10	2	4
3	3	3	15	3	15	9	9	9	9	9	9	15	15	15	3	15	3
4	4	10	8	16	14	10	10	16	2	4	8	16	16	4	14	10	2
5	5	17	1	11	13	11	11	5	13	17	7	17	17	11	7	5	1
6	6	6	12	6	12	12	12	12	6	12	6						

$U_{17}^*(17^5)$ 的使用表

因素数	列 数				D
2	1	2			0.0856
3	1	2	4		0.1331
4	1	3	4	5	0.1785

(19) $U_{18}^*(18^{11})$

列号\试验号	1	2	3	4	5	6	7	8	9	10	11	列号\试验号	1	2	3	4	5	6	7	8	9	10	11
1	1	3	4	5	6	7	8	9	11	15	16	10	10	11	2	12	3	13	4	14	15	17	8
2	2	6	8	10	12	14	16	18	3	11	13	11	11	14	6	17	9	1	12	4	7	13	5
3	3	9	12	15	18	2	5	8	14	7	10	12	12	17	10	3	15	8	1	13	18	9	2
4	4	12	16	1	5	9	13	17	6	3	7	13	13	1	14	8	2	15	9	3	10	5	18
5	5	15	1	6	11	16	2	7	17	18	4	14	14	4	18	13	8	3	17	12	2	1	15
6	6	18	5	11	17	4	10	16	9	14	1	15	15	7	3	18	14	10	6	2	13	16	12
7	7	2	9	16	4	11	18	6	11	10	17	16	16	10	7	4	1	17	14	11	5	12	9
8	8	5	13	2	10	18	7	15	2	6	14	17	17	13	11	9	7	5	3	1	16	8	6
9	9	8	17	7	16	6	15	5	4	2	11	18	18	16	15	14	13	12	11	10	8	4	3

$U_{18}^*(18^{11})$ 的使用表

因素数	列 数						D
2	1	7					0.0779
3	1	4	8				0.1394
4	1	4	6	8			0.1754
5	1	3	6	8	11		0.2047
6	1	2	4	7	8	10	0.2245
7	1	4	5	6	8	9	11	0.2247

参 考 文 献

[1] 盖钧镒. 试验设计方法 [M]. 北京：中国农业出版社，1999.
[2] 郑少华，姜奉华. 试验设计与数据处理 [M]. 北京：中国建材工业出版社，2004.
[3] 李云雁，胡传荣. 试验设计与数据处理 [M]. 北京：化学工业出版社，2005.
[4] 王钦德，杨坚. 食品试验设计与统计分析 [M]. 北京：中国农业大学出版社，2003.
[5] 肖明耀. 实验误差估计与数据处理 [M]. 北京：科学出版社，1980.
[6] 刘振学，黄仁和，国爱民. 实验设计与数据处理 [M]. 北京：化学工业出版社，2005.
[7] 方开泰. 均匀设计与均匀设计表 [M]. 北京：科学出版社，1994.